家族酪農経営と飼料作外部化

グループ・ファーミング展開の論理

岡田直樹

日本経済評論社

はしがき

　北海道に広がる，自らの粗飼料生産を基盤に牛を飼う土地利用型酪農では，1990年代はじめから飼料作外部化の動きが急速に展開する．いわゆるコントラクターへの作業委託化である．しかし，2000年代に入ると，コントラクターに代わり，その多くが酪農経営間で設立されたTMRセンターへの，粗飼料生産工程とTMR（Total Mixed Rations；完全混合飼料）製造工程全体の委託が広くみられるようになる．なぜ，北海道における飼料作外部化のありかたは急速に変化したのだろうか．欧州諸国で広く見られるコントラクターは，はたして北海道では定着しないのか．欧州諸国では類例をみないといわれる，酪農経営集団によるTMRセンターへの組織的委託という独特の形態がなぜ出現したのか．

　そもそも，本書を著すにあたっての最大の関心は，単純に言ってしまえば，直面する社会状況のもとで，経営経済性確保に必要な物的生産規模が，家族経営で担える生産規模を超える状況が生じるとき——それが新たな技術導入によっても即座に対応できないとき——，家族経営はどのような体制をとって乗り切ろうとするのか，ということである．

　これまで，こうした状況への対応手段は，第一に，経営間統合，すなわち共同経営化による労働力や資本集積であり，第二に，従業員雇用と市場対応強化による経済性向上をセットとした，いわゆる企業化による労働力や資本集積であった．しかし，北海道のような家族専業経営が卓越する地域では，多くの農業経営が，家族経営による存続か否か，すなわち営農継続か離農かを判断する傾向が強く，共同化や企業化のみでは地域の営農条件確保や生産力維持が困難化する恐れをはらむ．ここでは，特定機能の外部委託と，外部化された機能の確実な統合による，家族経営の展開が大きな道として探求さ

れなくてはならない．

　本書では，こうした観点から，北海道の土地利用型酪農にみられる酪農経営と受託主体を中心とした飼料作外部化の体制の特質を，構造とマネジメントの視点から明らかにする．結論を先取りすれば，受委託の安定化には，本書でグループ・ファーミングと定義する，独立した経営間における営農体制の構築が必要となり，北海道の土地利用型酪農では体制内外の条件格差により構造，すなわち主体間の機能関係は変化すること，また，北海道の土地利用型酪農と酪農先進国イギリス（UK）の受委託体制であるマシナリィリング（MR）とでは，異なるメカニズムを持つグループ・ファーミングが形成されていることをみる．また，グループ・ファーミング自体は，自生的に展開するというよりは，意図的な仕掛けのもとで出現し，仕掛けの方向により展開方向が左右されることを明確に意識する必要があることを確認する．このもとで，北海道の土地利用型酪農における飼料作外部化の方向を展望しよう．

　このように，本書は，北海道の土地利用型酪農に，およそ1990年代以降に生じてきた酪農経営の飼料作外部化の動向を追うものである．このことは，同時に，これからの家族専業経営の道を探ることでもある．ご一読いただけたら幸いである．

2016年5月

目次

はしがき ………………………………………………………………… iii

序章　本書の研究視角 …………………………………………………… 1

  1.　はじめに　　　　　　　　　　　　　　　　　　　　　　　　 1
  2.　土地利用型酪農における飼料作外部化の展開と課題設定　　　 2
  3.　飼料作外部化に伴う酪農生産体制の特徴と分析視角　　　　　 4
    （1）　グループ・ファーミングの定義　4
    （2）　グループ・ファーミングの類型　5
    （3）　仮説と分析視角　7
    （4）　先行研究との関係　12
  4.　本書の構成　　　　　　　　　　　　　　　　　　　　　　　16
  5.　用語の定義　　　　　　　　　　　　　　　　　　　　　　　17
    （1）　土地利用型酪農　17
    （2）　酪農経営　18
    （3）　飼料作外部化（外部化）　19
    （4）　受託主体　20
    （5）　中間主体　21
    （6）　酪農生産体制　22

第1章　飼料作外部化展開の画期と酪農生産体制の諸類型 ……… 25

  1.　本章の目的　　　　　　　　　　　　　　　　　　　　　　　25
  2.　分析方法　　　　　　　　　　　　　　　　　　　　　　　　26
  3.　分析　　　　　　　　　　　　　　　　　　　　　　　　　　26

(1) 飼料作外部化展開の画期　26
   (2) 機械価格の上昇と主体間の軋轢増大　34
   (3) 飼料作作業受委託における酪農経営と受託主体の属性　35
   (4) 自給飼料生産・TMR 製造工程の受委託における酪農経営と
        TMR センターの属性　43
  4. 飼料作外部化に伴う酪農生産体制の類型　　　　　　　　　　50
   (1) 営農条件と主体行動　50
   (2) 酪農生産体制の類型　52
   (3) 補：「飼料作外部化」の次元　56
  5. 結語　　　　　　　　　　　　　　　　　　　　　　　　　57

第 2 章　飼料作作業外部化のニーズ形成と特質 ……………… 61
  1. 背景と本章の目的　　　　　　　　　　　　　　　　　　　61
  2. 分析方法　　　　　　　　　　　　　　　　　　　　　　　62
  3. S 利用組合の事例　　　　　　　　　　　　　　　　　　　65
   (1) 概況　65
   (2) 各経営の生産状況の変化　65
   (3) 自給飼料生産と労働状況の変化　72
   (4) 経営展開と作業委託化の意向　82
  4. 考察：営農条件としての組織化空間の形成　　　　　　　　87
   (1) ニーズ形成のメカニズム　87
   (2) ニーズの特徴としての多様性　88
   (3) ニーズ具体化の条件：組織化空間の創出　89
  5. 結語　　　　　　　　　　　　　　　　　　　　　　　　　90

第 3 章　コントラクター体制における主体間関係の枠組み (1) …… 93
　　　　──推進主体によるコントロールと組織的デザイン・インについて──

  1. 背景と本章の目的　　　　　　　　　　　　　　　　　　　93

2. 分析方法と対象　　　　　　　　　　　　　　　　　94
　　　（1）分析方法　94
　　　（2）検討事例　95
　　3. 類型間の比較分析　　　　　　　　　　　　　　　　98
　　　（1）推進主体による体制のデザイン　98
　　　（2）受託状況　104
　　　（3）委託状況　112
　　4. 考察：組織的デザイン・イン　　　　　　　　　　　118
　　　（1）考察の前提　118
　　　（2）事例間の差異はなぜ生じたか　118
　　　（3）組織的デザイン・イン　121
　　　（4）補：用語としてのデザイン・イン　124
　　5. 結語　　　　　　　　　　　　　　　　　　　　　125

第4章　コントラクター体制における主体間関係の枠組み(2) …… 127
　　　──グループ・ファーミングと資源リンケージシステム──

　　1. 課題　　　　　　　　　　　　　　　　　　　　　127
　　2. Ａセンターの事例　　　　　　　　　　　　　　　128
　　　（1）概要　128
　　　（2）展開過程　129
　　3. 事例分析　　　　　　　　　　　　　　　　　　　135
　　　（1）組織的デザイン・イン　135
　　　（2）収益改善のメカニズム　136
　　4. 考察：資源リンケージシステムの形成　　　　　　140
　　　（1）資源リンケージシステム　140
　　　（2）グループ・ファーミングとしての資源リンケージシステム　141
　　　（3）資源リンケージシステムの形成キー　141
　　　（4）資源リンケージシステムの示唆するもの　142

5. 結語 143

第5章　営農条件悪化のもとでの主体間関係の変化 …………… 145
　　　──三者間体制の事例を対象に──

1. 課題 145
2. 検討方法と事例 148
   - (1) 検討方法　148
   - (2) 事例の概要　149
   - (3) 補：機械共同利用体制，コントラクター体制と三者間体制　150
3. 分析：主体間関係 152
   - (1) 機能分担関係　152
   - (2) 資源調達・利用関係　156
   - (3) 経済的関係　159
   - (4) 体制のコントロールと機械利用組合の業務　162
   - (5) 体制における課題　164
4. 検討と考察 166
   - (1) 体制安定化の要因　166
   - (2) 構造的差異　168
   - (3) 独立した中間主体の形成とデザイン・インの逆転　172
   - (4) 体制転換の条件　175
   - (5) 補：資源リンケージシステムと飼料作基盤形成　177
   - (6) 補：三者間体制とTMRセンター体制との関係　177
5. 結語：体制展開の方向 178

第6章　TMRセンター体制における主体間関係の枠組み …… 181

1. 背景と本章の目的 181
2. 方法 182
3. TMRセンター体制に共通する主体間関係の枠組み 182

(1) TMRセンター体制の基本的構造　182
   (2) 共通する主体間関係の枠組み　184
 4. 事例分析：TMRセンターにおける主体間関係と経済状況　186
   (1) 分析対象　186
   (2) 両センターの概況　188
   (3) 機能分担関係　189
   (4) 生産諸要素の保有・利用関係　189
   (5) 経済的関係　192
   (6) コントロール機能の形成　195
   (7) 課題と展開方向　197
 5. 考察：経済的格差の形成要因とTMRセンター体制の展開方向　199
   (1) 酪農経営の構成とデザイン・インの関係　199
   (2) 酪農経営の構成と体制デザインの関係　199
   (3) 経済的安定化に向けた体制の展開方向　200
 6. 結論：TMRセンター体制の構造と展開の理解　201

第7章　TMRセンター体制における酪農経営間の経済性格差の形成要因 …………………………………………… 205

 1. 背景と本章の目的　205
 2. 検討方法と事例　206
 3. 事例分析　208
   (1) 両センターの概況　208
   (2) Sセンターの事例　210
   (3) Tセンターの事例　216
   (4) 事例の整理：経営行動の分化　218
 4. 考察　219
   (1) TMR単価水準への適応力の経営間格差　219
   (2) 経済性確保に向けたTMRセンター体制の運営方向　220

第8章　受委託マネジメント主体形成下における飼料作外部化の特質……………………………………………… 221

  1.　本章の目的　221
  2.　分析方法　222
  3.　C会の事例　223
    （1）　概況　223
    （2）　構造　224
    （3）　受委託の安定化　226
  4.　事例分析：構造及びコントロールメカニズムの特質　236
    （1）　構造面における特質　236
    （2）　コントロールメカニズムにおける特質　238
    （3）　体制及びコントロールメカニズムの選択要因　241
    （4）　体制の概念的把握　242
  5.　考察：クラブ型の特徴と展開条件　244
    （1）　クラブ型の特徴　244
    （2）　クラブ型の展開条件　249
  6.　結語　251

第9章　イギリスのコントラクター及びマシナリィリング体制の存立形態……………………………………………… 253

  1.　本章の目的　253
  2.　検討の前提　254
  3.　農作業受委託とコントラクターの存立状況　256
    （1）　コントラクターの出現　256
    （2）　コントラクターの現状　256
    （3）　検討：コントラクターの存立構造　271
  4.　マシナリィリングの現状　274

         (1) 概況と設立の経緯　274
         (2) BMR（Borders Machinery Ring Ltd.）の事例　276
         (3) MR の存立構造の検討　283
      5. 考察：コントラクターの自生的展開と MR の構造　285
         (1) コントラクターの自生的展開　285
         (2) マシナリィリングの構造　287
      6. 結語：北海道における飼料作外部化への示唆　290

終章　機能外部化とグループ・ファーミング展開の論理 … 297

   1. 課題と方法　297
   2. グループ・ファーミングの枠組み　298
      (1) 定義　298
      (2) 一般企業における外注関係とグループ・ファーミングとの違い　299
      (3) グループ・ファーミングに共通する枠組み　300
   3. 組織型とクラブ型の選択論理　303
      (1) 組織型の特徴　303
      (2) クラブ型の特徴　305
      (3) 組織型とクラブ型の選択と展開　307
   4. 組織型における体制選択と TMR センター出現の論理　312
      (1) 受託機能形成の難易度　312
      (2) 主体間関係選択の論理　315
      (3) コントロールメカニズム形成の論理　317
      (4) TMR センター出現の論理　321
   5. TMR センター体制の展開方向　323
      (1) TMR センター体制の持つ弱点　323
      (2) 理想となる体制　327
      (3) TMR センター体制の展開例　328

  6. 結語　　　　　　　　　　　　　　　　　　　332

参考文献………………………………………………………………… 335

あとがき………………………………………………………………… 345

初出一覧………………………………………………………………… 349

索引……………………………………………………………………… 351

序章
本書の研究視角

1. はじめに

　本書は，主に，1990年から2011年の間に，北海道の土地利用型酪農で展開した酪農経営の飼料作外部化（以下，誤解のない範囲で「外部化」と略記する場合がある）を対象に，外部化とともに出現した，①酪農経営，②外部化された機能を担う受託主体，及び③酪農経営や受託主体間で組織される中間主体の三者からなる体制を分析したものである．言い換えると，本書は，1990年代に生じた飼料作外部化の動きが，主体間のいかなる関係形成を伴って展開したのか，そのメカニズムを明らかにするものである．また，北海道の土地利用型酪農にみられる体制の特徴と求められる展開方向を検討するため，イギリス（UK）の受委託体制であるマシナリィリング（MR）[1]の事例も扱っている．

　本書は，1990年以降の20数年間に，局面局面の関心のもとで行った事例分析を中心に構成されている．ここには，当初からの一貫した問題意識や，明確な研究構成があったわけではない．それらは，研究期間を通して，あるいは今回のとりまとめに際して，いわば事後的に浮かび上がったものである．このため，序章では，本書で明らかにしようとする事実やそれに向けた分析視角，各章の位置づけ等を，研究期間を通じた状況の把握やそのもとで得られた判断をふまえて提示しよう．これにより，終章における本書の結論を，より容易に理解し得るものとしたい．具体的には，①飼料作外部化の展開状

況と本書における課題設定について，②飼料作外部化体制の特質と取り扱った事例の類型的整理，これらのもとで設定される分析視角について，③飼料作外部化をめぐるこれまでの論議と，本書の立ち位置について，④これらのもとで各章をどのように構成するか，また本書で用いる主要な用語について整理する．

2. 土地利用型酪農における飼料作外部化の展開と課題設定

酪農経営が，飼料作作業をコントラクターと称される受託主体[2]に委託し飼養管理に特化することは欧州諸国では広く知られる．また，北海道でも，コントラクターとの受委託による労働や資本の節約が，家族経営を中心とした酪農経営の多頭化の可能性を高めることはもはや自明の感がある．

実際，北海道では，1990年代以降，酪農経営とコントラクター間の飼料作作業受委託が広まりをみせる．北海道農政部の調査では，道内主要酪農地域におけるコントラクター数は，1994年の27組織（うち1989年以前の受託開始は7組織）が，1999年には30組織，2013年には98組織へと増加する[3]．また，2000年代にはいると，いわゆるTMRセンターの設立が進む．それまでのコントラクターが，収穫調製作業を中心に飼料作作業を受託するのに対し，ここでのTMRセンターは，酪農経営から，農地管理と粗飼料生産，及び濃厚飼料購入と給与飼料であるTMR製造を一括して受託し，出資者である酪農経営にTMRを販売する．こうした粗飼料生産をも担うTMRセンターは世界的にも類を見ないといわれる[4]．TMRセンターの設立は2003年以降に集中し，2010年には35組織，2014年には59組織が稼働し，さらなる増加が見込まれる．北海道全体で，飼料作物の作付面積中コントラクターやTMRセンターにより収穫調製された面積の割合は13.2%（2008年）とされ[5]，特に酪農専業地帯の根室地方では牧草で12.9%，コーンで43.6%という推計（2011年）があり[6]，酪農経営の相当割合が飼料作を外部化する状況にある．また，北海道の乳牛飼養1戸当たり経産牛頭数は，

1990 年の 30 頭から，2000 年には 50 頭，2010 年には 64 頭へと増加する．
根室地方では，2011 年時点で経産牛 80 頭以上を飼養する酪農経営の 6 割以
上が飼料作を委託するとの調査結果とあわせみれば[7]，コントラクターや
TMR センターとの受委託が，酪農経営の多頭化を下支えしたことは疑いあ
るまい．

　ところで，1990 年代以降の動向をより慎重に観察すると，酪農経営にお
ける飼料作の外部化[8]は，一方で機能の受け手となるコントラクターや
TMR センターの持続安定化を必ずしも伴わなかったようにみえる．1990
年代初頭の，農業機械販売会社など農業関連企業の参入により形成されたコ
ントラクターは，そのほとんどが事業開始後数年以内に，不採算を理由に撤
退した．また，2000 年前後には，公共事業の減少に直面した土建業者等の
受託事業参入がみられたが，本業の人員削減や景気好転のもとで事業からの
撤退の動きもみられる．2000 年代には，TMR センターが，持続安定性を
確立できないままのコントラクターを下請けとして取り込みつつ，それまで
の酪農経営とコントラクター間の関係を代替する動きを強めているようにみ
える．北海道農政部の調査では 2000 年代においてもコントラクター数は増
加傾向にあるが，一方，農林水産省北海道農政事務所によると，酪農経営の
支払う作業委託料は 2005 年の年間 135 万円（経営費用の 3.5％）をピークに
2011 年の年間 13 万円（同じく 0.3％）まで低下する[9]．これは，酪農経営が，
コントラクターから TMR センターに飼料作外部化の対象をシフトさせた
結果，飼料作外部化の費用負担が作業委託料ではなく飼料費として支払われ
たためとみられる．ただし，こうした TMR センターへの飼料作外部化に
おいても，多くの TMR センターで，TMR 単価の高止まりや，自己資本蓄
積困難などの経済的課題が生じているとの指摘があり，その解消に向けて，
TMR センターにおける哺育・育成牧場併設や，搾乳牧場併設などの新たな
取り組みが模索されはじめている[10]．

　以上のことは，本書の前提となる次の状況を意味する．

I. 北海道の土地利用型酪農では，1990年代以降，多くの酪農経営で，家族経営のみでなし得る規模を超えて多頭化が進んだ．このもとで，基幹となる生産工程のうち飼料作を外部化する動きが強まるが，一方で受託主体形成は安定せず，酪農生産体制として不安定な状況にある．

欧州で定着するコントラクターがなぜ安定しないのか．一方で，世界的に類例がないといわれる自給飼料生産をも担うTMRセンターがなぜ北海道に出現したのか．今後，飼料作外部化を伴う酪農生産体制は安定化に向けてどのように展開するのか．

本書の目的は，こうした問題意識のもとで，農業経営と受託主体という，経営として独立した主体間の連動による生産体制の構築と安定化の論理を解明することにある[11]．

3. 飼料作外部化に伴う酪農生産体制の特徴と分析視角

(1) グループ・ファーミングの定義

飼料作外部化に伴う酪農生産体制，すなわち機能受委託の前提となる営農体制は，いかに捉えられるのか．

本書で扱った北海道の土地利用型酪農の事例，及びUKのMRの事例[12]には，すべてに共通する枠組みがみられる．これを本書では，「グループ・ファーミング」と呼ぶ．すなわち，本書では，グループ・ファーミングを「自らの持続化に向けて独立した経営機能を有する主体間で構成される生産体制」と仮定義し，稿を進める[13]．本書では，グループ・ファーミングを構成する主体として，①機能の委託者である酪農経営，②機能の受託者である受託主体，及び③酪農経営や受託主体の出資により設立され両者の調整的役割を果たす中間主体の，それぞれに独立した経営機能を持つ三者を想定する．

また，グループ・ファーミングでは，①参入・退出はあるものの，体制を構築する主体は固定され，②体制内部では，酪農経営と受託主体，あるいは

実質的な受託機能を担うに至った中間主体との間で，受委託に関する取引がみられる．ここでの取引は，基本的には，経営として独立した主体の個々の意思決定に依存する．すなわち，グループ・ファーミングに期待される機能は，固定的な参画主体のもとでの安定した受委託条件の創出と，そのうえでの主体間における受委託展開である．ここでは受委託条件創出に向けた主体間での制御された関係と，酪農経営個々の状況に応じた受託主体（場合により中間主体）との取引による機能分担関係という，主体間の二重関係が形成される．

以上から，本書で検討する飼料作外部化に伴う営農体制に共通する特質を，次のように整理できる．

II. 飼料作外部化に伴う営農体制は，経営面で独立した主体間によるグループ・ファーミングとして捉えられる．グループ・ファーミングのもとでは，ⓐ主体間の行動制御や協調行動による安定した受委託の条件創出に向けた関係形成と，ⓑそのもとでの個別意思決定による受委託取引と機能分担という，主体間における二重関係が出現する．

すなわち，飼料作外部化は，酪農経営と受託主体間の単層な相対取引としてではなく，主体間による取引条件整備を前提として展開するものと捉えられる．

(2) グループ・ファーミングの類型

本書で扱ったグループ・ファーミングの事例は，次の2段階で類型区分される（図序-1）．

1) 体制デザインの差異による類型

どのように受委託条件を整えるかという，受委託の前提となる体制デザインの差異による類型である．ここには，複数の主体間で1つの大農場のごと

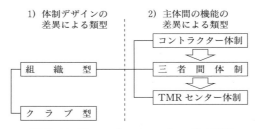

図序-1 グループ・ファーミングの類型

注:図中の⇨は,北海道の土地利用型酪農における時系列的展開の順序を示す.

き体制を構築せんとする「組織型」と,確実な受委託相手の確保に向けた情報システムを構築せんとする「クラブ型」がある.組織型としたのは,文字通り酪農経営と受託主体,あるいは中間主体間で,あたかも組織内分権化のごとく体制が構築されることによる.一方,クラブ型とは,特定された参画主体のもとで,酪農経営や受託主体個々の受委託に関する情報を集積・創出し,体制に参画した主体のみが利用できるクラブ財[14]として資源化する体制がとられることによる.北海道の土地利用型酪農の多くの事例は組織型,UKのMRの事例はクラブ型である.

2) 主体間の機能の差異による類型

 北海道の土地利用型酪農の事例はほとんどが組織型であるが,酪農経営が外部化する機能の程度,すなわち生産工程における主体間の機能の分担関係に差がみられる.本書では,これらを「コントラクター体制」「三者間体制」「TMRセンター体制」と3つの類型に区分した.1990年代初頭に最も早く出現したのはコントラクター体制である.ここでは,受託主体が飼料収穫調製作業を分担するが,実質的には,酪農経営による機械用役を伴った労働力の臨時雇用としての性格が強く,単純なサービス需給がなされる.2000年前後には,飼料収穫調製用の主要機械を保有する,酪農経営間で組織された機械利用組合が中間主体としての性格を強め,受託主体を組み入れて作業を担う「三者間体制」が出現した.本書第5章では,三者間体制の中で土地利

用を含めた粗飼料生産全体を中間主体が管理する事例をとりあげるが，これは，酪農生産工程の一部が，管理機能を含めて分権化されたものといえる．

2004 年以降には TMR センターを受託主体とした「TMR センター体制」が急速に展開する．TMR センターは，三者間体制の中間主体がさらに展開し，資本と労働力を兼ねそなえた実質的な受託主体へ転化したものであり，ここでは従前からの受託主体は存在しないか，TMR センターへ特定のサービスを提供する下請けに位置づけられる．TMR センターは，複数の酪農経営から委託された粗飼料生産と TMR 製造を一元的に担い，酪農経営に TMR を販売する．ここでは，酪農経営は，事実上 TMR 製造を外製に転じる．以上のように，同じ組織型であっても，受託主体が酪農経営に単純サービスを提供するコントラクター体制，中間主体が受託主体を組み入れて受託機能を形成する三者間体制，TMR センターが粗飼料生産と TMR 製造を受注する TMR センター体制では，主体間の機能分担関係に明確な違いがある．

(3) 仮説と分析視角
1) 仮説

本書の主たる分析対象は，北海道の土地利用型酪農における飼料作外部化の体制であり，組織型の 3 体制の事例分析，及び，クラブ型である UK の MR 等との対比を通して，体制構築と安定化の論理を検討する．

分析は，次の仮説のもとで行う．

> 組織型では，酪農経営の経済的不安定化のリスクは，機能外部化後に高まりやすい．このため，機能外部化を必要とする酪農経営では，リスクを引き下げて体制を成立・安定化させる方向で主体間の構造を選択し，体制をコントロールする必要性が生じる．

酪農経営の経済的リスクが高まる背景には，組織型では，1 つの大農場の

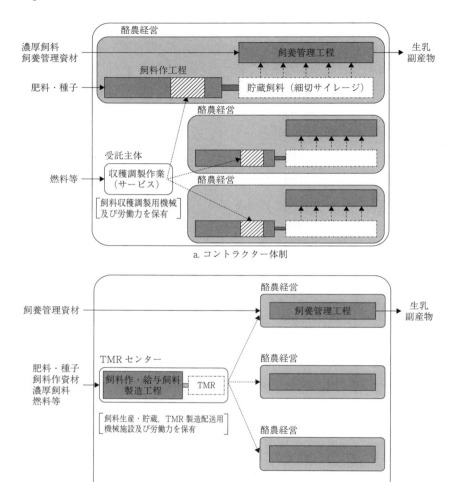

図序-2 組織型における主体間の機能的関係

注：1) 組織型のもう1つの体制である三者間体制の主体間の機能的関係は省略したが，コントラクター体制とTMRセンター体制の中間的形態をとる．
2) 酪農経営は代表1事例について詳細を記入し，機械施設，労働力は省略している．
3) a.では中間主体が，b.ではTMRセンターから作業を受託する受託主体が形成される場合がある．
4) ──▶は体制外部との取引，‥‥▶は体制内での取引，---▶は酪農経営内での工程間の需給，══は工程による生産物を示す．

ごとく体制が設計されることがある．すなわち，酪農経営と受託主体間の取引をあたかも単一組織の内部取引のごとく位置づけ，全体の資本や労働効率が高まる方向で主体間関係構築が目指されることによる．図序-2 に，組織型のコントラクター体制と TMR センター体制における主体間の機能的関係を模式的に示した．両体制では，主体間の機能分担関係は大きく異なる．コントラクター体制では，飼料生産工程の管理主体は酪農経営であり，受託主体は特定のサービスを供給するにとどまる．一方，TMR センター体制では，飼料作・TMR 製造工程全体が TMR センターに外部化され，酪農経営との分業関係が構築される．ただし，両体制では，次の共通した枠組みを持つ：①参画主体の固定，すなわち複数の酪農経営と単一の受託主体（ここでは，TMR センターなど実質的に受託機能を担う中間主体を含める）という構成，②酪農経営と受託主体間の機能の完全分化（重複した機能の非保有化），③体制外部との取引の制限（多くの場合，受託主体の体制内酪農経営に限定した機能供給と，酪農経営の当該受託主体に限定した機能調達）．こうしたことは，組織型では，酪農経営と受託主体が一体となって生産工程を形成し，経済面で強い相互依存関係にあることを意味する．

　ここで，酪農経営の経済的リスクが高まりやすい要因として，次の3点が想定される．

　第1に，酪農経営は，外部化される機能の代替確保手段を持たないことである．すなわち，酪農経営は，リスク回避に向けて自ら当該機能を保有したり，最少複数の委託先確保をはかったりせず，単一の受託主体に特定機能を全面的に依存する．このため，酪農経営は，受託主体の行動や，受託主体により提供される機能の質あるいは価格の影響を直接被る[15]．もちろん，受委託は酪農経営と受託主体間の交渉を伴うが，機能の代替確保手段のない場合，酪農経営の受託主体に対する交渉力は相対的に低いといえる．酪農経営は受託主体に特定機能を依存して自らの経営を組み立てるが，一方で，極端にいえば，当該受託主体が受託を中止すれば，酪農経営はただちに対応する方策を準備していないといえる．

第2に，予見される酪農経営と受託主体間での行動の齟齬に対し，体制上の調整メカニズムが不明確なことである．例えば，飼料収穫調製作業に際し，酪農経営は，産乳効率の向上のため良質な粗飼料確保に向けて，より短期に作業適期を設定するが，受託主体は，限られた労働力と機械装備を効率的に稼働するため，作業適期を長期化して対応する．これらの調整のありかたは，しばしば明確ではない．

　第3に，主体間で，リスク波及性が生じることである．リスク波及性とは，いずれかの主体で問題が生じると，容易に他の主体の経済的リスクを高める関係が生じることである．TMRセンター体制におけるリスク波及性を図序-3に示した．ここでは，①TMR給与技術の未熟な酪農経営では，しばしば繁殖の悪化と増頭の滞りや，場合によって経済性の悪化による離農が生じ，当初計画した委託量（TMR購入量）の低下を引き起こし，②TMRセンターの経済性の低迷を引き起こす．このため，TMRセンターでは，受託中止や[16]収支均衡に向けたTMR単価の引き上げが生じ，また雇用の不安定化や技術力低下を招く恐れも強まる．このことは，③他の酪農経営における委託機会の喪失，費用負担の増大，飼料品質の低下による産乳や繁殖へマイナスの影響等をもたらす．

　こうしたことは，酪農経営には，継続した委託機会確保を目的に，受託主体の経済的安定化を支援する動機が生じやすいことを意味する．これにより，本書の結論を先取りすれば，組織型では，体制が不安定化すれば新たな体制への転換が比較的容易に進むといえる．

2）分析視角

　以上から，本書では，飼料作外部化に伴う酪農生産体制の分析視角として，次を設定する．

① 体制が置かれたリスク状況に応じて，主体間でどのような機能分担関係が設計されるのか（構造面からの視点）

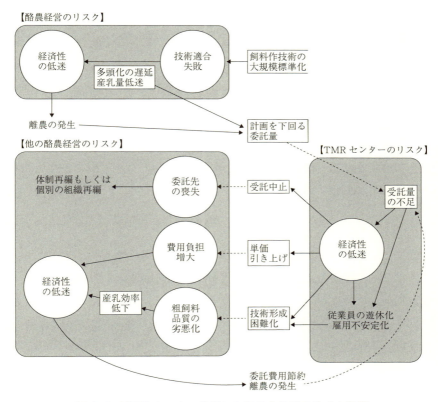

図序-3　TMRセンター体制における主体間のリスク連関

注：○は各主体に生じるリスクの局面，□はリスク出現の要因，←—は直接的因果関係，◀----は他の主体の行動からもたらされる影響を示す．

② 体制内外の条件変動に対し，主体間の関係がどのようにコントロールされるのか（マネジメントの視点）

　各事例の分析に際しては，これらの視角のもとで，ⓐ主体間における資本，労働力，機能，技術，経済性の諸関係の枠組みを整理し，また，ⓑ内外の条件変動に対し相互の関係をいかに調整することで安定性を保とうとするのか，その調整メカニズムを明らかにしよう．さらに，ⓒ体制はどのような課題を

持ち，その解決に向けてどのような状況が出現するか，また⓸不安定な営農条件のもとで受委託が持続性を得るには，体制の展開方向をどのように修正する必要があるのかという点について考察を加える．

(4) 先行研究との関係

農業経営と外部主体との関係について，これまで多くの研究がなされてきた．本書に関わり，①主体間関係の論理，②飼料作外部化と酪農経営，③受託主体の雇用問題，④飼料作外部化と酪農生産体制，⑤ドイツのMR，⑥飼料作外部化の課題についての先行研究を整理する．

①主体間関係の論理

農業における主体間関係の根幹となる論理は，高橋（1973）にさかのぼる．ここでは，地域農業を，農家，農協（本書中では，1992年4月以降をJA，それ以前，及び特定の農協を表す際に農協と表記する），自治体，その他主体間で機能分化した1つの包括的な組織とみなし，農業組織化は①農家にとって機能委譲が有利となる経済条件形成，②農家に残された機能の代償的強化，③機能委譲を受ける主体の権威（信頼性といえよう）のもとで進展するとする．また，一般企業では中核企業の分権化のもとで主体間関係が形成されるのに対し，農業における主体間関係形成は，個々の農家に分散する機能が特定の主体に集中的に委譲されるという特徴を持つとする．このことは，農業では，農家と受託主体との多対1の数的関係が出現することを意味するが，さらに高橋（1973）では，機能分化のもとで独立した主体間には組織矛盾が生じ，組織の有効化には諸機能を統合化する包括的マネジメントが重要となることを指摘する．

こうした整理は，農業における機能分化を伴った主体間関係に広くあてはまり，本書もこれを前提とする．ここで，高橋（1973）を，農業生産と市場対応の垂直的分化における主体間関係を代表するものと限定して捉え，本書を，農業生産の中核的生産工程における水平的機能分化における主体間関係

を扱うものとして対比すると，そこには，特に，分化に伴う農業経営の経済的リスクに関して次の違いが見出される．すなわち，垂直的分化では，農産物は一定の市場性を持ち代替的販売先を探すことも可能なため，農業経営が被る経済的リスクは相対的に小さい．ここでは，農業経営にとり販売機能は与件としての性格を帯びやすい．一方，水平的分化では，それに伴う農業生産への影響が懸念され，農業経営の経済的リスクは相対的に高い．特に，所得の多くを農業に依存する専業経営は，自らの展開に機能外部化を必要としながら，外部化により経済的リスクを抱え込む状況が生じる．このため，水平的分化には，リスク削減に向けた体制やコントロール・メカニズムが必要となり，条件形成に対する農業経営の主体的関与が促される．

このように，本書は，高橋（1973）を前提としつつも，専業農業地帯に現れた機能外部化の検討を介して，垂直的分化の論理に，農業における水平的分化と主体間関係形成の論理を付け加えることを意図するものといえる．

②飼料作外部化と酪農経営

②〜④は，北海道の土地利用型酪農の飼料作外部化に関する研究である．

まず，飼料作外部化のもとでの酪農経営の経済性や経営行動など，酪農経営に注目した論考がある．浦谷（2002）では，JAが受託体制を整え酪農経営の飼料作作業委託を誘導した事例を対象に，その展開過程と受託側の経済性，及び酪農経営における委託効果を分析した．ここでは，酪農経営では，飼料作作業委託に伴い，経営費の増加，飼料品質低下のリスク増大，あるいは作業受け入れ条件整備のための投資負担増大がみられること，こうした経済的負担やリスク増大への対抗手段として，飼養管理技術，経営管理能力，資金管理能力の向上を図ることが重要なことを指摘する．また，TMRセンターへの委託のもとでの酪農経営の経済性について山岸（2013）の試算があり，TMRセンターへの委託は酪農経営の経営費の増加と所得低下を引き起こすが，経費増大の吸収には高泌乳化のみでは不十分で，高泌乳化と多頭化を平行して進めることが有効であるとする．すなわち，飼料作外部化は，そ

れまで所得の構成要素であった自家労賃が，賃金として委託料金の一部に組み込まれ顕在化することで経営費の増大を引き起こしやすく，このもとでは家族労働力の飼養管理への集中と多頭化・高泌乳化双方の実現という酪農経営の組織再編が展望されるとの指摘である．本書はこれらを研究前提とする．

③受託主体の雇用問題

　コントラクターやTMRセンターなど，飼料作外部化のもとで出現した受託主体の，受託作業に関する課題，特に雇用問題を検討する論考がある[17]．浦谷（1997）では，コントラクターの雇用問題をとりあげ，作業の中心となる飼料収穫調製作業には季節性があり，年間を通じての労働量の平準化は容易ではなく，就労面で問題が生じやすいことを指摘する．さらに淡路・山内（2009）では，コントラクターが酪農経営の信頼を得て作業を拡大するには，労働力の確保と同時に技術力向上が重要なことを指摘する．これらの論考は，繁忙期にあわせて労働力を確保する場合には閑散期の就労機会確保策が（閑散期にあわせる場合には繁忙期における一時的な雇用のしくみが）必要なこと，同時に作業能力向上のための研修機会形成等が必要なことを指摘するもので，受託主体が単独で事業展開することは必ずしも容易ではないことを示すものといえる．こうした受託主体側が抱える諸課題についても，本書では直接の対象とせず，前提として扱う．

④飼料作外部化と酪農生産体制

　飼料作外部化を伴う酪農生産体制を，家族酪農経営の展開上に位置づけて構造的側面から論議したものに荒木（2005）がある．ここでは，TMRセンターへの委託化を，酪農経営間で飼料作部門を統合し巨大な農場を創出せんとする「不完全な農場制」とし，個別単独の展開，あるいは共同経営化とは異なる家族経営の第三の発展経路に位置づける．「不完全な農場制」とは，農地の実質的な管理がTMRセンターに統合されるのに対し，製造されたTMRは個々独立した酪農経営により分散利用される状況を指し示す．こう

した「不完全な農場制」のもとで，酪農経営とTMRセンターはそれぞれ独自の展開を追求するとし，この結果，飼養頭数に対する農地過剰化の懸念[18]，あるいは逆に酪農経営側の飼養頭数拡大が農地面積の拡大を上回る場合の購入飼料依存深化の懸念を指摘する．こうしたことは，酪農経営とTMRセンターによる生産体制の安定には，飼料需給バランスの調整メカニズムの形成が必要であり，そうしたメカニズムがない中では，酪農経営は大規模化とともに購入飼料依存を強め土地利用型酪農の範疇から離脱する懸念をもはらむことを示唆する．これらは，TMRセンター設立の初期段階にあってその体制の持つ本質を指摘した知見といえる．本書は，こうしたアプローチを引き継ぎ，飼料作外部化のもとでの酪農生産体制に焦点を当てて分析を行うもので，酪農経営間あるいは酪農経営と受託主体間でいかなる関係形成が進むのか，あるいは進める必要があるのか，解明をはかる．

⑤ドイツのマシナリィリング

　欧州，特にドイツにおけるMRのもとでの農作業受委託の展開については，これまで，日本における農作業受委託の論議とは別個になされてきた．早くは熊代（1970）がドイツの状況を整理し，自走式収穫機の導入が進む高度機械化段階では，農業経営間の当該機械の合同利用が進み，その一形態としてMRが展開するとした．さらに，梶井・石光（1972）は，農作業受委託の地域的調整組織としてドイツのMRを紹介し，MRは単に需給調整を行うだけでなく，受委託を介した農業経営展開を率先して誘導する機能をも果たし，このもとで委託ニーズと受託能力のバランスがはかられることを指摘した．また，淡路（1994a）は，MRの制度や展開状況，MRが農業経営に与える影響や効果を分析するとともに，農業や農村の状況変化に呼応し，その事業範囲が生産面以外の環境保全等にも拡大してきたことを示している．本書では，MRの体制をクラブ型とし，北海道の土地利用型酪農にみられる組織型との対比を行う．これにより，組織型の持つ特質と，安定化に向けた展開方向を考察する．

⑥飼料作外部化の課題

　生源寺（2008）は，飼料作外部化に際し土地利用型酪農経営が立脚すべき点として，「農業経営における飼料生産に使用される農地の保有」を指摘する[19]．このことは，土地利用型酪農では，飼料生産から生乳生産を一連の生産工程として捉えるべきで，土地に依拠した生産力形成が最も重要であることを示すものといえよう．拙速ながらこの具体的なありかたを想定してみると，1つは，生産工程全体の統合的マネジメント機能を形成し，酪農経営と受託主体があたかも1つの農場のごとく運営される場合であり，もう1つは，飼料作作業の外部化を作業サービスの委託にとどめ，土地利用を含めた管理機能はあくまで個々の酪農経営が保持する場合であろう．前者は，酪農経営とTMRセンターによる生産体制の展開方向となる可能性があり，また後者はMRのもとでの農作業受委託の発想に近いといえる．土地利用型酪農経営における飼料作外部化がいかなる方向を選択すべきか，その検討は本書の最終の目的である．

4. 本書の構成

　本書は次のような構成である．

　第1章は，各論に先立って，本書が検討対象とする1990年から2011年を対象に，酪農経営の状況と受託主体形成の動向，及び出現した受委託体制の特徴を整理したものである．また，第2章は，1980年代に飼料作共同作業を行ってきた事例を素材に，酪農経営の飼料作外部化ニーズの特質を検討した．ここで整理したニーズへの対応方向の探求が，本書を通じたモチーフとなっている．

　第3～7章は，北海道の土地利用型酪農にみられる組織型の諸類型を素材に，体制における構造・マネジメントの特徴や安定化条件（第3～6章），及び特に今日展開するTMRセンター体制が酪農経営の経済性に及ぼす影響（第7章）を検討した．

第8,9章は，一転してクラブ型の事例を扱う．北海道では稀少な取り組み（第8章）及びUKの事例（第9章）をとりあげ，体制のもつ特徴と展開条件を組織型との対比のもとで検討した．

終章では，各章を総括的に再検討し，異なる類型が選択される論理を考察した．このもとで，北海道ではなぜTMRセンター体制が出現し，いかなる方向に展開すべきかを検討した．

5. 用語の定義

最後に，主要な用語について，その定義と本書における含意を整理する．

(1) 土地利用型酪農

土地利用型酪農は「飼料生産を行いながら家畜を飼う酪農」であり，「自給飼料依存度が高い」酪農形態と定義づけられる[20]．本書で「土地利用型酪農」という語を用いる際には次を前提とする．

第1に，粗飼料生産が生乳生産の経済性に強く影響することである．その理由として，2012年度の牛乳生産費（乳脂肪分3.5％換算乳量100kg当たり）では，土地利用型酪農の展開する北海道では，物財費に占める牧草・放牧・採草費の割合は18.0％と，都府県の4.5％を大幅に上回り[21]，自給飼料生産コストが生乳生産の経済性に与える影響はより大きいといえる．さらに，自給飼料に依存するもとでの飼料費や物財費全体のコスト低減が，生乳販売の経済性を高める前提となる．すなわち，購入飼料への依存が強い都府県では，牛乳生産費における飼料費4,317円（物財費全体で7,056円）のうち流通飼料費が3,999円，自給飼料に該当する牧草・放牧・採草費が318円であるのに対し，北海道では飼料費3,478円（物財費6,356円）のうち流通飼料費2,122円，牧草・放牧・採草費は1,205円であり，自給飼料に依存するもとで飼料費や物財費が節約される状況にある．このことは，都府県の生乳価格水準9,135円を下回る価格水準（北海道7,306円）のもとでも酪農経営が

成立する前提となる[22].

　第2に，飼料生産と飼養管理の技術・方式面での関連性が強く，特に飼料調製形態や給与飼料形態により飼養管理方式が規定されることである．例えば，ロールパックサイレージ給与を行ってきた中小規模経営は，コントラクター体制のもとで飼料収穫調製形態が細切サイレージへ変化すると，それに応じた貯蔵・給与体系への転換が必要となる．あるいは，TMRセンター体制のもとでは，飼養管理方式の，従来の1頭1頭異なる飼料給与を前提とした個別管理方式から，TMRによる群管理方式への転換が必要となる．

　第3に，土地利用型酪農における自給飼料生産工程は，作業適期を有し，また条件の異なる圃場間あるいは圃場内を移動しつつ作業を行うといった，農作業的性格を持つ作業で構成されることである．ここでは，特に収穫調製作業実施のタイミングや，作業時の天候条件・圃場条件によっても生産された粗飼料の品質に影響が生じ，粗飼料品質は飼養管理工程における生乳生産効率を介して酪農経営経済に影響を及ぼす．

　以上の第1～3より，飼料作外部化の観点からは，土地利用型酪農は，購入飼料に依存する酪農以上に様々な経済的影響を受けやすく，またしばしば飼養管理方式の転換圧力を被りやすい形態といえる．

(2) 酪農経営

　酪農経営とは，「乳牛を飼養し生乳を販売あるいは加工販売することで経済的活動を継続する事業体」[23]と定義づけられる．本書では「飼料作を外部化する主体」であり，さらに次の含意のもとで用いている．

　第1に，専業経営として想定する．このことは，農業経営の大部分が酪農経営からなる根室，宗谷地方では，専業農家率がそれぞれ82.2%，79.4%[24]と高く，土地利用型酪農経営の多くは専業とみられることによる．酪農経営が専業経営であり兼業しないこと，さらに実態として，多くは，副産物である個体販売以外に経営内複合部門を持たないことは，生乳生産の経済性が経営全体の経済性に直結する構造を有し，生乳生産による経済性確保が必要な

経営群であることを示唆する．

　第2に，家族経営として想定する．根室，宗谷地方では，農業経営のそれぞれ93.6％，93.7％が家族経営であり[25]，土地利用型酪農経営のほとんどは家族経営とみられるためである．家族経営の大きな特徴は，労働の多くを家族労働力に依存する点である．北海道の酪農経営の年間労働時間をみると，男女平均で2,405時間，男性で2,792時間に達する[26]．男性の労働時間は，仮に365日休みなく働いたとしても1日当たり7.7時間に達し，さらなる増頭を念頭に置けば労働外部化を必要とする可能性の高い経営群といえる．

　以上，本書では酪農経営を家族専業経営とみなすが，これは，本書が前提とする家族経営の展開方向の探求という問題意識に合致する経営群であることをも意味する．

(3) 飼料作外部化（外部化）

　飼料作外部化とは，「飼料生産及びそれに付帯する工程において，作業労働を伴う特定機能あるいは工程全体を，外部主体に継続して委託すること」[27]と定義づけてもよいだろう．ここでの定義は，経営学における「アウトソーシング」の定義と，対象以外の点で類似する．ただし，ここでは，労働力不足のもとでの酪農経営の展開方向に注目するため，生産工程における実作業を伴った機能外部化に限定し，土壌分析や飼料分析等の外部に形成された専門的機能の利用を除外している．また，飼料作外部化とは酪農経営を起点とした表現であり，機能の担い手となる受託主体を含めて「飼料作受委託（受委託と略記する場合がある）」とも表現する．本書ではさらに次の含意のもとで用いる．

　第1に，酪農経営にとって，飼料作外部化は，それによる組織再編をも意味する場合がある．具体的には，飼料作外部化のもとで，余剰化した労働力を直接収益形成を担う飼養管理に再投入すること，あるいは自前の機械施設なくしてTMRを調達し，高泌乳化が期待されるTMR飼養へ転換すること等である．

第2に，外部化の程度には幅があることである．コントラクター体制では，飼料収穫調製作業等の特定作業が外部化の対象となる．ここでは，飼料作工程全体の管理機能は酪農経営が保有し，特定作業に限定した外部主体からのサービス調達がなされる．一方，TMRセンター体制では，飼料作全体が，管理機能を含めてTMRセンターに外部化される．

　第3に，第1の点に関連して，酪農経営は，外部化した機能を基本的に重複保有しないことである．このことは，外部化は，長期的には酪農経営における当該技術力の逸失をも意味する．

　さらに第4に，北海道における飼料作外部化は，新たな受託主体形成の意味を含むことである．すなわち，外部化は，受託主体がなく受委託市場が存在しない状況を前提とする．

　第1～4の点は，飼料作外部化は，緩急濃淡はあるが酪農経営の組織再編の手段であり，不安定化のリスクを伴うこと，また安定した外部化に向けて受託主体形成と受託市場創出に対する酪農経営からのアプローチを伴うものであることを意味する．

（4）　受託主体

　受託主体とは，通常，「酪農経営から外部化された特定機能を受託する主体」と定義される[28]．ただし，本書の目的に照らせば，ここでの定義は広義すぎる．このため，次の含意を付け足す．

　第1に，上述したように，本書が対象とするのは，「生産工程における実作業の受け手」であり，当該機能を継続して供給することで「酪農経営の組織再編」を促す主体である．ここでは，例えば酪農ヘルパーのような一時的な労働支援組織を含めない．

　第2に，JA等，いわば制度的に受託機能を発揮する主体を重視しない．これは，JA等の制度的受託は少数にとどまること，また，本書が，酪農経営と受託主体を中心に形成される，受委託の持続化に向けて主体的に展開する体制を主たる研究対象とするためである．JA等の制度的事例では，研究

の前提とした酪農経営の依存リスクはより低いものとなろう．ただし，JAの事例においても，独立した主体である酪農経営の協調行動の誘導が前提となる．この点で参考となる事例を第3章では取り扱っている．

第3に，TMRセンター体制あるいは三者間体制では，次に定義づける，酪農経営間で設立された「中間主体」が，実質的に飼料作工程全体の受託主体として機能する場合がある．この場合，さらに中間主体に対しサービスを提供する受託主体，すなわち下請け関係が形成されることも多い．工程全体の受託が中間主体によりなされることは，酪農経営にとって，もともと受託主体が存在しない場所で受託機能形成が必要となったこと，及び民間企業へ工程全体を依存することが不安定化のリスクを高めかねないことによろう．一方，受託主体においても，作業工程全体を受託し生産物への責任が生じることはリスクを伴い，賃金を対価としたサービス提供にとどまる動きが強いとみられる．

(5) 中間主体

中間主体は「委託主体である酪農経営と受託主体間での，円滑な飼料作受委託を媒介する主体」と定義づけできよう．本書で取り扱う酪農生産体制は，酪農経営，受託主体，及び中間主体の三者で構成される体制だが，さらに，ここでは，中間主体に次の含意を付け加える．

第1に，中間主体は飼料作外部化を必要とし，そのための条件創出をはかる酪農経営間の共同出資による場合が多く，酪農経営間の共同組織としての性格を持つ．

第2に，中間主体は，機械施設導入に際して補助事業の受け入れ母体として設立され，さらに，飼料作収穫調製作業や飼料作工程全体の管理機能を持ち，作業実施に向けた体制の構築と実行をマネジメントする．同時に，酪農経営間の，受委託安定化に向けた共通戦略形成の場としても機能する．

第3に，中間主体の，独立した経営主体としての展開がみられる．飼料作外部化の前段である機械共同利用体制では，中間主体は，自走式フォーレー

ジハーベスタ導入の際の補助事業の受け皿として，実質的に機械の耐用期間に限定された一時的な管理組織であった．しかし，特にTMRセンター体制では，中間主体であるTMRセンターは，自らの機能発揮のため，高額な施設機械の維持更新や従業員の継続雇用のための経済性確保が必要となる．ここでは，中間主体は，酪農経営を母体としながら，資本や労働力の面で独立性を高めることが不可避と思われる．

第4に，第1～3の事項は，北海道の土地利用型酪農にみられる組織型を前提とする見解であり，クラブ型のMR体制の中間主体とは異なるとみられる．これについては，第8, 9章で整理する．

(6) 酪農生産体制

酪農生産体制（生産体制，あるいは体制と略記する場合がある）とは，土地利用型酪農を前提として「土地や乳牛への働きかけの過程である生乳生産工程における，酪農経営と受託主体の結合関係」と定義する[29]．さらにここでは，酪農生産体制を次の含意のもとで用いる．

第1に，本書の目的に即して，酪農生産体制を酪農経営，受託主体，及び中間主体からなる，複数の異なる機能を有し，経営として独立した主体間で構成される体制と捉える．第2に，酪農生産体制は，外部に対して基本的に閉じており，体制内部での固有の関係形成のもとで各主体が経済性を確保し，体制が維持される．すなわち，酪農生産体制とは，異なる機能を有する独立した主体間のグループによる営農体制を意味し，本書はこのもとでの酪農経営の存立条件の解明をはかるものである．

注
1) ドイツ語では「マシーネンリング（Machinen Ring）」であるが，本書では英語表記をもとに「マシナリィリング（Machinery Ring）」を用いる．
2) 本書では，コントラクターを「農業経営に機械サービスを提供する主体」と定義する．
3) 第1章表1-2を参照．

4) 阿部 (2000) では，イスラエル，中国のTMRセンターを紹介するが，これらは食品製造副産物と購入粗飼料によりTMRを製造するもので，自給飼料生産の担い手ではない．
5) 第1章表1-1を参照．
6) 岡田 (2011b) による根室地方A町の実態調査結果 (2011年) にもとづく推計値．コントラクター等による作業受委託面積が全作付面積に占める割合は牧草9.5%，コーン34.5%，TMRセンターによる割合はそれぞれ3.4%，9.1%である．
7) 岡田 (2011b) による．表1-7参照．
8) 「飼料作外部化」とは，より正確には「飼料作に関する何らかの機能の外部主体への依存化」という酪農経営の行動を意味し，この結果生じる酪農経営と受託主体の機能の取引関係を「飼料作受委託」と表現する．
9) 農林水産省北海道農政事務所統計部編集『北海道農林水産統計年報（農業経営統計編）平成17年～18年』北海道農林統計協会協議会，2007年，及び同『同平成23年～24年』農林水産省北海道農政事務所統計部，2013年の『営農類型別経営統計』の中の「酪農経営（経営全体）」による．
10) 例えば，北海道TMRセンター連絡協議会 (2012) を参照．
11) 経営の独立性については，法人形態をとるなどの制度的独立を基本的な基準とする．
12) MRには畑作など耕種農業の受委託も含まれるが，煩雑さを避けるため，本書ではMRを構成する農業経営を酪農経営に代表させる場合がある．
13) グループ・ファーミングの定義は改めて終章で検討する．なお，グループ・ファーミングは，広く共同作業や共同経営等を含めた主体間の多様な結合による営農体制を指す場合があり，ここでの定義は中核となる生産工程の機能分担関係に着目した狭義のものである．
14) ここではクラブ財を，「ただ乗りの排除が可能で，クラブ内のメンバーに対しては一定の非競合性を有する財」とする．
15) 例えば，土地利用型酪農では，自給粗飼料の質は，濃厚飼料1単位当たりの生乳生産効率（いわゆる飼料効果）を左右し，酪農経営の所得形成に影響する．
16) TMRセンターの受託中止は2014年時点ではみられないが，同じ組織型のコントラクター体制ではしばしば発生する．
17) 本書では，TMRセンターを，当初は受委託のコントロール機能を持つ中間主体として組織され，事実上受託機能を担うに至った主体とみている．
18) この原因として離農農地のTMRセンターによる引き受けが想定されている．
19) 生源寺 (2008) pp. 4～5．ここでは，「重要なのは，土地利用型畜産の場合，原型である農業経営が飼料生産に使用される農地を保有していることである．……この点は，ほとんど自明のことではあるものの，経営の選択肢としては飼料生産の切り離し，飼料調達の海外依存度のさらなる深化もありうることを踏まえるならば，作業の外部化とコントラクターの今日的意義を考えるうえでも，基本的な

ポイントとして押さえておくべきであろう」とする．
20) 土地利用型酪農の定義は『酪農大百科』（デーリィマン社，1990年）の「土地利用型畜産経営」の記述に基づく．
21) 2012年の値．農林水産省北海道農政事務所統計部編『北海道農林水産統計年報（農業経営統計編）平成24年～25年』（農林水産省北海道農政事務所統計部，2014年）による．
22) 同上．
23) 新村出編『広辞苑（第6版）』（岩波書店，2008年）の「酪農」「経営」及び独立行政法人農業・生物系特定産業技術研究機構編著『最新　農業技術事典』（農山漁村文化協会，2006年）の「酪農」の項目を参考とした．
24) 北海道『2010年世界農林業センサス　農林業経営体調査結果報告書（北海道分）』（2011年）による北海道の値．
25) 北海道『2010年世界農林業センサス　農林業経営体調査結果報告書（北海道分）』（2011年）による．
26) 農林水産省北海道統計事務所編『北海道農林水産統計年報（農業経営統計編）平成24年～25年』（農林水産省北海道農政事務所，2014年）による．
27) 神戸大学大学院経営学研究室編『経営学大辞典（第2版）』（中央経済社，1999年），林昇一・高橋宏幸編集代表『戦略経営ハンドブック』（中央経済社，2003年）の「アウトソーシング」の項目等を参考とした．
28) 「コントラクターによる飼料作物生産」扇元敬司・韮澤啓二郎・桑原正貴ほか編『最新畜産ハンドブック』（講談社，2014年），及び独立行政法人農業・生物系特定産業技術研究機構編著『最新農業技術事典』（農山漁村文化協会，2006年）の「コントラクター」「農業サービス事業体」等の項目を参考とした．
29) 新村出編『広辞苑（第6版）』（岩波書店，2008年）の「生産」「体制」の項目を参考とした．

第1章
飼料作外部化展開の画期と酪農生産体制の諸類型

1. 本章の目的

　本章の目的は，次章以下の事例検討に先立って，北海道の土地利用型酪農における飼料作外部化がいかに進展したのか，その全体像を把握・整理することである．

　第1に，1990年代以降の飼料作外部化の展開過程を整序する．酪農経営の委託動向，及び受託主体の形成動向の点で，異なる特徴を示す期間を画期として区分する．あわせて，各画期における営農条件を生産資材価格や生産物価格により把握し，そのもとでの酪農経営の経済状況と行動を確認しよう．

　第2に，飼料作外部化の代表的形態として，収穫調製作業を中心とする作業受委託と，自給飼料生産・TMR製造工程の分業化の2つを捉え，それぞれの体制がどのような酪農経営と受託主体により構成されるのか，委託主体・受託主体の属性に基づいて整理しよう．

　最後に，飼料作外部化の展開画期と構成主体の検討を統合して整理し，各画期に固有の営農条件のもとで，いかなる主体がいかなる行動をとることで飼料作外部化の体制が構築されたのか，考察を加える．これをふまえ，北海道の土地利用型酪農の飼料作外部化の体制を代表する3類型を設定しよう．

2. 分析方法

　第1の点，すなわち，1990年代以降の飼料作外部化の展開状況については，公表されている統計・資料を用いて検討を行う．ここでは，まず，①飼料作委託酪農経営数や受委託面積の推移，及び②属性別（民間企業，農協（JA），農業公社，機械利用組合，酪農経営，TMRセンター）・時期別の受託主体数を確認する．このもとで画期を判断する．あわせて，各画期における受委託の展開は，北海道内のいかなる地域を中心としたのか，地域性についても確認する．次に，各画期における営農条件として，③生産資材価格や乳価の変動状況を農業物価指数から把握する．さらに，酪農経営の状況として，④所得状況，⑤頭数規模状況，及び⑥家族労働時間を把握する．

　第2の点，すなわち，各類型の構成主体については，公表されている統計・資料が限られる．このため，まず，作業受委託については，根室地方を対象とした実態調査（2011年）により，それぞれの主体の属性を把握する．また，自給飼料生産・TMR製造工程の分業化については，全道のTMRセンターを対象とした調査（2009, 2011年）等から，主体の属性を把握する．

3. 分析

(1) 飼料作外部化展開の画期

1）酪農経営の委託動向と受託主体の形成状況

❶ 酪農経営の委託動向

　1990年代以降，酪農経営では，ほぼ一貫して飼料作委託拡大の動きがみうれる．公表値の存在する1995-2008年には，次の状況がみられる（表1-1）．すなわち，①飼料作委託戸数は増加し，乳牛飼養戸数に占める委託戸数の割合は8.5％から35.9％へと拡大し，また②受委託実面積（当該年に何らかの作業を1回以上委託した圃場面積）は一貫して増加，飼料作面積に占め

表1-1 飼料作作業委託戸数及び受委託面積の推移(北海道)

年	委託戸数(戸)	受委託面積(ha) 実面積	受委託面積(ha) 延べ面積	委託戸数率(%)	受委託実面積率(%)	参考 乳牛飼養戸数(戸)	参考 飼料作面積(ha)
1995	1,014	14,941	22,764	8.5	2.4	11,900	621,300
1996	894	17,551	25,710	7.8	2.8	11,400	620,900
1997	1,859	19,851	28,179	16.9	3.2	11,000	619,300
1998	1,522	29,487	39,517	14.4	4.8	10,600	619,400
1999	1,619	33,349	44,949	15.7	5.4	10,300	618,100
2000	1,898	37,549	51,536	19.1	6.1	9,950	613,200
2001	2,003	44,802	57,175	20.8	7.3	9,640	610,900
2002	2,340	52,890	66,967	24.9	8.7	9,400	609,900
2003	2,401	55,277	78,688	26.1	9.1	9,200	610,600
2004	2,491	58,903	77,968	27.6	9.7	9,030	606,700
2005	2,276	66,102	85,155	25.8	11.0	8,830	603,100
2006	2,439	71,081	87,361	28.4	11.7	8,590	606,300
2007	2,506	77,538	94,252	30.2	12.8	8,310	605,400
2008	2,902	80,144	108,268	35.9	13.2	8,090	606,300

出典:北海道農政部酪農畜産課『北海道酪農・畜産関係資料2001年版』,北海道農政部食の安全推進局畜産振興課『北海道酪農畜産関係資料 2009年度版』をもとに算出.
注:1)「飼料作面積」は,牧草及び飼料用とうもろこしの合計作付面積.また,「受委託実面積率」は,実面積÷飼料作面積で算出.
 2)「実面積」は委託を1回以上行った圃場面積,「延べ面積」は委託作業の合計面積(同一圃場でも複数回委託された場合には重複して算出されている).

る受委託実面積は2.4%から13.2%へと増加する.ここから,1990年代初頭には,飼料作を委託する酪農経営は一部にとどまり面積もわずかであったが,今日では酪農経営の4割弱が何らかの形で飼料作を委託し,少なくとも飼料作面積の10%以上が飼料作受委託の対象となる状況にあることがわかる.

❷受託主体の形成動向

受託主体は,1990年代以降,増加してきている.すなわち,1990年時点には,北海道の主要酪農地帯における受託主体数は数事例とみられるが,2013年には約100事例を数える(表1-2,1994年調査では,同年に稼働した受託主体のうち,1989年以前に受託を開始したものは7事例にすぎない).ただし,飼料作受委託の展開が,1990年代以降のいかなる期間に,いかな

表1-2 北海道内の主要酪農地域における農作業受託主体数

地方	受託主体区分	1994年調査 受託開始年 -1989	1994年調査 受託開始年 1990-93	1994年調査 計	1996年調査 受託開始年 -1993	1996年調査 受託開始年 1993-95	1996年調査 計	1999年調査 受託開始年 -1995	1999年調査 受託開始年 1996-98	1999年調査 計	2013年調査 受託開始年 -1988	2013年調査 受託開始年 1998-2012	2013年調査 計
十勝	民間企業		8	8	1	2	3	3		3	2		2
十勝	JA・公社等	1	1	2	1	1	2	2	1	3	3	6	9
十勝	機械利用組合	2		2	2	1	3	3	1	4	4	7	11
十勝	農家			0			0			0			0
十勝	合計	3	9	12	4	4	8	8	2	10	9	13	22
釧路	民間企業		1	1	1		1			0		2	2
釧路	JA・公社等		1	1	1	3	4	3	1	4	3	1	4
釧路	機械利用組合			0	1		1			0		1	1
釧路	農家			0			0			0			0
釧路	合計	0	2	2	3	3	6	3	1	4	3	4	7
根室	民間企業	1	7	8	6	1	7	5		5	5	24	29
根室	JA・公社等	1		1	1		1	1		1	1	1	2
根室	機械利用組合		1	1	2		2	2	3	5	5	16	21
根室	農家	2		2			0		1	1	1	7	8
根室	合計	4	8	12	9	1	10	8	6	14	12	48	60
宗谷	民間企業		1	1	2	0	2	2		2	2	1	3
宗谷	JA・公社等			0			0			0		3	3
宗谷	機械利用組合			0			0			0		3	3
宗谷	農家			0			0			0			0
宗谷	合計	0	1	1	2	0	2	2	0	2	2	7	9
合計	民間企業	1	17	18	10	3	13	10		12	9	27	36
合計	JA・公社等	2	2	4	3	4	7	6	2	8	7	11	18
合計	機械利用組合	2	1	3	5	1	6	5	4	9	9	27	36
合計	農家	2		2	0	0	0	0	1	1	1	7	8
合計	合計	7	20	27	18	8	26	21	9	30	26	72	98

出典：北海道農政部調べ.
注：合計は十勝・釧路・根室・宗谷地方の合計値.

る地方で，いかなる受託主体によったかは，必ずしも一様ではない．受託主体の形成動向は，およそ次の3期間にわけて把握される（表1-2，及び表1-3）．

　第1に，1990年代．この期間に受託主体の形成が進むのは，十勝・根室地方といった多頭化が進んだ先進地であり，受託主体の半数強は民間企業である．ただし，民間企業の参入は1990年代前半が中心となり，1994年調査

表 1-3 北海道における TMR センター数

地　方	TMR センター数 (2010 年時点)	TMR 供給開始年別の内訳			
		1998-99 年	2000-03 年	2004-06 年	2007-09 年
十　　　　勝	3		1	2	
釧　　　　路	4			1	3
根　　　　室	6		1	1	4
宗谷・上川・留萌	12		2	6	4
オ ホ ー ツ ク	6	1	1	2	2
そ　の　他	4	1		3	
合　　　　計	35	2	5	15	13

出典：根釧農業試験場調べ．
注：TMR センターは，農作業受託主体としてではなく，酪農経営間の共同組織とみなされる場合があり，表 1-2 にはすべてが含まれていないとみられる．

に比べ1999年調査では民間企業による受託主体数は減少し，全受託主体数も停滞的に推移する．また，この期間には，釧路・宗谷地方といった相対的に多頭化の遅い地方では，受託主体の形成は顕著ではない．

第2に，2000年代初頭．この期間の動向を直接示す統計はない．しかし，この期間には，1990年代後半から引き続いて，十勝・根室地方で，機械利用組合による受託が展開したとみられる．表1-2の2013年調査では，機械利用組合による受託事例が両地方で1999年調査より増加していることが示される．また，根室地方では，同期間に民間企業による受託事例が増加する．これは，公共事業の削減のもとで，民間企業の受託事業参入，具体的には機械利用組合からの作業下請けが誘導されたためとみられる．こうした状況については，のちに整理する．こうした機械利用組合による受託の展開を，およそ2000年代前半に特徴的な傾向とするのは，特に2004年以降，次に述べるTMRセンターによる受託が圧倒的に増えるためである．

第3に，2004年以降．この期間には，TMRセンターによる受託が展開する（表1-3）．TMRセンターの設立は，特に2004年以降に集中し，宗谷・上川・留萌等，それまで受託主体が展開しなかった地方で先発し，その後根室・釧路地方等にも広がりをみせる．

❸ 受委託展開過程の画期

受託主体の形成動向の特徴から，受委託の展開過程を次の3画期に区分できよう．

　ⅰ期（1990-2000年）：十勝・根室地方を中心とした民間企業による受託
　ⅱ期（2000-04年）：十勝・根室地方を中心とした機械利用組合による受託と民間企業への再委託化
　ⅲ期（2004年以降）：宗谷，上川，留萌地方等に先発したTMRセンターによる受託

酪農経営の委託動向をⅰ～ⅲ期に分けて表1-1で再度確認すると，委託戸数率はⅰ期末（1999年）の16.5%から，ⅱ期末（2003年）の26.9%，ⅲ期（2008年）の37.6%へ，同様に受委託実面積率はそれぞれ5.4%，9.1%，13.2%と上昇し，各期間で酪農経営の受委託への依存が進んだことがわかる．

2）各画期における酪農経営の状況

ⅰ～ⅲ期では，酪農経営はそれぞれ異なる営農条件に直面し，異なる経営状況にあったとみられる．

まず，酪農経営をとりまく営農条件，特に経済性を規定する取引条件は，各画期で異なる．図1-1は，農林水産省の「農業物価統計調査」により，資材調達に関わる飼料，肥料（無機質），光熱動力，農機具（大農具）及び生産物販売に際しての生乳価格の変動状況を示したものである．ⅰ期には，生産資材価格は価格指数の基準とした2010年よりも低い水準にあり，上昇傾向にある農機具以外は多少の年次間変動はあるもののおよそ安定して推移したといえる．この間，生乳価格は，価格支持政策の後退のもとで低下するが，2010年を基準とすると，生乳価格指数は飼料等の生産資材価格指数を上回る水準にあり，ⅲ期よりも良好な取引条件が形成されていたといえる．ⅱ期には，生産資材・生乳価格指数の相対的関係は変化せず引き続き良好な条

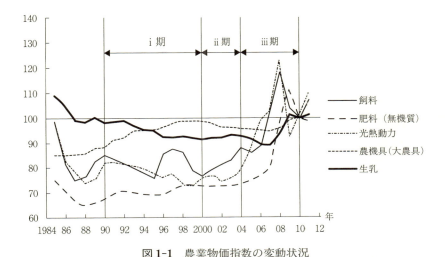

図 1-1　農業物価指数の変動状況

出典：農林水産省「農業物価統計調査（平成22年基準）」．
注：各生産資材・生乳の2010年を100とした指数．

件にあったが，生乳価格指数は横ばいで推移したのに対し，飼料や光熱動力の価格指数は上昇傾向を示し，営農条件は次第に悪化したといえる．iii期には，飼料，肥料，光熱動力の価格指数の大幅な上昇と変動がみられる．2007年を底に生乳価格指数は上昇に転じるが，2008年を頂点に生産資材の価格指数はそれを上回って推移し，酪農経営の取引条件は急速に悪化した時期といえる．

では，取引条件の変化は，酪農経営にどのように影響したのか．ここで，酪農経営の経済状況をみると，i～ii期にかけては，酪農経営の所得は，いずれの頭数規模階層においても，安定から上昇基調で推移した（表1-4）．一方，iii期に入ると，例えば2006年の所得水準は，最も高かったii期の2003年から半減するなど，階層を問わず所得の減少と不安定化がみられる．次に，各期の酪農経営行動を，各期間中に頭数縮小や離農，もしくは頭数拡大した戸数の割合から検討する（表1-5）．まず，i～iii期を通じて，毎年

表1-4 酪農経営の農業所得（北海道）

(単位：千円)

	年	平均	経産牛頭数規模別		
			30～49頭	50～79頭	80頭以上
ⅰ期	1990	8,589	—	—	—
	1995	10,037	7,794	11,683	17,364
	1997	10,327	7,636	11,800	16,670
	1999	10,007	8,004	11,133	15,320
ⅱ期	2000	10,345	7,860	11,334	15,992
	2002	11,132	8,988	12,141	17,391
	2003	12,016	9,049	13,100	18,422
ⅲ期	2004	11,104	8,429	12,121	17,966
	2006	6,247	4,647	6,908	9,752
	2008	6,480	5,179	7,085	9,700
	2010	9,050	6,589	9,729	12,829
増減比	1999/90	1.2	1.0*	1.0*	0.9*
	2000/03	1.2	1.2	1.2	1.2
	2010/04	0.8	0.8	0.8	0.7

出典：農林水産省北海道統計情報事務所『北海道農林水産統計年報（農家経済編）』（平成2年度）、『北海道農林水産統計年報（農業経営統計調査・動向統計編）』（平成7、9年）、『北海道農林水産統計年報（農業経営統計編）』（平成11年以降の各年）。
注：—はデータなし、*は1999/95年の値。

表1-5 乳用牛（成畜）飼養頭数規模別戸数の動向（北海道）

年	乳用牛成畜飼養戸数（戸）						頭数縮小・離農及び頭数拡大経営数（単年度換算）		同左割合（％）	
	合計	成畜飼養頭数規模					縮小・離農	拡大	縮小・離農経営率	拡大経営率
		～29頭	30～49頭	50～79頭	80～99頭	100頭～				
1991	13,600	4,320	5,270	3,450	320	220	—	—	—	—
1999	9,850	1,370	3,010	3,970	800	690	566	361	33.3	21.3
2004	8,680	1,205	2,292	3,230	908	1,050	483	166	24.5	8.4
2010	7,350	770	1,900	2,530	882	1,270	456	69	31.5	4.8

出典：農林水産省『畜産統計調査』各年版。
注：1)「乳用牛成畜飼養戸数」の合計は、丸め誤差のため「成畜飼養頭数規模」と一致しない場合がある。
　　2)「頭数縮小・離農及び拡大経営数」は、～29頭層のみから離農が生じ、表中の直前年から成畜飼養頭数規模が1階層のみ変化することを前提とした推計値で、直前年から当該年までの期間年数で除し、単年度当たりで表記している。また、例えば1999年の「縮小・離農経営率」33.3％とは、直前1991年の1万3,600戸中、1999年までに縮小・離農した経営の割合を示している。

500戸前後が縮小・離農を選択する状況にあり、この数はいずれの画期でも拡大戸数を上回る。ただし、ⅰ期（表では1991-99年で代用）では、同時に拡大戸数も年間361戸と他の期間に比べて多く、このもとで頭数規模階層の

表 1-6　酪農経営の飼養頭数規模別・家族労働時間（年間）

年	自営農業労働時間（うち家族）(時間)			家族農業就業者 (人)			家族農業就業者1人当たり自営農業労働時間 (時間/人)		
	30～49頭	50～79頭	80頭～	30～49頭	50～79頭	80頭～	30～49頭	50～79頭	80頭～
1995	6,592	7,323	8,116	2.54	2.69	2.77	2,595	2,722	2,930
2000	6,489	7,280	8,503	2.47	2.74	3.01	2,627	2,657	2,825
2004	6,003	7,232	7,796	2.42	2.80	3.04	2,481	2,583	2,564
2010	6,571	7,181	7,554	2.69	2.92	3.03	2,443	2,459	2,493

出典：農林水産省北海道農政事務所「北海道農林水産統計年報」平成 7，12，16，22 年版．1995，2000 年は部門別統計・酪農部門・酪農単一経営．2004 年は営農類型別経営統計・酪農経営．2010 年は営農類型別経営統計・酪農経営（経営全体）．

モード層は当初の 30～49 頭から 50～79 頭層へ上昇する．一方，ii 期（同1999-2004 年）には，拡大戸数は年間 166 戸と i 期を下回る．すなわち，縮小・離農がとまらない一方で，頭数拡大の動きは弱まりをみせる．iii 期（2004-10 年）には，拡大戸数は年間 69 戸まで減少し，同期間の縮小・離農戸数の約 7 分の 1 にとどまる．引き続く頭数縮小・離農に対し，頭数拡大は停滞的といえる．

上述のように，iii 期では i・ii 期に比べて所得は減少・不安定化するが，頭数規模で比較すれば多頭飼養階層ほど所得水準は高い傾向にある．それにも関わらず頭数拡大が進まない 1 つの要因として，酪農経営における長時間労働の問題を指摘できる．各期における家族労働力と労働の状況を確認すると，農業就業者 1 人当たりの自営農業労働時間（年間）は，頭数規模階層ごとに年を追って減少傾向がみられる（表 1-6）．しかし，2010 年時点でも，1 人当たり労働時間は年間 2,400～2,500 時間に達する．2,500 時間とは 365 日休みなく働いたとして 1 日当たり 6.8 時間の水準で，一般の労働者より明らかに長いといえる[1]．実際に，多頭飼養階層ほど家族農業就業者数は多く，家族労働力数に規定された労働可能時間が頭数拡大の制約要因となっているとみられる．

(2) 機械価格の上昇と主体間の軋轢増大

iii 期において，酪農経営の行動に影響を及ぼしたもう1つの要因として，トラクターや飼料作用機械の価格上昇がある．前掲図1-1では，農機具（大農具）の価格指数の変化は全期間を通して小さい．しかし，多くを輸入に依存する大型トラクターや飼料作用機械は，2000年代に実質的な価格上昇がみられる．例えばX社のフォーレージハーベスタ（400PSクラス）では，1997/98年から2004/05年の間には，マイナーなモデルチェンジのもとで400万円，さらに2009/10年までに同一モデルで350万円，12年間で計750万円の価格上昇がみられる[2]．輸入農機具の価格上昇は，販売企業からの聞き取りによれば，世界的な鉄材の価格上昇，及び輸入に際する船賃の上昇によるとされる[3]．ここでの価格上昇は，酪農経営にとって機械更新を難しくし，それにより離農が選択されやすい状況が生じたといえる．

また，2004年以降の営農条件の悪化のもとで，酪農経営と受託主体間の軋轢が高まりやすい状況があったことを指摘しておく．すなわち，1つに，2004年以降の機械や燃料価格の上昇は受託作業コストを押し上げたが，酪農経営の経済的不振のもとでは受託料金の値上げは容易ではなく，この結果，機械導入に際し補助事業を利用しにくい民間の受託主体は採算が困難となる状況が生じた[4]．2つ目として，iii 期には，濃厚飼料価格の上昇のもとで，酪農経営の関心は，濃厚飼料多給による高泌乳化から良質粗飼料の確保による濃厚飼料の産乳効率向上（いわゆる飼料効果の向上）に変化したが，このため，例えば根室地方では，酪農経営が想定する牧草1番草の収穫適期は1990年代の2週間程度が，2010年頃には1週間程度に短縮したともいわれる．一方，受託主体では，経済性確保に向けて作業期間を4週間程度に延長し，作業面積を1990年代の400haから2000年代には700haまで拡大しようとする動きが生じ，両者間で行動の齟齬が生じた．

(3) 飼料作作業受委託における酪農経営と受託主体の属性
1) 酪農経営の属性

根室地方 A 町を対象とした調査（2011 年，N＝194）では，飼料作作業委託について次がみられる（表1-7）．①2011 年時点で，飼料作作業を委託する経営は全体の 44.8％ に達する，②経産牛頭数 80 頭以上の各層では委託率は 6 割を超える，③50〜79 頭層でも 44.4％ と半数弱が委託を行う，④49 頭以下の層では，委託を行うものは一部である．

このように，飼料収穫調製作業の委託は経産牛 50 頭以上層で広くみられ，特に経産牛 80 頭以上層で委託経営率が高い．前掲表 1-6 によれば，すべての階層で家族労働は長時間化しているが，この打開に向けて，すべての階層で作業委託が選択されるわけではないことを意味する．

ここで，大規模経営（経産牛 80 頭以上）と，中規模経営（経産牛 60〜79 頭）における，飼養管理形態，想定される委託行動，委託に伴うリスクと課題について整序した（表1-8）．

まず，大規模経営は，フリーストール・パーラー体系[5]のもとで群管理飼養がなされる．ここでは，一定範囲であれば施設への追加投資なく多頭化が可能であり，増頭による収益増が飼料作作業の委託費用を上回ることで，すなわち，自らの飼料作労働に対し高い機会費用が形成されることで，飼料収穫調製作業を全面的に受託主体に依存する構造需要が形成されやすい．こうした動きは，雇用労働力を確保し賃金支払いが生じている場合にさらに強ま

表 1-7　飼料作作業委託を行う酪農経営数

経産牛頭数規模		総経営数（経営）	委託経営数（経営）	委託経営率（%）
0 〜	49 頭	44	3	6.8
50 〜	79	63	28	44.4
80 〜	99	31	21	67.7
100 〜	149	42	26	61.9
150 〜		14	9	64.3
全体・平均		194	87	44.8

出典：根室地方 A 町を対象とした実態調査（2011 年）．

表 1-8　大規模経営と中規模経営の属性と委託行動特性

		大規模経営 (経産牛80頭以上)	中規模経営 (経産牛60～79頭)
飼養管理 形　態	牛舎形態・搾乳方式	フリーストール・パーラー	スタンチョン (タイ) ストール・ミルカー
	飼料貯蔵形態	バンカー, スタック	スタック, ロール
	飼養管理方式	TMR (混合給与) による群管理	分離給与による個別管理
想定される 委託行動	委　託　目　的	飼料作労働の飼養管理労働への振り向けによる組織再編	飼料収穫調製作業の労働負担緩和
	委　託　形　態	全面積の継続委託 (組織再編が経済性の前提)	部分的・継起的委託 (委託の最小化が経済的に有利)
委託リスク	技　術　リ　ス　ク	相対的に小 (技術転換を伴わない)	相対的に大 (体制整備や技術転換を伴う)
	構　造　リ　ス　ク	相対的に大 (全面依存のもとでの飼料品質や価格変動リスクの発生)	相対的に小 (構造再編を伴わない, 必要最低限の委託)
委託化に伴う課題		受託継続, 受託主体の技術確保	委託費用負担軽減

出典：2011年時点での, 北海道で飼料収穫調製作業を委託する酪農経営の一般的状況を筆者が整理したもの.
注：ここでは, 規模間の差異を明確にするため, 両階層を代表する状況を規範的に示した.

る. 一方, ここでは, 当該作業すべてを受託主体に依存するため, 粗飼料品質の悪化・不安定化, 委託費用の負担増, あるいは受託中止による委託先の喪失といった, 受託主体との関係性に起因した構造リスクが高まる. このため, 大規模経営は, 委託に伴う自らのリスク低減のために, 受託主体の安定化に向けた協調行動を受け入れやすくなる.

　一方, 中規模経営は, スタンチョン (タイ) ストール・ミルカー体系[6]のもとで個別管理飼養がなされる. ここでは, 乳牛1頭ごとに, 産乳量に基づき給与飼料の種類や量が調整される. 飼養頭数は牛舎の牛床数で規定され, 増頭は, 新たな施設投資, もしくは入れ替え搾乳等の追加的な労働負担が前提となる. すなわち, 大規模経営よりも増頭への制約が強く, 自らの飼料作労働への機会費用はより低い. あわせて, 従来からロールサイレージ調製を行う場合, 委託化により, 給与飼料の細切サイレージへの転換が必要となり, 技術リスクが発生する. また, 中規模経営では, 1頭当たり乳量の向上に向

けて良質粗飼料確保が重視されるが，委託化はしばしば作業適期逸脱のリスクを高める．こうしたことから，中規模経営では，委託ニーズは，労働負担軽減や緊急避難を目的とした部分的・一時的なものにとどまる傾向を持ちやすい．実際には，委託により，家族労働では不払いであった労賃が費用として顕在化しコスト増が生じるため，ここでの委託ニーズは顕在化しにくい．ただし，フリーストール化を前提とする場合，あるいは酪農経営間で組織的に受委託体制を構築する場合には，全面委託されることがある．

2) 受託主体の属性

根室地方では，作業の受託主体として 2011 年時点で 60 事例が確認される．この内訳は，民間企業 21 事例のほか，JAによる制度的受託が 2 事例，酪農経営間で組織した機械利用組合が 21 事例，酪農経営による受託が 16 事例である（表 1-9）．すなわち，受託主体の多くは民間企業と機械利用組合であるが，後者は中間主体としての性格をも有する．JAによる制度的受託は，JA管内全域を対象とする．しかし，こうした体制をとることができるJAは限られる．実際，根室地方のほとんどのJAでは，酪農経営の規模拡大や労働者の高齢化のもとで，今後，受委託が重要化するとみているが，一方で

表 1-9 飼料作作業の受託主体数

区　　　　　分		該当数
民間企業	中企業・従業員 20 人以上	3
	小企業（従業員 19 人以下），自営受託業者	18
JA（JA出資会社含む）		2
機械利用組合	酪農家間で作業実施	3
	一部民間企業が下請け	11
	全面的に民間企業が下請け	7
酪農経営	受託部門を法人化し従業員を雇用	8
	経営内で作業を受託	8
合　　　　　計		60

出典：根室地方を対象とした実態調査（2011 年）．
注：2011 年の根室地方における，牧草 1 番草収穫調製を受託する受託主体数．

表 1-10 受託を行う民間企業の実態

		従業員 20人以上	従業員 19人以下
コントラクター (受託主業)		—	10*(3)
受託は副業	土建業主業	3(3)	5(5)
	運送業主業	—	1(1)
	その他	—	2
合計		3(3)	18(9)

出典：根室地方を対象とした実態調査（2011年）．
注：( ) は，機械利用組合から作業を下請けする受託主体数（内数）．
　　*は酪農家間で組織され従業員を通年雇用する事例1組織を含む．
　　—は該当なし．

新たな受託事業展開は考えられていない[7]．受託事業を行う酪農経営は，酪農経営内で受託を行う8事例と，別会社化する8事例がある．以下では，受託主体のうち，民間企業，機械利用組合，酪農経営について整理する．

❶ 民間企業

民間企業としては，受託を主業とする10事例と，受託を副業とする11事例がある（表1-10）．前者は，通常，コントラクターと称される．後者のうち8事例は土建業を主業とする．すなわち，民間企業の多くは，コントラクターと土建業者である．また，民間企業21事例のうち18事例は従業員19人以下の，いわゆる地場の小企業である．コントラクターと土建業者にみられる違いとして，コントラクターの多くは，単独で，すなわち酪農経営と相対で受託事業を展開したのに対し，土建業者は，酪農経営から受託するのではなく，機械利用組合の下請けとして飼料作作業を行うことがある．

コントラクター及び土建業者の一般的状況を確認しよう（表1-11）．

コントラクターは，1970-80年代に展開した新酪農村建設事業等における，農地開発，草地改良，牛舎建築，及び多様な農業土木の担い手であった場合が多い．その後の開発事業の縮小に対し，1980年代後半以降，飼料作受託を開始している．受託は酪農経営との相対契約によるが，これは従前より草地更新や牛舎整備等を介して酪農経営と既知の関係にあったこと，農作業技

表 1-11 民間企業における受託事業の状況

		a-1. コントラクター (受託を主業とする企業)	a-2. 土建業を主業とし 受託を副業とする企業
企業概要	従業員数	数人	多くは 19 人以下，一部 20 人以上
	主たる事業	作業受託 (飼料作, 糞尿処理), 牛舎建築や修繕, 農業土木 (従前は草地開発・更新作業の請負が主事業)	土木建築
参入状況	受託開始時期	1980 年代後半から 1990 年代 (退出が進み, 新たな参入は少ない)	2000 年代
	受託参入契機	酪農経営や JA の要請	酪農経営や JA の要請，施策による農業参入誘導
	受託参入目的	酪農経営からの多様な受注拡大	公共事業削減のもとで余剰化した労働力の就業機会確保
受託体制	受注形態	酪農経営との相対による継続受託	機械利用組合からの継続受託
	労働編成	企業単独で編成 (時間外, 休日でも対応可能)	場合により酪農経営の労働力を交えて編成 (作業時間帯の制約発生)
	機械保有	飼料作専用機, 汎用機を保有	汎用機のみを保有 (飼料作専用機は機械利用組合保有を利用)
評価	経済性評価	受託単独では経済性低く, 酪農経営から多様な受託を行うことで経済性確保	不採算 (余剰労働の就業機会として評価)
	今後の方向	周辺事業を組み合わせ多角的に展開 (労働は不規則, 若手労働力の確保困難)	本業の動向や余剰労働の解消による撤退があり得る

出典：根室地方を対象とした実態調査 (2011 年).

　術を保有しており酪農経営から信頼を得ていたこと，また農業機械をすでに保有し，必ずしも急速な需要集積を必要としなかったことを背景とする．コントラクターは，飼料作作業受託は季節作業であり高い収益を見込めないため，あわせて家畜糞尿処理，牛舎建築・補修，農道整備など，様々な作業を引き受けることで経済性を確保している．ほとんどのコントラクターの従業員は数名だが，こうした少人数体制は，年間を通じた従業員数に応じた作業量確保や，時間外や休日を含めた柔軟な作業実施の上で好都合とされる．

　土建業者の受託事業への参入は，1990 年代後半からみられる．この背景には，公共事業の減少に伴う従業員の遊休化がある．土建業者は，酪農経営との直接のつながりはより薄い．受託事業参入は，マッチング機会の設定などの施策による誘導を契機とし，機械利用組合からのまとまった作業量の確

保を条件とした．また，機械利用組合が自走式フォーレージハーベスタ等の飼料作用機械を装備し，土建業者がそれを利用して作業を行うことが前提となる．機械投資を必要としないことは土建業者の参入を容易としたが，一方で受託単価は時間もしくは面積当たりの標準的労賃をベースとして設定されるため，収益性は低く，受託はあくまで本業の作業量の少ない6～7月における労働力の遊休化回避手段とする．土建業者の一部には，コントラクターのように，酪農経営から，牛舎建築など多様な仕事を受注し収益を拡大しようとする動きがないわけではない．しかし，全体としては事業拡大の動きは弱く，事業量に応じた雇用調整が進むもとで，受託中止の意向もみられる．

以上の，コントラクター及び土建業者の参入状況は次を示唆する．すなわち，民間企業の受託事業参入は，参入時期や参入する民間企業の業態が限定されたものである．言い換えれば，多くの業態から，不断の参入がみられたわけではない．コントラクターや土建業者においても，本業の不振が受託事業参入の前提となっており，酪農経営の委託需要形成が民間企業のビジネスチャンスの拡大につながったとは言いがたい．少なくとも酪農経営との相対のもとで，民間企業の自発的な参入と展開の条件は形成されていないとみられる．

❷ 機械利用組合

機械利用組合の多くは，個々では困難な自走式フォーレージハーベスタの導入・利用を目的に，1980-90年代初頭に酪農経営間で組織されている．機械利用組合は，もともとは機械の共同所有・利用組織である．序章で述べたように，酪農経営間で機械を共同所有すると同時に作業組織を編成し受託体制を整えたもとで，個々の酪農経営から飼料作作業を受託するという二重関係をとる．機械利用組合への委託が「外部化」ではなく「共同化」とされてきたのは，機械導入時の資本負担や運営時の労働負担が酪農経営間相互でなされること，機械利用組合の多くは制度的にも実質的にも独立した組織としての体をなさず[8]，事実上酪農経営の共同内部組織とみられるためである．

ただし，1990年代後半以降，特に2000年代に入り，機械利用組合は，機

表 1-12　機械利用組合と民間企業による受託体制（根室地方）

段階	作業体制	出現時期	直上段階からの体制再編要因	該当事例数
① 機械利用組合（共同作業）	共同作業として実施	1980-90年代初頭	共同による高性能かつ高額な自走式フォーレージハーベスタの利用機会確保	3
② 機械利用組合＋民間企業	民間企業が飼料収穫調製作業の一部（運搬・踏圧）を下請け	1990年代後半	酪農経営の規模拡大と出役困難化による一部作業の外注化	11
③（機械利用組合）民間企業	民間企業が飼料収穫調製作業を下請け（機械利用組合は管理に特化）	2000年代初頭	酪農経営のさらなる規模拡大の進展，土建業者等の参入，受託作業の効率化	6
④（機械利用組合）民間企業	民間企業が飼料作作業を下請け（機械利用組合は管理に特化）	2000年代	すべての酪農経営の大規模フリーストール化	1

出典：根室地方を対象とした実態調査（2011年）．

械の保有とともに作業順番調整や作業管理，経費精算等のマネジメントを担い，実際の作業は，その一部あるいはすべてを民間企業に再委託する事例が増加した．ここでは，酪農経営の労働負担は軽減・解消され，労働面では外部化が進んだといえる．

実際に，根室地方において，2011年時点で，収穫調製作業を中心に飼料作作業を担う機械利用組合は21事例が確認される（表1-12）．このうち，①民間企業が関与しないいわゆる共同組織が3事例，②共同作業の一部を民間企業が請け負う場合が11事例，③すべての作業を民間企業が担い，機械利用組合は機械保有，料金設定，受託取りまとめ，作業順番調整，作業管理や精算等のマネジメント業務に特化する場合が6事例みられる．これらは，1990年代を通した多頭化のもとでの酪農経営の共同作業への出役困難化と[9]土建業者の参入意向形成を背景に，次第に①→②→③へと移行する状況がみられる．さらに1事例ではあるが，④すべての農地を機械利用組合が統合して管理し，コントラクターがすべての作業を担う事例がみられる．当該事例では，酪農経営は飼料作の設計・管理機能を機械利用組合に一元化し，さらに機械利用組合では実際の作業をコントラクターに委託する．当該事例につ

いては，改めて第5章でとりあげる．

❸ 酪農経営

　酪農経営による作業受託は，酪農経営が自らの事業の一部として作業を受託する場合と，酪農経営が新たに受託専門会社を設立する場合がそれぞれ8事例ずつみられる．酪農経営による受託は特に2000年代に入って出現するが，2000年代における受託では，先んじて機械導入をはかった経営が未導入の経営から作業を受託する，いわゆる賃耕とは異なる性格を持つ．すなわち，1つに，受託は，自前で自走式フォーレージハーベスタ等の高額機を導入する酪農経営によるが，2000年代における受託は，自らの飼料面積拡大を見込んでの機械導入と一時的な受託能力形成を源泉とするのではなく，当初から受託を前提として機械導入がなされる点である．2つ目に，委託酪農経営において，機械導入により飼料収穫調製作業を再内部化する動きは進展しないとみられる点である．すなわち，酪農経営の受託は，継続した受委託関係形成を前提とした体制構築として捉えられる．以下では，酪農経営による受託事例のうち，より安定した体制とみられる受託会社設立の事例を素材に整理を進める．

　受託会社を併設する酪農経営はおよそ次の特徴を持つ．①すべてが大規模フリーストール経営であり，6事例は経産牛頭数規模が200頭以上と特に大きい（表1-13）．②二世代経営が多く，息子世代が酪農を担い，父世代が受託会社を担う場合が多い．③従前のコントラクターへの委託を再内部化する動きである[10]．④強い資本力を背景に，飼料収穫調製作業に必要となる大型高性能機械を単独で調達する．⑤受託作業の労働力は，しばしば，作業期間にのみ外部から雇用される（飼養管理部門の従業員は従事しない）．労働力の提供元は，酪農経営に出入りする業者や地場の小企業であり，こうした酪農経営は，日常の取引を介して，一時的に労働力を雇用できる交渉力を有する．⑥飼料収穫調製作業では，自らの圃場が優先され，受託は，親族や近隣からの小規模にとどまる．受託は，雇用された労働力の一定の収入確保を目的とし，積極的に拡大をはかるものではない．

表1-13 飼料作業の受託法人を併設する酪農経営数（経産牛頭数規模別）

経産牛頭数規模					合 計
～99頭	100～199頭	200～299頭	300～399頭	400頭～	
0	2	4	1	1	8

（受託農場数）

出典：根室地方を対象とした実態調査（2011年）．

　以上のように，2000年代には，多頭化のもとで高額機械を導入する資本力を持った酪農経営が出現し，一度外部化した飼料作作業を再内部化しつつ，同時に小さな範囲で受託を行う動きがみられる．こうした動きは，大規模経営は濃厚飼料への依存が強く[11]，2004年以降の飼料価格の上昇・変動のもとで，良質粗飼料確保による濃厚飼料の飼料効果向上が重要となったことが背景にあろう．また，自らの飼料生産のための体制であり，受託による収益形成を目的としない，つまり雇用労働力の労賃を中心とした変動費が回収できれば受託は継続される構造を持つことを鑑みれば，小規模ながらも安定した受託体制とみることができよう．

(4) 自給飼料生産・TMR製造工程の受委託における酪農経営とTMRセンターの属性

1) 酪農経営の属性

　TMRセンターに自給飼料生産・TMR製造工程を委託する酪農経営の特徴として，中小規模経営が多く含まれることがある．構成戸当たり平均経産牛頭数規模別TMRセンター数では，28センターのうち15センター（53.6％）が59頭以下，11センター（39.3％）が60～79頭である（表1-14）．また，TMRセンターの設立は，宗谷・上川・留萌地方をはじめとした，相対的に酪農経営の飼養頭数規模が小さい地域で先行した．こうした状況は，飼料作作業受委託が大規模経営を中心的な委託者とし，多頭化の先行する十勝・根室地方において展開したことと様相を異にする．ただし，十勝・根室地方には，それぞれ構成戸当たり経産牛頭数規模が80～99頭の事例があり，大規模経営を中心に構成されるセンターも存在するといえる．

表 1-14 構成酪農経営戸当たり平均経産牛頭数規模別 TMR センター数

地 方	構成戸当たり平均経産牛飼養頭数規模				計
	～59 頭	60～79 頭	80～99 頭	100 頭～	
十　　　勝		2	1		3
釧　　　路		1			1
根　　　室	2	1	1		4
宗谷・上川・留萌	6	5			11
網　　　走	4	1			5
渡島・胆振・日高	3	1			4
合　　　計	15	11	2	0	28

資料：北海道農政部調べ（2010 年時点，判明分）．
注：平均経産牛飼養頭数規模＝TMR 供給経産牛頭数÷TMR センター構成酪農経営数．

　TMR センターに委託を行う大規模経営と中小規模経営の標準的状況を表 1-15 に整理した．なお，大規模経営は従前から飼料作業委託を行っていることを前提とする．

　まず，大規模経営では，フリーストール牛舎を用いて，個体を区別せず乳牛を集団で管理する群管理飼養がなされる．従前から，粗飼料の調製形態は細切サイレージであり，濃厚飼料とミキシングされ TMR として牛群全体に一律に給与される．大規模経営の委託目的は，①濃厚飼料の，TMR センターでの大量取引によるより安価な調達，及び②ミキシング作業の外部化による経営合理化にある．②は具体的に，委託により，1 日 1 時間程度のミキシングのための機械導入や労働配置の解消が可能となる．大規模経営の委託は，自給飼料生産も含めて，構造再編を前提とした全面的・継続的委託である．大規模経営は従前から TMR を利用し，外部化に際して技術転換を伴わないため技術リスクは低いといえる．一方で，自給飼料生産とあわせて TMR 製造を全面的に外部主体に依存するため，構造リスクは高いといえる．
　中小規模経営では，スタンチョン（タイ）ストール牛舎を用い，牛床でのミルカーによる搾乳がなされる．従前の飼料調製形態は，細切サイレージのほかロールサイレージを中心とし，粗飼料と濃厚飼料は分離給与され，濃厚飼料給与量は個体ごとの産乳状況に基づいて判断される．中小規模経営の委

表1-15　大規模経営と中小規模経営の状況

		大規模経営 (経産牛80頭以上)	中小規模経営 (経産牛79頭以下)
飼養管理形態	牛舎形態・搾乳方式	フリーストール・パーラー	スタンチョン(タイ)ストール・ミルカー
	飼料貯蔵形態	バンカー，スタック	ロール，スタック
	飼養管理方式	TMR(混合給与)による群管理	分離給与による個体管理
想定される委託行動	委託目的	①飼料コスト低減(大量取引による濃厚飼料の安価な調達)，②労働編成の合理化(ミキシング作業の外部化)	①高額化する飼料作機械への投資回避，②TMR給与への転換による乳量拡大，③省力化
	委託形態	全面積の継続委託	全面積の継続委託
委託リスク	技術リスク	相対的に小 (技術転換を伴わない)	相対的に大 (体制整備や技術転換を伴う)
	構造リスク	相対的に大 (全面依存と飼料品質や価格変動リスク)	相対的に大 (全面依存と飼料品質や価格変動リスク)
委託化に伴う課題		受託継続，受託主体の技術確保	TMR飼養技術の習得 自らの経済的合理性確保

出典：2011年時点で，北海道でTMRセンターに委託を行う酪農経営の一般的状況を筆者が整理したもの．
注：大規模経営は飼料収穫調製作業委託を行っていたことが前提(中小規模経営は前提としない)．

託目的は，フリーストール化を前提としない場合，省力化のほか，①高額化する飼料作機械への投資回避，及び②高泌乳化が期待されるTMR飼養方式への転換にある．①は，iii期(2004年～)では，農業所得の低迷と農業機械価格の上昇のもとで，経営によっては，飼料作用機械の更新が困難な状況に置かれたことを背景とする．②も含め，TMRセンターへの外部化は，悪化する経済状況のもとで，経済性向上をはかり営農を継続するための新たな枠組みとして選択されたといえる[12]．TMRセンターへの委託に伴い，個体管理から群管理への転換がなされる．ここでは，TMR飼養という新たな技術習得が必要であり，技術リスクを伴う．また，自給飼料生産やTMR製造を全面的にTMRセンターに依存するため，構造リスクも高いといえる．

　大規模経営と中小規模経営では，委託に伴う課題に差がみられる．大規模経営では，自給飼料生産やTMR製造を全面的にTMRセンターに依存することで，労働効率や資本効率の向上を期待できる．技術リスクは低く，増

頭による経済性向上も見込みやすい．ここで課題となるのは，全面依存に伴う構造リスクへの対応であり，TMR センターの受託継続や適切な技術形成をいかに誘導し得るかにある．すなわち，大規模経営は，自らの安定化に向けて，TMR センターを支援する動機を得やすいとみられる．一方，中小規模経営では，委託化は，TMR 飼養への急速な技術転換を伴い，技術リスクは高い．また，飼養頭数が牛床数により制約され，増頭が難しい場合，委託の経済性は，もっぱら TMR 飼養による高泌乳化に求められることとなる．このため，まず，TMR 飼養技術の習得が課題として浮上する．

2) 受託主体の属性

2010 年時点で，北海道内で稼働する TMR センターは 35 ある．ほとんどの TMR センターは，酪農経営間の共同出資により設立された．具体的には，35 センター中 32 センターは酪農経営の共同出資により，他の 3 センターは JA や公社による．

こうしたことから，TMR センターの設立は，酪農経営間での，自給飼料生産や TMR 製造工程の共同化の動きと捉えるのが妥当である．TMR センターは，酪農経営に代わり，①農地管理，②自給飼料生産，③濃厚飼料購入，④TMR 製造を一元的に担う．TMR センターの設立目的は，あくまで構成酪農経営への貢献であり，酪農経営から農地を預かり，中間生産物であるTMR を供給する．TMR センターは，基本的には構成酪農経営以外へのTMR 販売を前提としない．すなわち，TMR センターの製品市場へのアクセス権は制限されている．

TMR センターの体制や運営状況には，センター間でバリエーションがみられる．ここで，TMR センターを代表する 2 つの典型事例を表 1-16 に示した．Type A は，かつての機械利用組合同様，組織としての独立性は低く，酪農経営間の共同体制として運営されるもの，Type B は，酪農経営から外部化され，組織としての独立性を高めたものである．Type A は，近隣に位置する，5 戸程度の，従来から共同作業を実施する中小規模経営間で構成さ

表1-16 TMRセンターの状況

		Type A	Type B
特徴	基本機能	構成経営の自給飼料生産の全面受託 濃厚飼料の一括購入とTMR製造配送	同左
	構成経営	中小規模経営中心に5戸程度で組織 （従前から共同作業を実施し地縁性は強い）	大規模経営を含み十数戸で組織 より広域に点在（地縁性はゆるやか）
概況	制度的形態	任意組織	株式会社等法人格を保有 （農業法人，一部は農業生産法人）
	農地保有	保有しない （構成経営から原料草を購入）	多くは保有しない （一部に遊休農地を買い取る事例あり）
	資本装備	飼料作用機械，バンカーサイロ，ミキサー等	同左
戦略的意見決定の体制		全構成経営間の合議	総会での決議
業務管理の体制		全構成経営間の合議	構成経営間で分権化（専門部会体制）
作業体制	作業管理	不明瞭	常勤取締役，マネジャー
	経理	構成経営間の担当者	従業員（経理担当）*
	飼料作	共同作業	構成酪農経営（余力ある者の雇用）+ 従業員，コントラクター
	TMR製造配送	共同作業	従業員**

出典：2011年時点で，北海道にみられるTMRセンターを2タイプに代表させて整理したもの．
注：Type A, Type Bは，それぞれ特徴に合致する事例をもとに，他の事例をもふまえて整理した．
　*はJA等に委託される場合がある．**は従業員に代わり，コントラクター等に委託される場合がある．

れる．5戸程度とは，飼料収穫調製時の組作業を共同作業で実施できる最少単位といえる．Type Bは，町内に点在する10戸以上の大～中小規模経営で構成される．両事例は，どちらも酪農経営間で設立され，自給飼料生産・TMR製造工程を受託する点は共通する．ただし，次の点で違いがある．

1つに，TMRセンターの意思決定や業務管理の体制に違いがある．Type Aでは意思決定は構成経営全体の合議により，業務管理もすべての構成経営の直接関与のもとでなされる．Type Bでは，意思決定は総会での決議により，業務管理については部会組織（粗飼料生産管理，機械保守・作業管理，資材購入・TMR製造，経営管理等）が分担する．ただし，両事例ともに，こうした管理機能が酪農経営間で担われる点に違いはない．

2つに，日常業務の遂行体制に違いがある．Type Aでは，経理等を含めて業務は構成酪農経営間の共同作業，あるいは当番制でなされる．一方，

Type Bでは，酪農経営間で選ばれた常勤役員がマネジメント機能を担い，経理業務は専任の従業員により，自給飼料生産は余力を有する酪農経営，従業員のほか，コントラクターに再委託される場合もある．また，ルーティン業務となるTMR製造配送は，従業員によるか民間企業に委託される．すなわち，Type Aでは，労働は酪農経営間で分担されるのに対し，Type Bでは，TMRセンターの従業員やコントラクターへ依存する局面が多く，酪農経営からみれば労働はより外部化されている．以上のことは，酪農経営がより広域化し，構成戸数が多く（したがって作業量も多く），飼養頭数規模がばらつくほど，労働の外部化が進むことを意味する．

ところで，TMRセンターが，酪農経営間で設立・直接管理される理由は以下の通りとみられる．

第1に，TMRセンターの設立には多額の資本が必要となるが，酪農経営の共同機械施設導入に対しては，制度的な資本助成が利用可能であったことである．TMRセンター設立時の経産牛1頭当たり投資額は20〜40万円程度であり，戸当たり経産牛頭数60頭，20戸で構成されるTMRセンター設立時の投資額は安く見積もっても2億4千万円（戸当たり1,200万円）である．ここで，酪農経営間共同を前提に制度事業により70％補助を受けると，設立時の戸当たり投資額は360万円に圧縮され，さらに残額を融資に依存することで，わずかな負担でTMRセンターの設立が可能な状況が創られる．こうした状況が，TMRセンターの急ピッチな設立の背景にあることは間違いあるまい[13]．

第2に，より重要な点として，土地利用型酪農経営において，自給飼料生産工程の外部化は，組織再編による経営改善手段として期待される一方で，酪農生産工程を他の主体と分担することから，経営不安定化のリスクをも伴い，この緩和・解消のメカニズムを必要としたことがある．すなわち，TMRセンターがいかに粗飼料を生産し，いかなる品質・価格のTMRを供給するかで，酪農経営の飼養管理工程における生乳生産効率や経済性が左右されることは疑いない．さらには，TMR市場が展開しない中で，仮に

TMRセンターが受託を中止すれば，酪農経営は自らの存続も危うくなりかねない．ここでは，TMRセンターに依存しようとする酪農経営においては，TMRセンターを一体的に管理する動きが生じやすい．

　しかし，TMRセンターはより多くの酪農経営で構成され，作業量が拡大し，労働の外部化を進める中で，独立した経営としての性格をも強めてきた．すなわち，TMRセンターは，酪農経営と連動した継続的事業体としての性格を持つことが求められるが，ここでは，特に①作業能力発揮の前提として，高額な機械施設の更新を含めた適切な管理と資本維持，②従業員の作業に見合った給料・手当の支払いと継続雇用，③酪農経営に対するTMRの安価な提供等の圧力のもとにおかれる．仮に，上記①～③が問題となるもとでは，TMRセンターの経済性の向上に向けて，例えば，哺育・育成牧場併設等の取り組みのような，酪農経営の多頭化誘導と自らのTMR利用量の拡大[14]を目的とした独自事業の取り組みが拡大する可能性がある．

　以上のように，TMRセンターにみられる，ⓐ酪農経営の出資により設立され，ⓑ機械施設の保有管理主体となり，ⓒ外部労働力を交えた労働編成や民間企業への再委託をも前提に作業を遂行するという枠組みは，基本的には先にみた機械利用組合と共通するといえる．TMRセンターでは，さらに，受託の範囲が拡大され，酪農経営と分業体制がとられるもとで，機能の適切な発揮とその継続がより強く求められる．このため，TMRセンターは酪農経営間で直接管理される一方で，独立した経営としての性格を強めるといえる．

3）TMRセンター設立後の状況

　TMRセンターの経済性はしばしば安定しない場合がある．原因の1つは，増頭が計画通りに進まない，あるいは離農が生じることで，TMR需要量が計画量を下回ることによる．このもとで，機械施設の更新に向けた自己資本蓄積の困難化やTMR単価の上昇が生じ，TMRセンターの業績改善の圧力が高まる状況がみられる．これに対する取り組みは，TMRセンターにおけ

る哺育・育成牧場併設と酪農経営への預託誘導，それによる仔牛のTMRへの馴致促進や空き牛舎を利用した増頭促進，あるいは育成牧場での就農希望者の研修と新規就農促進による増頭推進等であり，酪農経営を含めた再度の体制再編が，TMRセンターにより試みられている．

4. 飼料作外部化に伴う酪農生産体制の類型

(1) 営農条件と主体行動

飼料作外部化の展開画期とそのもとでの主体動向との関係を表1-17に整理した．

1) 営農条件と委託需要形成の特徴

まず，営農条件と，酪農経営の飼料作外部化の需要形成状況との関係は以下の通りである．

I. i期 (1990-2000年)，ii期 (2000-04年) に比べ，iii期 (2004年～) では，酪農経営の営農条件は悪化・不安定化した．iii期には酪農経営の所得水準は低下したが，所得向上に向けた規模拡大の動きは弱い．

II. 飼料作外部化は，i期は大規模経営個々の需要であったが，ii期には機械利用組合を構成する大・中規模経営の組織的需要が，iii期には大規模経営と中小規模経営を含めた，TMRセンター構築のもとでの組織的需要形成がみられる．

III. i, ii期の需要は労働ピークをなす飼料収穫調製作業の労働外部化の需要であるが，iii期には自給飼料生産・TMR製造工程全体を外部化する需要へ転換する．外部主体による自給飼料生産とTMR供給のもとで，個々の酪農経営は飼養管理に特化し経済性を得んとする需要である．

IV. 受委託体制構築の中核的な駆動力となったのは，基本的に大規模経営，あるいは規模拡大をはからんとする経営である．こうした経営は，労働

表 1-17 飼料作外部化における委託主体・中間主体・受託主体の状況

		i 期：1990-2000 年	ii 期：2000-04 年	iii 期：2004 年-
委託需要の特徴	需要の性格	大規模経営の構造需要（労働再編と多頭化）	大規模経営：構造需要（労働再編と多頭化） 中規模経営：調整需要（労働負担緩和）	大規模経営：構造需要（労働再編と多頭化） 中小規模経営：構造需要（技術再編と収益性向上）
	需要形成の特徴	能動的	大規模経営：能動的（構造リスク高い） 中規模経営：受動的（コスト負担が課題）	大規模経営：能動的（構造リスク高い） 中小規模経営：受動的（技術・構造リスクが高い）
中間主体の状況	中間主体	—	機械利用組合（酪農経営間で組織）	TMR センター（酪農経営間で組織）
	中間主体の機能	—	飼料収穫調製作業用機械の保有，飼料収穫調製作業の管理	工程に必要な機械施設の保有，工程管理，体制のコントロール
受託主体の状況	参入の基本形態	サービス提供（自らの機械保有）	労働提供（機械利用組合の機械利用）	労働提供（TMR センターの機械施設を利用）
	主たる参入企業	コントラクター（地場の民間企業）	土建業者	地場の民間企業等

の限界により規模拡大が制約される状況にあり，飼料収穫調製作業の全面外部化のもとで労働を飼養管理に再投入して増頭をはかろうとする構造需要を有する．一方，中小規模経営では，委託需要は費用負担面，あるいは技術リスク面から顕在化しにくいが，組織的取り組みのもとで表面化したといえる．

V. 飼料作外部化の需要は，組織再編を目的とした構造需要が中心となる．ここでは，全面外部化に伴う構造リスクが生じ，受委託の継続が展開の条件となる．大規模経営は自らの構造リスクを低下させるため，受委託体制の安定化に向けた行動をとりやすいとみられる．

2）受託主体の形成動向

画期における受託主体形成動向について，以下のようにまとめられる．

I. i 期には，自らの労働力と機械保有のもとで，酪農経営から作業を受託するコントラクターの参入がみられる．しかし，1990 年代を通して

コントラクター数は減少する．参入したコントラクターは，従前から飼料作用機械と，技術力を持つ労働力を保有するもので，ここでは，新たな機械投資や労働力確保を伴ったコントラクターの自生的展開条件は必ずしも整わなかったといえる．

II. ii期には，共同作業による飼料収穫調製作業の行き詰まりに対し，機械利用組合が土建業者等に，部分的，あるいは全面的に作業を再委託する形態が出現する．ここでの土建業者の参入は，公共事業の減少に伴う労働余剰の形成を背景に，機械利用組合の保有する飼料作用機械の利用による機械投資の回避と，機械利用組合からのまとまった作業面積の受託を条件とするもので，労働調整過程における過渡的な参入である可能性がある．

III. iii期には，酪農経営の所得低迷の打開に向けて，酪農経営間共同で，自給飼料生産・TMR製造工程を担うTMRセンターを設立する動きがみられる．TMRセンターは酪農経営から当該工程を受託し，必要な機械施設を装備するもとで，自らの従業員や民間企業への再委託を組み入れて作業を遂行する．

(2) 酪農生産体制の類型

このように，1990年代以降の土地利用型酪農における飼料作外部化は，全体としては連続的な酪農経営の外部依存深化の方向をたどりつつも，画期（あるいは地域）における異なる営農条件のもとで，異なる体制として展開する．ここでは，飼料作外部化に伴う酪農生産体制を代表する形態として，i期：コントラクター体制，ii期：三者間体制，iii期：TMRセンター体制を示すことができる．体制のネーミングは受託機能の保有主体によるもので，コントラクター体制・TMRセンター体制では，実質的な受託機能がそれぞれコントラクター，TMRセンターにあり，また三者間体制は，機械利用組合が酪農経営と民間企業との連携のもとで，すなわち3主体間で受託機能を形成するとの理解による．

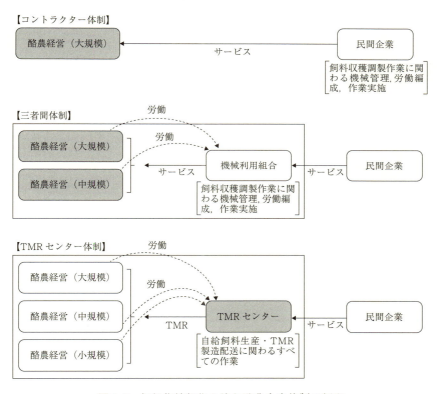

図 1-2　飼料作外部化を伴う酪農生産体制の類型

注：1) コントラクター体制は 1990 年代初頭，三者間体制は 2000 年前後，TMR センター体制は 2010 年代の代表的形態を示した．
2) 各体制で，背景を塗りつぶした主体は，飼料作の管理主体を示す．
3) 三者間体制，TMR センター体制における長方形は，その内側の主体間に資本関係があること，すなわち，機械利用組合，TMR センターは酪農経営間で設立されていることを示す．
4) ┄┄▶ は，外部化された機能遂行に際する主体間の労働提供関係を，──▶ は，外部化された機能の提供関係を示す．

各体制の構造は，図 1-2 と表 1-18 のように整理される．

1) コントラクター体制

委託主体は構造需要を有する大規模経営である．酪農経営は飼料作工程を管理し，受託主体から飼料収穫調製作業のサービスを調達する．ただし，コ

表 1-18　飼料作外部化の類型と構造

類　型	コントラクター体制	三者間体制	TMR センター体制
外　部　化　の　対　象	飼料収穫調製作業	飼料収穫調製作業	自給飼料生産工程全体 TMR 製造工程全体
需　給　形　態	サービス	サービス	TMR（中間生産物）
飼　料　作　の　管　理　主　体	〇酪農経営	〇酪農経営	△TMR センター
外部化工程の管理主体	■コントラクター	△機械利用組合	△TMR センター
外部化工程における　労働提供主体	■コントラクター	△機械利用組合⇒■土建業者	△TMR センター⇒■民間企業
外部化工程における　機械保有主体	■コントラクター	△機械利用組合	△TMR センター

注：〇は酪農経営，△は酪農経営間組織，■は外部主体．また表中の⇒は再委託等を表す．

ントラクター体制の中でも安定性のより高い事例では，酪農経営間での，コントラクターに対する効率的稼働条件提供の動きがみられる．コントラクター体制における受委託は，酪農経営にとり実質的に機械用役を伴った労働力の臨時雇用を意味する．受託主体はコントラクターであり，自らの労働力と飼料作用機械を用いて作業を担う．

2) 三者間体制

　委託主体は，共同で機械利用組合を組織する大・中規模の酪農経営である．個々の規模拡大のもとで共同作業の維持が困難化し，部分的・全面的な労働の外部化需要を有する．機械利用組合は，自走式フォーレージハーベスタ等の飼料収穫調製作業用機械を所有する．ここでは，機械利用組合は，酪農経営から作業を一旦受託するとみると理解しやすい．機械利用組合は自ら保有する機械を用い，土建業者等の民間企業への部分的・全面的な作業の再委託を組み入れて作業を担う．作業の管理主体は機械利用組合である．民間企業は新たな機械投資を行わず，機械利用組合の保有する飼料作業用機を用いて作業を担う．

3) TMR センター体制

　委託主体は，大・中・小規模の酪農経営である．酪農経営は共同で TMR

センターを設立し，自給飼料生産・TMR 製造工程全体を委託する．ここでは飼料作の設計・管理も酪農経営から TMR センターに外部化される．すなわち，酪農経営と TMR センター間で生産工程の分業化が進む．TMR センターは粗飼料生産と濃厚飼料調達により TMR を製造し，中間生産物として酪農経営に販売する（構成酪農経営以外への販売を必ずしも前提としない）．TMR センターは，余力ある酪農経営の労働力，従業員雇用，あるいは民間企業への再委託を組み合わせて作業を行う．

　以上のことは，コントラクター体制→三者間体制→TMR センター体制への段階的展開は，酪農経営の構造需要形成の一方で，コントラクター体制成立以降，受託機能の自生的展開が生じなかったことに規定された動きであることを意味する．すなわち，三者間体制や TMR センター体制では，①設計・管理機能を酪農経営間で共同化するもとで安定した受託条件形成をはかる動きと，②機械利用組合や TMR センターの機械・施設装備のもとで，民間企業の参入を容易にし，受託機能形成をはかる動きが同時に現れる．三者間体制の構築は新たな機械利用組合の設立を伴うものではないが，ii 期に既存の機械利用組合において労働外部化をはかる動きが顕著に見られたことは，他に確実な作業受託と労働外部化を実現し得る主体が見いだせなかったことによろう．iii 期には，多頭化の遅れた地域を中心に離農と地域衰退の様相が強まるもとで，新たな体制構築の動きが出現したといえる．また，三者間体制から TMR センター体制への展開において，後者では工程全体の管理機能が外部化されるもとで，高額となる資産管理，従業員管理，あるいは資金管理など，前者に比べてより高度な管理機能の形成が必要となり，経営としての独立性をより高める動きが生じたと捉えられる．ただし，機械利用組合や TMR センターにおける機械施設装備は，その多くが助成措置に依存しており，こうした体制がはたしてどのように経済性を確保していくかは別途検討を要する課題である．

(3) 補：「飼料作外部化」の次元

序章では「飼料作外部化」を「飼料生産及びそれに付帯する工程において，作業労働を伴う特定機能あるいは工程全体を，外部主体に継続して委託すること」と定義したが，実際には，①設計・管理機能の外部化と，②労働・サービス外給の2つの次元から捉えられることを理解する必要がある．

① コントラクター体制は，委託主体である酪農経営と受託主体であるコントラクター間の相対取引による単層型の体制が出発点となり，ここでの「外部化」とは「酪農経営のコントラクターへの作業委託」，すなわち当該作業に限定されたサービス外給であり，実質的には機械用役を伴った一時的な労働力雇用としての性格を持つ．

② 三者間体制では，酪農経営間で組織される機械利用組合が，酪農経営から飼料収穫調製作業を受託し，自ら保有する機械を用いて作業を担う．このときの労働編成は，酪農経営間の共同作業による場合から，民間企業等の労働力を活用する場合，民間企業が再受託（下請け）する場合まで幅がある．すなわち，三者間体制における「外部化」とは，「機械利用組合への当該作業の設計・管理機能の共同外部化」と，「機械利用組合における外部労働力を交えた労働編成とサービス供給」をふまえた複合的なものとして理解できる．三者間体制において，機械利用組合による意思決定が酪農経営間の合議により，かつ，作業は酪農経営間の共同作業としてなされる場合は，「外部化」ではなく「共同化」とみなされる．外部労働を交えた労働編成のもとで，労働編成や作業管理について，あるいは円滑な作業実施に向けた作業順番調整等について，機械利用組合が独占的な権限を有するようになることで，次第に「外部化」の性格を強める．

③ TMRセンター体制では，酪農経営とTMRセンター間で工程が分業化される．ここでの「外部化」とは，工程管理機能を酪農経営間で統合し，外部の独立した主体に委任するという意味で，「設計・管理機能の共同外部化」としての意味合いが優先する．ここでTMRセンターは，

従業員の労務管理，外部労働を伴った労働編成と作業管理，機械施設等の資産管理，生産性確保のための農地管理，あるいは自らの経済性の維持と継続的機能発揮に向けた財務管理等，独自の管理機能形成が求められ，独立した経営としての性格を強める[15]．

5. 結語

本章では，北海道における，1990年代以降の飼料作外部化の展開動向を整理した．飼料作外部化の動きには3画期があり，それぞれの画期で異なる構造を持つ体制の展開がみられる．ここでは，それらをコントラクター体制，三者間体制，TMRセンター体制として類型化した．本章では，断片的な提示にとどまったが，こうした体制の急速な転換の背景には，各画期における状況のもとで，施策的誘導，すなわち，新たな方向性の提示，民間企業の参入誘導，あるいは体制構築への資本助成措置等が準備されたことがある．こうした状況のもとで，先行事例をモデルに追随する取り組みが加速したといえる．

また，本章の検討のもとで，今後の飼料作外部化体制の展開に関して，次の疑問が浮かび上がる．中間主体は，規模により異なる委託需要を持つ酪農経営に対し，いかに受託機能を発揮し，それぞれの展開を導くことができるか．中間主体は，民間企業が労働提供にとどまるのに対し，機械装備をも行うコントラクターとして展開することで自らの投資負担の軽減をはかれないのか．中間主体はアプリオリに経済合理性を持つものではないとすると，経済的安定化に向けていかなる構造や機能を備えることが必要となるか．これらのもとでの酪農経営の展開がいかに導かれるか．これらについては，本書の中で解答を探りたい．

注

1) 厚生労働省「毎月勤労統計調査」による一般労働者の総実労働時間（事業所規模30人以上，年間）は，1990年代以降およそ2,000時間前後で推移する．
2) 日本農業機械化協会『農業機械・施設便覧』日本農業機械化協会，各年版及びX社からの聞き取り（2011年）による．
3) 根釧地方で酪農機械を販売する4社に対する聞き取り（2011年）による．
4) 実際には，JAによる受託事業が地域のプライスリーダー機能を果たしたが，iii期には，JAでは酪農経営の費用負担増を回避するため，料金据え置きの行動が採られた．
5) 乳牛を個体ごとに固定しないフリーストール牛舎と，搾乳専用施設であるミルキングパーラーを用いる，大規模経営を中心にみられる飼養管理体系のこと．
6) 乳牛を留め具（スタンチョン）や鎖（タイ）で牛床に固定する繋ぎ牛舎を利用し，ミルカーを用い牛床で搾乳する飼養管理体系のこと．
7) 筆者による根室地方のJA営農担当者への聞き取り調査（2011年）では，牧草（1番草）収穫調製作業の受委託面積について，拡大するとしたのは4支所，現状同様としたのは2支所，不明としたのは1支所（縮小の回答はなし）であった．また，拡大の理由は，TMRセンター化（1支所），酪農経営の規模拡大（1支所），高齢農家の増加（2支所）であった．
8) 機械利用組合の多くは，近年まで任意組織として運営されていた．ここでは，自己資本蓄積の意識は弱く，年間の運行に要した費用が酪農経営間で分担負担される状況にあった．
9) 1990年代には酪農経営の多頭化が進展し，同時に飼料作面積も拡大したことから共同作業面積は増加した．多頭化のもとで朝晩の搾乳時間は長時間化したため，日中の共同作業の時間は短縮され，適期作業が困難となる状況が生じた．
10) 再内部化の目的は，適期作業による良質粗飼料確保にある．
11) 大規模酪農経営では，濃厚飼料を中心とする飼料費の割合は経営費の4割近くに達する．岡田・三宅（2010）参照．
12) 同時にTMRセンターへの中小規模経営の参画は，離農による過疎化の懸念に対し，地域維持の観点から，残存する大規模経営やJA等により誘導された側面もみられる．
13) 2004年以前にTMRの供給を開始した10センター中補助事業を用いたのは5センターであるのに対し，2005年以降にTMRの供給を開始した26センター中補助事業を用いたのは23センターに達し，助成措置の存在がTMRセンターの急速な設立につながったのは疑いない．ここでは，必ずしも深慮なく，高額化する自走式フォーレージハーベスタの導入手段としてTMRセンターを設立した事例もないわけではない．一方，安易な取り組みとなることを回避するため，助成措置に依存せずにTMRセンターを設立した事例もみられる．
14) ただし，必ずしもすべての酪農経営がこうした取り組みを必要とするわけでは

ない．
15) ただし，TMR センター体制下では，酪農経営・TMR センター双方の，体制外部の TMR 市場へのアクセス権は限られており，この点では完全な外部化ではないといえよう．

第2章
飼料作作業外部化のニーズ形成と特質

1. 背景と本章の目的

　本章の目的は，飼料作外部化の体制を検討するに先立ち，酪農経営，なかでも家族経営の有する飼料作外部化のニーズとはどのようなものか検討し，ニーズ具体化の方向を明らかにすることである．

　1990年代に飼料作外部化の動きが先発した十勝地方において，飼料作外部化が展開する以前の1980年代の動向に注目すると，この間，酪農経営は，酪農畑作複合から酪農専業化するとともに規模拡大が進展した．飼養管理面では，乳牛飼養1経営当たりの乳用牛（2歳以上）飼養頭数は1980年の25.9頭から1990年には38.5頭となり，同期間に1戸当たりの生乳生産量は年間115tから238tへ増加した[1]．飼料作面でも，牧草とコーンをあわせた飼料作面積は1経営当たり19.3haから26.6haへと拡大した[2]．こうした飼養管理・飼料作両面の拡大は，一方で酪農経営の労働の長時間化を引き起こした．北海道全体の値でみると，酪農経営の家族農業就業者1人当たりの労働時間は同期間に2,391時間から2,489時間へ長時間化した[3]．

　ここで，飼料作作業体制に注目すると，1980年代には機械利用組合による自走式フォーレージハーベスタの共同所有・共同作業体制の構築が進み，十勝地方でフォーレージハーベスタを共同所有する酪農経営の割合は1990年には38.6%に達する[4]．ところが，1980年代末にはこうした共同体制は不安定化したとされ，「酪農経営における飼料作作業委託のニーズ形成」が

叫ばれるようになる．ここでのニーズとは，「具体化されていない意向」と捉えられよう．1990年代にはいると，農協や民間企業が相次いで飼料作作業受託事業を展開したことからも，この時期のニーズ形成が推察される[5]．さらに飼料作作業委託化の動きは北海道内の他の酪農地帯にも広がりを見せた．

　飼料作作業委託のニーズについては，これまで，「多頭化と労働の長時間化のもとでの，労働負担緩和の欲求」や，「労働制約による経営展開の阻害回避への意向」として説明されてきた．しかし，飼料作外部化を伴う酪農生産体制のありかたを検討するには，その前段として，酪農経営における飼料作外部化のニーズとはいかなるものか，より具体的に把握する必要がある．ここでは，次の3つの事項の解明を目的として設定しよう．①ニーズは，どのようなメカニズムのもとで出現したのか．そもそも家族経営であることとニーズ形成とはどのような関わりを持つのか．また，フォーレージハーベスタの共同所有・共同作業とニーズ形成は関係するのか．②ニーズにはどのような特性があり，またすべての経営で同様に生じたのか．③ニーズが具体化される条件は何か．ニーズの具体化に向けて，どのような酪農生産体制の構築が展望されるのか．これらについて，以下で検討していこう．

2. 分析方法

　農業経営の組織研究において，「ニーズ」の定義は必ずしも明確ではないように思われる．ここでは，ニーズを「組織過程の結果としての組織成果における満足度，特に不満足感を表すパラメーターの1つ」として捉える[6]．ニーズは，農業経営間相互，あるいは外部主体による営農条件変更，具体的には新たな地域営農体制，制度・施策の導入，技術提供など多様な手段の採用を促し，そのもとで「需要」として具体化される．

　農業経営において，特に労働面に関するニーズの把握が重要となるのは，1つに，農業経営の多くは家族経営であり，経営成果の主たる受け手である

経営主と労働力は一体であり，自らの組織過程における管理対象とはなりにくいことによる．例えば，自らの労働時間を1日8時間に規定して，不足する労働の分，誰かを雇うことは通常行われないであろう．

2つ目として，労働力，資本ともに小規模なもとで，ニーズ形成の原因となった状況を自らの組織再編にフィードバックすることはしばしば容易ではないことによる．ここでは，農業経営間あるいは外部主体における対応がなく，ニーズが放置されることは離農の原因となりかねず，この意味では，ニーズとは「農業経営間や外部主体による感知と新たな営農条件形成による対応」と「そのもとでの自らの再組織化」を前提とした概念といえる．

こうした理解のもとで，以下では，飼料作外部化のニーズ形成について検討を進める．すなわち，自走式フォーレージハーベスタの共同所有・共同作業を行う機械利用組合を構成する酪農経営の動向を，1980年代における経営組織と労働状況の変化に着目してトレースする．ここでは，次の3課題を分析することで目的に接近しよう．

① 1980年代には，各経営の生産規模と生産要素，特に労働力との関係はどのように変化したのか

② 自走式フォーレージハーベスタの導入と飼料作作業体制の変化のもとで，酪農経営の労働状況はどのように変化したのか

③ 1990年時点で，個々の酪農経営はどのような経営展開の意向と，飼料作作業外部化の意向を有するか

本章は，十勝地方でも，飼料作作業の受委託がいち早く展開したA農協管内のS利用組合を構成する酪農6経営を検討対象とし，それらを対象とした実態調査（1990-92年）により分析を進める．S利用組合は，1979年の自走式フォーレージハーベスタの導入を契機に結成され，飼料収穫調製作業を共同で行う．

分析に先立ち，A農協に属する酪農経営の状況を確認する．

第1に，A農協は，北海道内でも多頭化が進んだ地域に位置する．すなわち，1990年の乳用牛（2歳以上）の平均飼養頭数は43.6頭と，十勝地方

表 2-1 A農協における酪農の状況

			A農協	北海道	十勝地方	根室地方
乳牛飼養状況	① 乳用牛（2歳以上）の飼養農家数	(戸)	192	13,510	2,965	1,990
	② 乳用牛（2歳以上）の飼養頭数	(頭)	8,372	511,054	114,050	103,420
	ⓐ 飼養戸当たり乳用牛（2歳以上）頭数（②÷①）	(頭/戸)	43.6	37.8	38.5	52.0
	③ 乳用牛（2歳以上）の50頭以上飼養農家数	(戸)	80	3,611	832	1,101
	ⓑ 50頭以上飼養農家の割合（③÷①×100）	(%)	41.7	26.7	28.1	55.3
飼料作物作付状況	④ 飼料作面積	(ha)	4,877	441,655	79,185	98,078
	⑤ うち牧草面積	(ha)	3,384	402,491	61,845	97,744
	⑥ うち青刈りコーン面積	(ha)	1,488	36,831	17,064	281
	ⓒ 乳用牛1頭当たり飼料用作物面積（④÷②）	(ha/頭)	0.58	0.86	0.69	0.95
	ⓓ 飼料用作物中のコーン比率（⑥÷④×100）	(%)	30.5	8.3	21.5	0.3
	ⓔ 戸当たり飼料用作物面積（④÷①）	(ha/戸)	25.4	32.7	26.7	49.3

出典：農林水産省統計情報部（1991）『1990年世界農林業センサス第1巻 北海道統計書（農業編）』．

平均38.5頭，北海道平均37.8頭を上回る（表2-1）．また，乳用牛（2歳以上）を50頭以上飼養する農家数の割合も41.7％と高い水準にある．

第2に，A農協は，酪農と畑作が混在する畑地型酪農地帯にある．ここでは，農地価格は草地型酪農地帯よりも高い水準にあり，より集約的な土地利用がみられる．すなわち，A農協の飼養1頭当たり飼料用作物面積は0.58ha/頭と，草地型酪農地帯の根室地方の0.95ha/頭より小さい（表2-1）．一方，夏期には高温となる気象条件のもとで，飼料作の30％を栄養価の高いコーンが占め，また牧草も通常2～3番草まで収穫される[7]．

第3に，A農協管内では，農協が，自走式フォーレージハーベスタの共同所有・共同作業体制の構築を誘導し，1991年時点で，酪農経営の66.7％が15の自走式フォーレージハーベスタ利用組合に組織される（表2-2）．

第4に，1991年時点での酪農経営の経営展開の意向と飼料作作業委託の

表 2-2 自走式フォーレージハーベスタ利用組合の組織状況（1991年11月）

	利用組合数（組合）	利用組合の構成経営数（経営）	経産牛飼養経営中の利用組合構成経営の割合（%）	（参考）経産牛飼養経営数（経営）
A農協	15	122	66.7	183

出典：A農協，S利用組合及び構成酪農経営を対象とした実態調査（1990-92年）．

表 2-3　酪農経営の経営展開の意向と飼料作作業の委託意向

		該当経営数	飼料作作業の委託意向（％）			
			意向あり	意向なし	わからない	合計
経営展開の意向	拡　　大	123	55.9	43.2	0.9	100.0
	現状維持	49	29.6	68.2	2.2	100.0
	縮小・離農	10	20.0	80.0	0.0	100.0
	不　　明	1	0.0	100.0	0.0	100.0
	合　　計	183	46.7	52.1	1.2	100.0

出典：A農協・十勝農業試験場（1991）「組合員意向調査」．
注：「飼料作作業の委託意向」は，「経営展開の意向」の区分ごとに，回答経営の構成割合を示した．

意向を確認すると，拡大指向経営でより高い割合で委託意向がみられる．すなわち，拡大指向経営の55.9％が飼料作作業委託の意向ありとするのに対し，現状維持経営では同値は29.6％にとどまる（表2-3）．ただし，同時に，拡大指向経営の43.2％は委託意向なしとし，拡大指向経営間でも，委託意向は二分されている点にも留意が必要であろう．

3.　S利用組合の事例

(1)　概況

S利用組合は，1979年に酪農専業4経営，酪農畑作複合5経営により組織された機械利用組合である．結成後まもなく3戸が離農し，また残る経営は酪農専業化したため，実質的には酪農6経営で運営されてきたといえる．1980年と1991年における，6経営をあわせた全体状況をみると，この間，経産牛頭数，農地面積，生乳生産量はそれぞれ1.8，1.3，2.3倍に拡大し，1980年代には生産規模の拡大が進んだことがわかる（表2-4）．

(2)　各経営の生産状況の変化

分析の第1の課題は，1980年代を対象に，各経営の生産規模と生産要素との関係について明らかにすることである．このため，生産規模として乳牛飼養頭数と生乳生産量及び農地面積を，生産要素として労働力，牛舎，牛舎

表 2-4　S 利用組合を構成する酪農経営の概況

	年		1980	1991	1991/80
	集 計 経 営 数	(戸)	6	6	—
全体	経産牛飼養頭数	(頭)	219	386	1.8
	農地面積	(ha)	172.4	230.0	1.3
	うち牧草	(ha)	101.4	160.2	1.6
	うちコーン	(ha)	54.0	69.8	1.3
	うち畑作物	(ha)	17.0	0.0	0.0
	生乳生産量	(t)	1,172	2,715	2.3
経営当たり	経産牛飼養頭数	(頭/戸)	36.5	64.3	1.8
	農地面積	(ha/戸)	28.7	38.3	1.3
	生乳生産量	(t/戸)	195.3	452.5	2.3

出典：A 農協，S 利用組合及び構成酪農経営を対象とした実態調査（1990-92 年）．

付帯装置の状況を確認し，労働力 1 人当たりの生産規模を検討する．

1) 乳牛飼養頭数及び生乳生産量

　各経営の経産牛頭数は，1980 年の平均 36.5 頭が 1991 年には 64.3 頭へ，1.8 倍となる（表 2-4）．ただし，経産牛の増加率には経営間で差があり，S-1 の 3.3 倍に対し，S-2～S-6 は 1.3～1.7 倍とより低い．ここでは，1980 年には，各経営の経産牛頭数は 31～41 頭と大差のない範囲にあったが，1991 年には，S-2～S-6 が 54～61 頭となったのに対し，S-1 は 104 頭と，倍近い差が生じた（表 2-5）．

　また，生乳生産量は，1980 年には全経営が 163～227t の範囲にあるが，その後すべての経営で増加する．1991 年には S-2～S-6 の 343～472t に対し，S-1 では 700t となり，経営間の格差は拡大した（表 2-5）．生乳生産量の増加は，多頭化と同時に高泌乳化にもより，経産牛 1 頭当たり生乳生産量はこの間に平均 5,363kg から 7,070kg まで増大した．

2) 農地面積

　1980 年から 1991 年の間で，戸当たり経営耕地面積は平均 28.7ha から 38.3ha に，9.6ha 拡大した（表 2-6）．各経営の経営耕地面積は，1980 年に

表 2-5　経産牛頭数と生乳生産量（1980，1991 年）

経営番号	経産牛頭数（頭）			生乳生産量（t）			経産牛1頭当たり生乳生産量（kg/頭）			(参考)育成牛頭数（頭）	
	1980	1991	1991/80	1980	1991	1991/80	1980	1991	1991/80	1980	1991
S-1	32	104	3.3	163	700	4.3	5,100	6,736	1,636	25	96
S-2	41	54	1.3	227	382	1.7	5,540	7,082	1,542	46	56
S-3	31	54	1.7	173	343	2.0	5,610	6,361	751	23	50
S-4	40	61	1.5	209	472	2.3	5,230	7,731	2,501	28	50
S-5	36	58	1.6	202	403	2.0	5,620	6,956	1,336	22	50
S-6	39	55	1.4	198	415	2.1	5,080	7,552	2,472	30	50
平均	36.5	64.3	1.8	196	453	2.3	5,363	7,070	1,706	29.0	58.7

出典：A 農協，S 利用組合及び構成酪農経営を対象とした実態調査（1990-92 年）．

は 21.0～35.2ha の範囲に，1991 年には 34.3～45.7ha の範囲にあり，経産牛頭数や生乳生産量ほどの経営間格差はみられない．ただし，経産牛1頭当たり経営耕地面積では，増頭率の高い S-1 で 1980 年の 0.97ha から 1991 年には 0.44ha まで減少する．ここでは，S-1 は，粗飼料量の確保に向けて牧草を3番草まで収穫調製するなど農地の集約的利用の動きを強め，この結果，共同作業への依存面積は 101.6ha に達し，他の5経営（平均 60.9ha）の 1.5 倍の水準にある．

表 2-6　農地状況（1980，1991 年）

(単位：ha，ha/頭)

経営番号	経営耕地面積			うち牧草		うちコーン		経産牛1頭当たり経営耕地面積		共同作業依存面積
	1980	1991	1991/80	1980	1991	1980	1991	1980	1991	1991
S-1	31.0	45.7	1.5	22.5	30.2	8.5	15.5	0.97	0.44	101.6
S-2	25.0	38.8	1.6	15.3	25.7	9.7	13.1	0.61	0.72	41.4
S-3	21.0	34.3	1.6	14.0	24.7	7.0	9.6	0.68	0.64	67.4
S-4	35.2	40.7	1.2	17.7	28.1	10.4	12.6	0.88	0.67	73.1
S-5	31.4	35.5	1.1	16.8	24.1	9.3	11.4	0.87	0.61	61.7
S-6	28.8	35.0	1.2	15.1	27.4	9.1	7.6	0.74	0.64	60.9
平均	28.7	38.3	1.3	16.9	26.7	9.0	11.6	0.79	0.62	67.7

出典：A 農協，S 利用組合及び構成酪農経営を対象とした実態調査（1990-92 年）．
注：1980 年には，畑作物の作付が S-4（7.1ha），S-5（5.3ha），S-6（4.6ha）でみられるが，1991 年には畑作物の作付はない．

表 2-7　労働力の状況（1980，1991 年）

経営番号	家族労働力				1991年時点の雇用及び後継者の状況
	1980 年		1991 年		
	家族従事者数（名）	年齢構成（歳）	家族従事者数（名）	年齢構成（歳）	
S-1	2	㊷-40	4	㊳-51,　28-26	常雇 1 名
S-2	3	□-60,　㉚-27	2	㊶-38	後継者なし
S-3	4	㊽-52,　26-25	2	㊲-36	後継者未定
S-4	3	㊿-□,　26-24	2	㊲-35	〃
S-5	3	㊾-59,　25-□	2	㊱-35	〃
S-6	3	□-58,　㉖-23	2	㊲-34	〃
平均	3.0		2.3		

出典：A 農協，S 利用組合及び構成酪農経営を対象とした実態調査（1990-92 年）．
注：1）年齢構成は，「親世代夫-親世代妻，子世代夫-子世代妻」の順とし，各自の年齢を表記した．
　　　ただし，該当者が就農していない場合は□としている．
　　2）年齢の○は経営主を表す．

3）労働力

　各経営ともに労働は，基本的に家族労働力により担われる．家族労働力は，1980 年代に世代交代が進むもとで，平均 3.0 人（1980 年）から 2.3 人（1991 年）へ減少した（表 2-7）．ただし，家族労働力数の変化には経営間で違いがあり，S-1 は後継者の就労・結婚のもとで単世代が 2 世代となりさらに常雇を確保したことで労働力数は 2 人から 5 人へと増加した．一方，S-2～S-6 は単世代となり，労働力数は 3～4 人が夫婦 2 人へと減少した．S-2～S-6 の経営主の年齢は 1991 年時点で 36～41 歳であり，後継者の状況は，後継者なしが 1 経営（S-2），未定が 4 経営（S-3～S-6）であった．

4）牛舎及び付帯装置

　1979 年時点では，各経営ともに 1970 年代後半に新築された繋ぎ牛舎が用いられていた．繋ぎ牛舎では，牛床ごとに搾乳牛を繋留するため，乳牛頭数は基本的に牛床数で規定される．1979 年時点で，各経営の成牛舎の牛床数は 32～40 床と経営間の差は 8 床にとどまる（表 2-8）．1980 年代の増頭と平行して，S-1 は，1984 年に牛床に搾乳牛を繋留しないフリーストール牛舎

表 2-8　牛舎の状況（1979，1991 年）

経営番号	牛舎種類（形態） 1979 年	牛舎種類（形態） 1991 年	牛床数（床） 1979 年	牛床数（床） 1991 年	牛床数（床） 増床数	牛床過不足数（1991 年）搾乳牛頭数（頭）	牛床過不足数（1991 年）過不足数（床）	備　考
S-1	繋ぎ牛舎（対頭）	フリーストール牛舎	32	70	28	104	△34	
S-2	繋ぎ牛舎（対頭）	繋ぎ牛舎（対頭）	36	40	4	52	△12	12 頭を入れ替え搾乳
S-3	繋ぎ牛舎（対尻）	繋ぎ牛舎（対尻）	32	40	8	59	△19	34 頭を入れ替え搾乳
S-4	繋ぎ牛舎（対頭）	繋ぎ牛舎（対頭）	40	60	20	54	6	
S-5	繋ぎ牛舎（対頭）	繋ぎ牛舎（対頭）	40	46	6	64	△18	18 頭を入れ替え搾乳
S-6	繋ぎ牛舎（対頭）	繋ぎ牛舎（対頭）	36	56	20	55	1	

出典：A 農協，S 利用組合及び構成酪農経営を対象とした実態調査（1990-92 年）．
注：「搾乳牛頭数」は 1991 年の実態（調査時点の違いにより，表 2-6 と差異がある場合がある）．
　　「牛床過不足数」＝（「牛床数（1991 年）」－「搾乳牛頭数」）で，△は搾乳牛頭数に対して牛床が不足している状況を表す．

（70 床）に転換したほか，S-2～S-6 でも 1988 年以降に 4～20 床の増床が行われた．1991 年時点で，6 経営中 4 経営で搾乳牛頭数に対する牛床数の不足がみられるが，ここで，S-1 の用いるフリーストール牛舎は，牛床数を超えた増頭に対し大きな労働負担増なく対応できたのに対し，S-2，S-3，S-5 の繋ぎ牛舎では，搾乳の終わった牛を牛舎外へ牽引し未搾乳の牛と入れ替える，労働負担のより大きい入れ替え搾乳が行われていた[8]．

　牛舎の付帯装置として，まず搾乳装置をみると，1979 年にはすべての経営でパイプライン・ミルカー（4 ユニット）が用いられていたが，S-1 は 1984 年のフリーストール化に伴い労働負担の少ないパーラー搾乳方式に移行し，また他経営でも搾乳ユニット数の増加や自動離脱装置等の省力化手段の導入がみられる（表 2-9）．また，バルククーラーは，当初の手洗い洗浄方式が，1991 年までに 4 経営で自動洗浄化される．一方，糞尿処理では，S-1 ではフリーストール化とともにタイヤショベルでの除糞作業となるが，他の自然流下式を採用する 2 経営を除いた 3 経営では，牛床からの手作業での除糞を前提としたバーンクリーナー体系が引き続き用いられた．また，飼

表 2-9 牛舎付帯装置の状況 (1979, 1991 年)

経営番号	搾乳装置 1979 年	搾乳装置 1991 年	冷却貯乳装置 1979 年	冷却貯乳装置 1991 年	糞尿処理装置 1979 年	糞尿処理装置 1991 年	給餌手段 (1991 年) 配合	給餌手段 (1991 年) サイレージ
S-1	パイプラインミルカー(4U)	パーラー(4頭W)	バルククーラー(手洗い洗浄)	バルククーラー(自動洗浄)	バーンクリーナー	(ショベル)	ミキサー	ミキサー
S-2	パイプラインミルカー(4U)	同左(5U)	バルククーラー(手洗い洗浄)	同左	自然流下	同左	裸手	トラック
S-3	パイプラインミルカー(4U)	同左(7U)	バルククーラー(手洗い洗浄)	バルククーラー(自動洗浄)	バーンクリーナー	同左	裸手	バケット
S-4	パイプラインミルカー(4U)	同左(6U)	バルククーラー(手洗い洗浄)	バルククーラー(自動洗浄)	バーンクリーナー	同左	裸手	カッター
S-5	パイプラインミルカー(4U)	同左(7U)	バルククーラー(手洗い洗浄)	バルククーラー(自動洗浄)	自然流下	同左	裸手	トラック
S-6	パイプラインミルカー(4U)	同左(6U)	バルククーラー(手洗い洗浄)	同左	バーンクリーナー	同左	裸手	カッター

出典：A 農協，S 利用組合及び構成酪農経営を対象とした実態調査 (1990-92 年).
注：搾乳装置の（ ）内は，パーラー形態，もしくはミルカーユニット数を示す．4 頭 W は 4 頭複列，5U は 5 ユニット．

料給与方式は，S-1 ではミキサーによる給与へと機械化されたが，S-2～S-6 では手作業のまま残される．

このように，S-1 ではフリーストール牛舎の導入のもとで，多頭飼養に適した一連の省力技術体系が整えられたが，S-2～S-6 では，省力化技術の導入はミルカー台数の増加，バルククーラーの自動洗浄化など部分的なものにとどまり，一方で，増頭に伴う入れ替え搾乳の発生など，労働負担を増大させる状況が生じたといえる．

5）労働力 1 人当たりの生産規模

労働力 1 人当たりの生産規模は，表 2-10 の状況にある．まず，①労働力 1 人当たり経産牛頭数は，1980 年の平均 12.6 頭/人が 1991 年には 27.0 頭/人へと 2.1 倍となった．多頭化の一方で労働力数が増加した S-1 では，同値は 16.0 頭/人から 20.8 頭/人へ，5 頭弱の増加にとどまるが，労働力の減少した S-2～S-6 では，同期間に 10 頭/人以上の増加が生じ，1991 年には 27.0～30.5 頭/人となった．②労働力 1 人当たり生乳生産量は，同期間に平均 67.3t/人から 197.2t/人へ，3 倍近く増加した．同値は，労働力の多い S-1 と，

表 2-10　労働力1人当たり経産牛頭数・生乳生産量・経営耕地面積
　　　　（1980，1991 年）

経営番号	労働力1人当たり経産牛頭数（頭/人）		労働力1人当たり生乳生産量（t/人）		労働力1人当たり経営耕地面積（ha/人）	
	1980 年	1991 年	1980 年	1991 年	1980 年	1991 年
S-1	16.0	20.8	81.6	175.1	15.5	9.1
S-2	13.7	27.0	75.7	191.2	8.3	19.4
S-3	7.8	27.0	43.5	171.7	5.3	17.2
S-4	13.3	30.5	69.7	235.8	11.7	20.4
S-5	12.0	29.0	67.4	201.7	10.5	17.8
S-6	13.0	27.5	66.0	207.7	9.6	17.5
平均	12.6	27.0	67.3	197.2	10.1	16.9

出典：A 農協，S 利用組合及び構成酪農経営を対象とした実態調査（1990-92 年）．
注：S-1 の「労働力1人当たり経産牛頭数」及び「労働力1人当たり経営耕地面積」は，「家族労働力＋常雇」を分母として算出．

生乳生産量の最も少ない S-3 が，他の経営より低い状況にあった．③労働力1人当たり経営耕地面積は，平均 10.1ha から 16.9ha に増加する．この動きには経営間で差異があり，労働力が増加した S-1 では 15.5ha から 9.1ha に減少し，他経営では平均 9.1ha から 18.5ha へ倍増した．

以上から，第1の課題，すなわち 1980 年代における生産規模と生産要素，特に労働力との関係について，次を結論づけることができる．

I.　すべての経営は，1980 年代には頭数拡大のベクトルを有していた．ただし，家族労働力数はファミリィサイクルに規定され，増加する経営と減少する経営にわかれた．すなわち，規模の動向と労働力数の変化の方向は必ずしも一致しない．

II.　S-2〜S-6 では，労働力数の減少の一方で経産牛頭数や生乳生産量は増加し，労働力1人当たりの生産規模は増大した．また，これらの経営は，後継者がいないか未就農で，省力化技術の導入は部分的なものにとどまった．

III.　S-1 では，他経営を上回る増頭や生乳生産量拡大がみられるが，労

働力の増加のもとで，労働力1人当たりの生産規模は他経営ほど増加しなかった．また，後継者の就農のもとで，省力的なフリーストール牛舎の導入やパーラー搾乳への移行がみられた．

IV. 以上のことは，酪農経営，特に家族経営では，家族労働力の増加と規模拡大が平行して進むとは限らず，ファミリィサイクルのもとで必要労働に対する労働力が減少する，いわば「労働の稀少化」が生じる場合があることを意味する．

(3) 自給飼料生産と労働状況の変化

分析の第2の課題は，1980年代において，自給飼料生産体制が個別から共同へと移行したもとで，酪農経営の労働状況がどのように変化したのかを明らかにすることである．S利用組合の事例では，自走式フォーレージハーベスタの共同所有・共同作業体制が構築されたが，はたして，このもとで個々の酪農経営の労働状況はいかに変わったのだろうか．ここでは，酪農経営の労働状況をトレースするとともに，S利用組合における経営間の出役労働の負担調整のありかたについても検討する．

1) 飼料収穫調製形態の転換と労働編成の変化

S利用組合を構成する経営の，1980年当初及び1990年当初の飼料収穫調製形態をみると，コーンは両時点ともに自走式フォーレージハーベスタにより細切サイレージ調製されたのに対し，牧草の調製形態は次のように変化した．すなわち，牧草の収穫調製形態は，1980年当初には乾草調製が主体であったが，その後，細切サイレージ調製への転換が進み，1990年には牧草（1番草）の86.5％が細切サイレージ調製されるようになる（表2-11）．牧草のサイレージ調製は，収穫時の天候変動の影響低下と牧草の品質・収量の安定により，1980年代における通年サイレージ給与化・高泌乳化実現の前提となった．また，ここでの牧草のサイレージ調製化は，収穫調製作業体制の変革を伴った．すなわち，1980年当初は，個々の経営ごとに，コンパク

表 2-11　牧草（1番草）の利用形態別面積（S利用組合：1経営当たり）

年	利用形態別面積（ha）					サイレージ（細切）の割合（％）
	乾草（コンパクト）	放牧・未利用	乾草又はサイレージ（ロール）	サイレージ（細切）	合計	
1982	10.6	7.1	0.0	0.0	17.7	0.0
1983	11.2	5.7	0.0	2.5	19.4	12.9
1984	10.7	3.7	2.2	3.0	19.6	15.3
1985	12.6	3.4	2.6	2.4	21.0	11.4
1986	14.8	0.3	2.7	2.5	20.3	12.3
1987	6.2	1.1	4.7	10.4	22.4	46.4
1988	2.8	0.2	2.9	15.3	21.2	72.2
1989	4.9	0.2	1.1	18.2	24.4	74.6
1990	0.3	0.0	3.2	22.4	25.9	86.5

出典：A農協，S利用組合及び構成酪農経営を対象とした実態調査（1990-92年）．
注：「乾草（コンパクト）」はコンパクトベーラによる乾草調製，「放牧・未利用」は放牧地もしくは未利用地，「乾草又はサイレージ（ロール）」はロールベーラを用いた乾草調製またはサイレージ調製，「サイレージ（細切）」はフォーレージハーベスタを用いたサイレージ調製．

トベーラによる乾草調製作業が家族総出でなされたのに対し，1990年当初には，S利用組合のもとで，自走式フォーレージハーベスタを用いた細切サイレージ収穫調製作業が，各経営からの男性1人ずつの出役による共同作業としてなされるようになった（表2-12）．

2）共同作業への出役状況

S利用組合の共同作業面積は，1980年代を通して増加した．1経営当たりの共同作業面積（延べ面積）は，コーンサイレージのみが共同で行われた1979-82年には8.7～10.1ha，牧草サイレージの導入拡大期にあたる1983-87年には15.8～36.1ha，牧草の大部分がサイレージ調製されるようになった1988-91年には52.4～67.7haとなる（表2-13）．

共同作業面積の増加は，同時に出役の長時間化を引き起こした．1経営たりの年間出役時間数は，1979-82年の100時間台が，1983-87年の200時間台，1988-91年の300時間台へと増加する（表2-13）．また，出役1人1日当たり労働時間及び年間の夜間作業日数をみると，出役1日当たり労働時

表 2-12 飼料収穫調製作業における代表的な作業編成（1980-90 年）

		調製形態	作業工程（利用機械）：作業者数	作業体制	従事者数
牧草 (1番草)	1980	乾　草	刈り取り（モアコンディショナー）：OP1人 ⇩ 反転・集草（テッダー、レーキ）：OP1人 ⇩ 梱包（コンパクトベーラ）・運搬（トラック）・収納：OP2人，補助2人	個別	男2人 女2人
	1990	サイレージ （細切）	刈り取り（モアコンディショナー）：OP1人 ⇩ 収穫（自走フォーレージハーベスタ）・運搬（ダンプ3台）・踏圧（タイヤショベル）：OP6人	個別 共同	男1人 男6人 （各経営 1名出役）
コーン	1980 〜 90	サイレージ （細切）	収穫（自走フォーレージハーベスタ）運搬（ダンプ4台）・サイロ詰込（ダンプボックス＋ブロア）：OP6人	共同	男6人 （各経営 1名出役）

出典：A農協，S利用組合及び構成酪農経営を対象とした実態調査（1990-92年）．
注：「作業工程（利用機械）：作業者数」「作業体制」「従事者数」は，各調製形態の代表的事例を示す．「作業工程（利用機械）：作業者数」の「OP」は，機械運行にあたるオペレータ数を示す．「作業体制」の「個別」は各経営における作業を，「共同」は機械利用組合における共同作業を示す．

表 2-13 共同作業面積と出役労働時間（1経営当たり）

		年	1979	1980	1981	1982	1983	1984	1985	1986	1987	1988	1989	1990	1991
面　積 (ha)	牧草サイレージ		—	—	—	—	6.4	9.2	5.1	7.2	27.9	43.3	46.0	54.5	56.5
	コーンサイレージ		8.7	9.1	8.9	10.1	9.4	9.3	8.8	9.2	8.2	9.1	10.4	11.8	11.2
	合　　計		8.7	9.1	8.9	10.1	15.8	18.5	13.9	16.4	36.1	52.4	56.4	66.3	67.7
出役 時間 (時)	牧草サイレージ		—	—	—	—	104	59	78	96	120	216	177	190	199
	コーンサイレージ		115	146	139	156	103	114	100	123	82	90	100	117	76
	機械整備		x	x	x	x	44	35	58	37	26	48	72	30	22
	合　　計		115	146	139	156	251	208	236	256	228	354	349	337	297
面積当たり出役時間(時/ha)			13.2	16.0	15.6	15.4	15.9	11.2	17.0	15.6	6.3	6.8	6.2	5.1	4.4

出典：A農協，S利用組合及び構成酪農経営を対象とした実態調査（1990-92年）．
注：—は該当作業なし，xは不明．

間は若干減少する傾向がみられるものの，夜間作業日数は1988年以降毎年10日以上を要する状況にある（表2-14）．1980年代には多頭化や高泌乳化のもとで朝夕の搾乳時間が長時間化し，日中，飼料作の共同作業に充当できる時間は減少したとみられる．ここでの夜間作業日数の増加は，少なくても

表 2-14　共同作業における1人1日当たり労働時間と夜間作業日数

	年	1979	1980	1981	1982	1983	1984	1985	1986	1987	1988	1989	1990	1991
1日当たり労働時間 (時/日)	牧草サイレージ	—	—	—	—	7.5	4.9	7.8	x	5.0	5.8	5.9	6.1	6.0
	コーンサイレージ	7.2	8.6	6.9	9.2	8.0	6.0	8.3	x	7.4	6.0	5.9	6.9	6.3
年間の夜間作業日数 (日/年)	牧草サイレージ	—	—	—	—	4	2	2	x	4	11	4	9	12
	コーンサイレージ	5	4	8	13	8	3	6	x	5	1	7	4	3
	合計	5	4	8	13	12	5	8	x	9	12	11	13	15

出典：A農協，S利用組合及び構成酪農経営を対象とした実態調査（1990-92年）．
注：－は該当作業なし．xは不明．

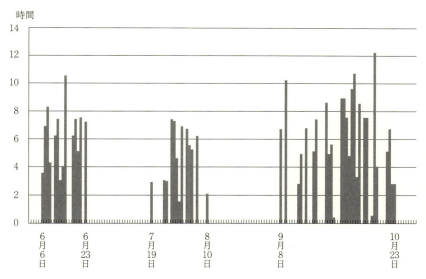

図 2-1　共同作業への出役状況（1990年，1経営1日当たり出役時間）
出典：A農協，S利用組合及び構成酪農経営を対象とした実態調査（1990-92年）．

1988年以降，日中だけでは飼料収穫調製の適期作業が困難な状態が出現したことを意味しよう．

また，1990年の共同作業の出役状況を日単位で確認すると，出役は1番草収穫調製作業の6月6〜23日，2番草収穫調製作業の7月19日〜8月10

表 2-15　S-2 経営における年間の飼料作業日数の変化
(単位：日)

年	月	4	5	6	7	8	9	10	11	計	年間合計
1979	個別作業	4	17	9	25	4	17	7	12	95	111
	共同作業						1	15		16	
1983	個別作業	8	8	5	14	6	14	9	9	73	102
	共同作業	1			10	3	3	12		29	
1987	個別作業	5	9	7	5	14	9	14	2	65	97
	共同作業		1	13	1	2	8	7		32	
1990	個別作業	5		9	13	8	8	7	5	64	106
	共同作業			12	4	4	8	14		42	

出典：A 農協，S 利用組合及び構成酪農経営を対象とした実態調査（1990-92 年）．
注：「個別作業」は個々の経営における飼料作業実日数．「共同作業」は S 利用組合における収穫調製作業出役実日数．ただし，牧草収穫調製作業のうち，モアコンディショナーによる刈取作業は実態にあわせて個別作業としている．

日，3 番草及びコーン収穫調製作業の 9 月 8 日～10 月 23 日の 3 期間にわたり，それぞれの期間では 1 人当たりの出役時間が断続的に 6 時間を超え，長期にわたり労働ピークを形成するようになったことがわかる（図 2-1）．

3）個別経営の労働状況

1980 年時点の個別経営の労働時間を把握することは困難である．このため，ここでは，① 1980 年代における，飼料作の個別・共同作業の年間作業日数の変化をトレースする．また，② 1990 年初頭における，各経営の飼養管理と飼料作双方の労働状況を確認する．

まず，S-2 経営を素材に，1980 年代における飼料作の年間作業日数の変化を，個別作業と共同作業にわけて把握した（表 2-15）．ここでは，①個別作業と共同作業をあわせた年間作業日数は，1979-87 年にかけては 111 日から 97 日へ減少するが，収穫調製作業がほぼ全面的に共同作業となる 1988 年以降増加に転じ，1990 年には 106 日となる，② 1980 年代には一貫して個別作業の減少と共同作業の増加が認められ，年間作業日数に占める共同作業の割合は，1980 年の 14.4 ％（111 日中の 16 日）から，1991 年には 39.6 ％

(106日中の42日)に増加する，③共同作業が行われる期間が，1979年には，コーン収穫調整のなされる10月にほぼ限定されたのに対し，前掲図2-1でも確認したが，1990年には6～10月に長期化する等が示される．すなわち，特に1980年代後半には，飼料収穫調製作業の共同作業への依存が進むもとで年間の飼料作作業日数は増加に転じ，また，共同作業への出役という，個々の経営がコントロールできない労働時間が増加する状況が出現したといえる．

表2-16では，1991年の各経営の1日の労働時間を，冬期(飼料作作業はなく飼養管理にのみ従事する期間)と夏期(飼養管理作業と飼料収穫調製作業に従事する期間)にわけて把握した．冬期には，家族労働力1人当たりの労働時間は，家族労働力の多いS-1の5.5時間に対し，家族労働力が2人の

表2-16 冬期・夏期の1日当たり労働時間 (1991年) (単位：時間)

経営番号	労働力 (年齢・性別)	冬期の労働時間 飼養管理	夏期の労働時間			労働力1人当たり 平均労働時間	
			飼養管理	飼料作	合 計	冬期	夏期
S-1	53 男 51 女 28 男 26 女	6.0 3.0 6.5 6.5	1.0 6.0 8.5 8.5	8.0 0.0 0.0 0.0	9.0 6.0 8.5 8.5	5.5	8.0
S-2	41 男 38 女	9.0 9.0	6.0 10.0	8.0 0.0	14.0 10.0	9.0	12.0
S-3	37 男 36 女	8.5 7.5	4.5 12.0	8.5 0.0	13.0 12.0	8.0	12.5
S-4	37 男 35 女	10.5 10.5	6.0 12.5	9.0 0.0	15.0 12.5	10.5	13.8
S-5	36 男 35 女	7.8 6.8	3.8 10.8	9.0 0.0	12.8 10.8	7.3	11.8
S-6	37 男 34 女	9.0 9.0	4.0 12.0	8.5 0.0	12.5 12.0	9.0	12.3
男性平均 (S-2～S-6)		9.0	4.9	8.6	13.5	—	—
女性平均 (S-2～S-6)		8.6	11.5	0.0	11.5	—	—

出典：A農協，S利用組合及び構成酪農経営を対象とした実態調査 (1990-92年)．
注：S-5は実測値，他経営は，S-5の数値をもとに聞き取りにより算出．
　　「冬期」は飼料作作業のない時期，「夏期」は飼料収穫調製作業時期．

S-2~S-6 は 7.3~10.5 時間である．一方夏期には，各経営ともに男性労働力 1 名が 8.0~9.0 時間飼料作作業に従事するもとで，家族労働力 1 人当たり平均労働時間は最も少ない S-1 で 8.0 時間，他経営で 11.8~13.8 時間と，冬期より増加する．S-2~S-6 では，男性の飼養管理労働時間は冬期の 7.8~10.5 時間に対し，夏期には 3.8~6.0 時間と短時間となる．逆に，女性の飼養管理の労働時間は 10.0~12.5 時間と冬期（6.8~10.5 時間）より長い．すなわち，夏期には男性労働力の共同作業への従事のもとで，飼養管理は女性労働の長時間化によって対応される状況が生じた．

4) 共同作業面積と出役労働のアンバランス化と経営間調整

1980 年代には，飼料収穫調製の共同作業における酪農経営間の負担調整が重要となった可能性がある．すなわち，①酪農経営の労働が長時間化し，②その 1 つの原因は共同作業への出役の増加であったが，一方で③共同作業面積の経営間格差が拡大する状況がみられたためである．特に，S-1 は，他の経営の 1.7 倍の面積を共同作業に依存したため（前掲表 2-6），「S-1 のために共同作業に出役する」「自分の経営の飼養管理時間がとれない」といった不満が生じやすい状況にあったとみられる．はたして，こうした経営間の軋轢は，どのように調整されたのだろうか．

ここではまず，1980 年代初頭と 1990 年代初頭における各経営の共同作業面積と出役時間との関係を把握し，経営間のアンバランスの拡大状況を確認しよう（表 2-17）．共同作業全面積に占める個々の経営の依存面積の割合をみると，1981 年には，S-3 で 12.9% とやや低いほかは，他の 5 経営は 17.1~18.1% とほぼ同じ水準にある．しかし，1991 年には，同値は最大 25.0%（S-1）から最小 10.2%（S-2）まで，ばらつきが拡大する．一方，各経営の出役時間数が共同作業の総労働時間に占める割合をみると，1981 年には全経営が 15.9~17.5% にあり，また 1991 年には 14.4~18.0% の範囲にある．ここでは，若干の広がりはあるが経営間の格差は従前とほぼ変わらないとみられる．こうした出役時間の経営間格差の小ささは，自走式フォーレージハ

表 2-17 共同作業における個々の経営の依存面積と出役労働の割合

経営番号	1981 年			1991 年		
	①共同作業面積に占める当該経営の依存面積の割合 (%)	②共同作業総労働時間に占める当該経営の出役労働時間の割合 (%)	依存面積に対する労働負担比率 (②／①)	①共同作業面積に占める当該経営の依存面積の割合 (%)	②共同作業総労働時間に占める当該経営の出役労働時間の割合 (%)	依存面積に対する労働負担比率 (②／①)
S-1	17.4	17.5	1.01	25.0	17.4	0.70
S-2	17.3	16.1	0.93	10.2	14.4	1.41
S-3	12.9	17.1	1.33	16.6	16.1	0.97
S-4	18.1	17.2	0.95	18.0	18.0	1.00
S-5	17.1	15.9	0.93	15.2	16.9	1.11
S-6	17.2	16.2	0.94	15.0	17.2	1.15
平均	16.7	16.7	1.01	16.7	16.7	1.06
標準偏差	1.72	0.62	0.14	4.43	1.16	0.22

出典：A 農協，S 利用組合及び構成酪農経営を対象とした実態調査（1990-92 年）．

ーベスタの効率的稼働には 6 名による機械を用いた組作業が基本となり，作業日には各経営 1 名ずつの出役が要請されることによる．この結果，出役労働時間の割合を依存面積の割合で除して，依存面積に対する労働負担の比率を求めると，1981 年には 0.93～1.33 の範囲にあったものが，1991 年には 0.70～1.41 となり，経営間のアンバランスが拡大したことがわかる．

では，経営間の，共同作業面積に対する労働負担のアンバランス化に対し，いかなる調整がなされたのか．ここでは，直接的な労働負担調整，例えば，経営間における出役時間数の配分調整や，S 利用組合における従業員雇用による出役時間削減等はみられず，時間当たりの労働報酬の切り上げや，負担面積に応じた経費負担などによる代替的な調整がみられる．

すなわち，S 利用組合では，共同作業や組織運営に要する燃料代や会議費その他の現金支出を伴う諸経費（以下，運営経費）は，出役労賃とは別に会計がなされ，年間に発生した費用を酪農経営間で負担する．S 利用組合が支払う運営経費，出役労賃の総額はともに 1980 年代を通して増加傾向を示すが，このもとで費用負担方法は表 2-18 のように変化する．まず，運営経費は，1979-82 年は，総額を構成酪農経営数で除した「戸数割り」で精算され

表 2-18 運営経費及び出役労賃の総額と精算方法

年	運営経費 総額(千円)	運営経費 精算方法	出役労賃 総額(千円)	出役労賃 精算方法
1979	x	戸数割り	505	出入相殺
1980	x	↓	616	↓
1981	x	↓	611	↓
1982	164	↓	683	↓
1983	227	戸数割り30%, 面積割り70%	880	↓
1984	523	↓	760	↓
1985	598	↓	682	↓
1986	498	↓	842	↓
1987	607	↓	779	↓
1988	931	↓	1,172	↓
1989	1,990	↓	1,021	↓
1990	3,565	↓	1,579	↓
1991	6,437	↓	1,197	↓

出典：A農協，S利用組合及び構成酪農経営を対象とした実態調査（1990-92年）．
注：運営経費，出役労賃はS利用組合全体での年間額で，減価償却費を含まない．xは不明．

たが，1983年以降は負担面積に応じた「面積割り」がとり入れられ，戸数割り30%，面積割り70%が併用される．出役労賃の精算は一貫して，経営ごとに出役した人区数（時間数）と受け入れた人区数（時間数）を算出し，経営間で差額をやりとりする出入相殺でなされる（出役が受け入れを上回る場合には当該経営の収入となり，逆の場合は支出となる）．出役労賃は，1979-81年は日数単位で計算されたのが，1982年以降時間単位で計算されるようになり，さらに1990年には労賃水準が値上げされている（表2-19）．また，職能手当として，フォーレージハーベスタのオペレータに対し，1979-82年は年単位定額で，1983年以降は作業面積単位で支払いがなされ，さらに1990年に増額されている．その他，1983年以降，整備者，組合長，会計に手当が支給され，1987，1990年に増額される．こうした動向は，出役労働や役職の負担に対し適切な報酬を求める動きといえるが，労賃や手当は必ずしも高い水準にはなく，依存面積と出役時間のアンバランス化のもとでの不満緩和に向けた事後的措置としての意味合いが強い．

表 2-19 出役労賃と各種職能手当の水準

年	出役労賃単価	各種職能手当の単価			
		オペレータ	整備者	組合長	会計
1979	8,000 円/日	5,000 円/年	―	―	―
1980	↓	10,000 円/年	―	―	―
1981	↓	↓	―	―	―
1982	500 円/時	15,000 円/年	―	―	―
1983	↓	60 円/10a	650 円/時	10,000 円/年	5,000 円/年
1984	↓	↓	↓	↓	↓
1985	↓	↓	↓	↓	↓
1986	↓	↓	↓	↓	↓
1987	↓	↓	↓	15,000 円/年	15,000 円/年
1988	↓	↓	↓	↓	↓
1989	↓	↓	↓	↓	↓
1990	700 円/時	100 円/10a	850 円/時	20,000 円/年	20,000 円/年
1991	↓	↓	↓	↓	↓

出典：A農協，S利用組合及び構成酪農経営を対象とした実態調査（1990-92 年）．
注：―は支払実績なし．「オペレータ」はフォーレージハーベスタのオペレータ．

以上より，1980 年代の，自給飼料生産体制が個別から共同へと移行したもとでの，酪農経営の労働状況は次のように総括される．

I. 1980 年代には，飼料収穫調製作業の，自走式フォーレージハーベスタを用いる S 利用組合への依存深化のもとで，高泌乳化による酪農経営の生産力拡大が実現された．
II. ここでは，共同作業への出役の長期化・長時間化が生じ，特に単世代経営では，男性労働力の機械利用組合への出役の一方で，飼養管理における女性労働の長時間化が進み，経営内の労働編成の柔軟性は低下した．
III. 1980 年代には，酪農経営間の共同作業面積と出役時間の格差が拡大したが，自走式フォーレージハーベスタの運行には機械による組作業が必要なことから，経営間の出役負担調整は困難な状況にあった．

(4) 経営展開と作業委託化の意向

分析の第3の課題は，1990年当初において，それぞれの酪農経営はどのような経営展開の意向を持ち，またそれは飼料作委託化の意向とどのように関わっていたかを明らかにすることである．このため，まず，各経営の増頭意向と飼料作作業委託の意向を確認しよう．次に，委託による労働，所得への影響・効果を簡単な試算により検討する．最後に2つの整理をふまえ，酪農経営の持つ飼料作作業委託ニーズを類型的に把握しよう．

1) 増頭意向と飼料作作業委託の意向

各経営の1991年時点における，今後5年間の増頭意向を確認すると，後継者のいないS-2で現状維持とするほかは，フリーストール飼養を行うS-1で経産牛104頭から150頭へ，フリーストール化を計画するS-3～S-5で54～61頭から80～130頭へ，繋ぎ牛舎を維持するとするS-6で55頭から68頭までの増頭が計画されている（表2-20）．また，作業委託については，労働力が多く出役の負担が相対的に軽いS-1ではコーン収穫調製作業以外は委託するかどうかは不明とし，他のS-2～S-6は飼料作作業のほぼすべてを委託したいとの意向がみられる（表2-21）．

こうしたことは，1990年代初頭には，経営継続を予定するすべての経営

表2-20 経営展開の方向（1991年の現状，1996年の計画）

経営番号	経産牛頭数(頭)			経産牛1頭当たり乳量			牛舎種類	
	現状(1991)(頭)	計画(1996)(頭)	伸び率(％)	現状(1991)(kg)	計画(1996)(kg)	伸び率(％)	現状(1991)	計画(1996)
S-1	104	150	144	6,736	8,500	126	フリーストール牛舎	フリーストール牛舎
S-2	54	54	100	7,082	8,000	113	繋ぎ牛舎	繋ぎ牛舎
S-3	54	130	241	6,361	8,500	134	繋ぎ牛舎	フリーストール牛舎
S-4	61	80	131	7,731	8,500	110	繋ぎ牛舎	フリーストール牛舎？
S-5	58	90	155	6,956	8,000	115	繋ぎ牛舎	フリーストール牛舎
S-6	55	68	124	7,552	9,000	119	繋ぎ牛舎	繋ぎ牛舎

出典：A農協，S利用組合及び構成酪農経営を対象とした実態調査（1990-92年）．
注：1991年12月調査による．？は，不確定な計画を意味する．

表 2-21 作業委託の意向

経営番号	作業委託の希望状況	
	牧草	コーン
S-1	検討中	サイレージ収穫調製 (他作業は検討中)
S-2	全作業	全作業
S-3	全作業	全作業
S-4	全作業	全作業
S-5	全作業	全作業
S-6	堆肥散布を除く全作業	全作業

出典：A農協，S利用組合及び構成酪農経営を対象とした実態調査（1990-92年）.
注：前提とした委託対象作業は次の通り．
　　牧草：施肥，堆肥散布，サイレージ調製（刈り取り，運搬，貯蔵）
　　コーン：堆肥散布，土壌改良材散布，耕耘整地，施肥播種，除草剤散布，追肥，
　　　　　サイレージ調製（刈り取り，運搬，貯蔵）

で増頭が計画されたこと，同時に単世代経営であり，労働の稀少化や労働編成の硬直化が進んだS-2～S-6では，飼料作全作業の委託化，すなわち，飼料作作業の外部依存と家族労働力の飼養管理への専念が指向されたことを意味する．一方，1980年代に2世代化したS-1では，他経営を上回る労働力のもとで増頭が進められ，委託意向は複数台の機械の組作業を必要とし，家族労働力での対応が困難なコーン収穫調製作業にとどまる．

2) 飼料作作業委託化が労働及び所得へもたらす影響・効果

　実際の酪農経営をもとにして，部分試算計画法[9]により，飼料作委託化が酪農経営の労働及び所得に及ぼす影響・効果を試算した（図2-2, 2-3）．試算前提として，家族労働力2人，1日の労働時間上限を10時間/人，経営全体の年間労働時間の上限を7,300時間程度とした場合，次の状況が試算された．

・繋ぎ牛舎を用い飼料収穫調製作業を共同作業で行う場合，最大で経産牛55頭の飼養が可能で，このときの労働時間は7,307時間，所得は958万円となる（両図のa1, b1）．

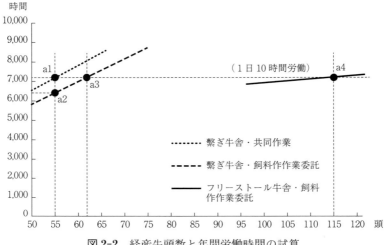

図 2-2　経産牛頭数と年間労働時間の試算

出典：A 農協, S 利用組合及び構成酪農経営を対象とした実態調査（1990-92 年）.
注：1）　労働時間は，飼養管理については 1990, 1991 年の酪農経営を対象とする実測値（繋ぎ牛舎：経産牛 54 頭，フリーストール牛舎：経産牛 113 頭）により，また飼料作については聞き取りに基づく．
　　　① 労働時間は，繋ぎ牛舎では経産牛頭数に比例するとし，フリーストール牛舎では，1 日単位で発生する観察，除糞，給餌，餌よせ等の時間を 11 時間で固定し，他の搾乳等の労働時間は経産牛頭数に比例するとした．
　　　② 牛舎施設や機械には余力があるものとし，牛床数による増頭の制約や，入れ替え搾乳等による労働時間の増加はないものとした．
　　　③ フリーストール牛舎の搾乳時の作業は 3 名体制が基本となるため，1 名を雇用して対応するものとしたが，作図には雇用労働時間を含めていない．
　　2）　各類型の試算前提は次の通り．
　　　【繋ぎ牛舎・共同作業】繋ぎ牛舎を用い，自走式フォーレージハーベスタで共同作業を行う．
　　　　　年間労働時間＝経産牛頭数 × 0.364 時間/日 × 365 日
　　　【繋ぎ牛舎・飼料作作業委託】繋ぎ牛舎を用い飼料作作業を委託する．
　　　　　年間労働時間＝経産牛頭数 × 0.323 時間/日 × 365 日
　　　【フリーストール牛舎・飼料作作業委託】フリーストール牛舎を用い飼料作作業を委託する．
　　　　　年間労働時間＝固定的労働時間 11 時間/日 × 365 日＋経産牛頭数 × 0.080 時間/日 × 365 日
　　3）　図中の各点は次の通り．
　　　a1：繋ぎ牛舎を用い共同作業する場合の労働限界となる飼養頭数と労働時間
　　　a2：a1 と同じ頭数で作業を委託した場合の労働時間
　　　a3：繋ぎ牛舎を用い作業を委託する場合に，労働限界まで増頭したときの飼養頭数と労働時間
　　　a4：フリーストール牛舎に転じ，労働限界まで増頭したときの飼養頭数と労働時間

・飼料作作業を委託すると，経産牛 55 頭で労働時間は 6,484 時間まで削減されるが，このときの所得は 802 万円に減少する（a2, b2）．
・飼料作作業を委託する場合，繋ぎ牛舎のもとで年間労働時間の上限まで増頭をはかるとすると，経産牛 62 頭程度まで増頭が可能となり，この

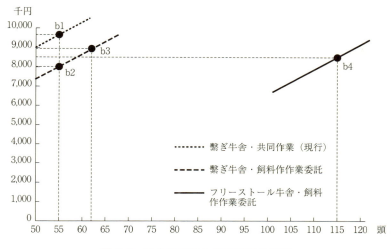

図 2-3 経産牛頭数と農業所得の試算

出典：A 農協，S 利用組合及び構成酪農経営を対象とした実態調査（1990-92 年）．
注：1) 農業所得は，1990 年における実態（繋ぎ牛舎：経産牛 54 頭，フリーストール牛舎：経産牛 113 頭）に基づき，経産牛 1 頭当たり 12 万 8,000 円の所得変化があるとして試算した．ここでは，頭数変化に伴う減価償却費の影響を含めていない．
2) 各類型の試算前提は図 2-2 2) に同じ．
3) 図中の各点は次の通り．
b1：繋ぎ牛舎を用い共同作業する場合の労働限界となる飼養頭数と農業所得
b2：b1 と同じ頭数で作業を委託した場合の農業所得
b3：繋ぎ牛舎を用い作業を委託する場合に，労働限界まで増頭したときの飼養頭数と農業所得
b4：フリーストール牛舎に転じ，労働限界まで増頭したときの飼養頭数と農業所得

ときの労働時間は 7,309 時間，所得は 892 万円となる（a3，b3）．
・飼料作作業を委託する場合，フリーストール牛舎に転換し，年間労働時間の上限まで増頭をはかるとすると，経産牛 115 頭程度まで増頭が可能となり，このときの労働時間は 7,373 時間，所得は 854 万円となる（a4，b4）．

以上の試算結果は，家族労働力 2 人の場合，飼料作作業委託のもとで共同作業時と同等の所得を得ることは容易ではないことを意味する．まず，繋ぎ牛舎では，労働制約から大幅な増頭は望めず，委託費の発生のもとで所得は

減少する可能性が高まる．一方，委託とともにフリーストール牛舎へ転換する場合，飼養管理の労働効率が高まり増頭はより容易となる．ただしここで，共同作業時と同等以上の所得を得るには，雇用労働力の確保のもとで，さらなる多頭化をはかる必要がある．

3) 飼料作作業委託化のニーズの類型

試算結果をふまえて，S利用組合を構成する酪農経営の経営展開（前掲表2-20）と作業委託の意向（前掲表2-21）を評価しよう．ここでは，特に飼料作作業委託意向の明確なS-2～S-6に関して次を指摘できる．

・S-3～S-5がフリーストール化のもとでの増頭と，飼料作作業の委託を同時に指向することは，委託が，労働の稀少化や労働編成の硬直化を弱め，多頭化を実現する手段であること，すなわち構造再編を目的とする，構造需要へのニーズであることを示唆する．また，フリーストール化は，所得形成の点から一定の合理性を持とう．ただし，S-4，S-5の増頭数は，所得維持拡大には小さすぎる恐れがある．また，フリーストール化のもとで作業効率を向上させるには，通常，労働力3名が必要とされるが，S-3～S-5は労働力2名のため，新たな労働力確保が課題となろう．
・後継者のいないS-2が，繋ぎ牛舎のもとで，増頭を指向せず，一方で飼料作作業の委託を指向することは，委託は軽労化を目的とした調整需要へのニーズであることを示唆する．ただし，このとき，委託費の発生のもとで所得は減少する，すなわち委託による労働軽減の程度と所得水準はトレードオフの関係をとるので，必ずしも作業のすべてが委託されず，現実的には委託を必要最低限にとどめて所得維持を図る動きが生じるとみられる．
・S-6が繋ぎ牛舎を用い，10頭程度の増頭を行うもとで委託を指向することは，ここでのニーズが，構造需要へのニーズと調整需要へのニーズの中間的性格を持つことを意味する．ただし，ここでは，多頭化による

所得維持拡大，あるいは労働負担の軽減の両面で効果が不十分となる恐れがあり，場合により戦略自体の見直しが求められよう．

以上から，酪農経営の経営展開の意向と，飼料作作業外部化の意向との関係について，次を導くことができる．

I. 2世代経営で家族労働力が相対的に多い場合，飼料作作業外部化ニーズの形成は必ずしも明瞭ではなく，外部化の意向は機械による組作業を必要とし，家族労働力のみでは対応困難な特定作業にとどまることも想定される．
II. 繋ぎ牛舎のもとで増頭を指向しない経営では，飼料作作業委託化は，労働負担軽減手段となる一方で，コスト増加要因としての性格を持つ．ここでは，委託を必要最低限にとどめんとする調整需要へのニーズが形成される．
III. 繋ぎ牛舎からフリーストール牛舎へ転換し増頭を指向する経営では，飼料作作業委託は，そのもとでの労働余剰の創出とその利用による多頭化手段としての性格を持つ．ここでは，飼料作作業の全面委託化と，そのもとでの多頭化による所得維持拡大という，構造需要へのニーズが形成される．

4. 考察：営農条件としての組織化空間の形成

(1) ニーズ形成のメカニズム

1990年代初頭における飼料作作業外部化のニーズ形成の大きな特徴は，ニーズ形成のメカニズムが，あくまで，家族労働力に依存した家族経営の論理のもとで生じたことである．ニーズを引き起こしたのは，①ファミリィサイクルに起因する「労働の稀少化」，②そのうえでの共同作業への出役負担の増大と「労働編成の硬直化」であり，③このもとで経営維持拡大に向けた

再組織化が困難となる状況が,ニーズ形成につながっている.「労働の稀少化」は,酪農経営における,経済性維持向上に向けた生産力拡大のベクトルと,一方でのファミリィサイクルに起因した家族労働力の減少の狭間で生じる.「労働編成の硬直化」は,限られた家族労働力が,酪農経営内での飼養管理作業と,飼料収穫調製共同作業の双方の源泉となることに起因する.これらのもとで,家族労働力の1人当たりの労働の長時間化と労働配置の固定化が生じ,再組織化への労働余剰が消失する状況が生じる.

こうしたメカニズムは,ここでの作業外部化が,ただちに,「労働効率や経済性の向上に向けた,労働編成の合理化」という,雇用労働力を前提とした,いわば企業の論理に依拠するものではないことを示唆する.ここでの作業外部化のニーズは,「所得の構成要素である家族労働を,費用の構成要素である外給労働で代替することを前提とした欲求」であり,一義的には労働負担軽減の一方で費用増加と所得減少を引き起こす.このため,ニーズの具体化に際しては,短期的には,作業外部化を押しとどめ費用最小をはかる行動が,長期的には余剰化した労働を飼養管理に再投入し,所得を維持拡大しようとする行動が出現するとみられる.また,こうした短期,長期の選択は,個々の酪農経営のファミリィサイクルに規定された経営戦略に依存するといえる.

(2) ニーズの特徴としての多様性

酪農経営,特に家族経営におけるニーズの特徴は,ファミリィサイクルに規定されたニーズの多様性にある.事例分析でも,①単世代で規模拡大を指向する経営の構造需要へのニーズ,②単世代で経営維持をはかる経営の調整需要へのニーズ,③両者の中間にあるニーズ,及び④2世代経営での,単独では労働編成が困難な特定作業に限定されたニーズ等,複数のタイプのニーズ形成がみられる.さらに,表2-3の回答は,同じ頭数規模でも,必ずしもニーズが出現するとは限らないことを示すといえよう.

ニーズは,「農業経営間や外部主体による感知と新たな営農条件形成によ

る対応」（本章 p. 63 参照）を求める．しかし，ニーズの多様性のもとで，外部主体が個々のニーズを的確に把握し対処することは容易ではないであろう．また，農業経営間においても，ニーズへの対処の動きはみられない．事例では，酪農経営のニーズ形成や経営間の軋轢の増大にも関わらず機械利用組合の再編が進展しないのは，ニーズの違いに起因した酪農経営間の利害の不一致というよりは，機械利用組合が，もともと機械導入の際に資本支援の受け皿として組織され，酪農経営の内部情報を含めた情報集積や，それに基づく体制再編のメカニズムを持たないためといえる．すなわち，家族経営におけるニーズの多様性への対応には，意図的に個々の酪農経営の内部情報を集積し，その解釈のもとで対処策を設計するメカニズムの構築が必要となるように思われる．

(3) ニーズ具体化の条件：組織化空間の創出

飼料作作業外部化のニーズは，一時点の断面では，酪農経営間で多様性がみられる．しかし，酪農経営が次第に規模拡大を進め，より多くの経営で労働の稀少化が現れやすくなるに伴い，飼料作作業の全面外部化と酪農経営の飼養管理特化という構造需要へのニーズが高まるだろう．ここでのニーズの具体化は，酪農経営が飼養管理に特化する前提として，継続的で，確実な作業外給が条件となる．こうした，継続的で，確実な作業外給が保証される場を「組織化空間」としよう（図2-4）．酪農経営の再組織化は，組織化空間の創出のもとではじめて安定的となる．

組織化空間の成立条件は，次の3点にある．第1は，上述した，酪農経営個々の情報集積と，それに基づく体制設計のメカニズムの形成である．第2は，1990年代初頭には，多くの地方で存在しなかった，受託機能の提供主体，すなわち受託主体の形成である．第3は，ファミリィサイクルに規定された個々の酪農経営の展開とニーズの変化に対し，個々の家族経営の状況を継続的に把握し，受託機能の確実な提供を持続するためのメカニズムの形成である．第1，第3の点は，受委託の安定化に向けた体制コントロールのた

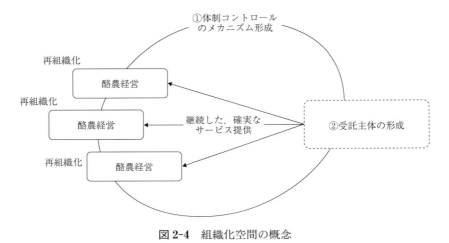

図 2-4 　組織化空間の概念

注：①②は組織化空間創出に必要な2つの要件を示す．

めのメカニズムの形成と総括できよう．すなわち，飼料作業外部化のニーズは，受託主体形成，及び酪農経営のニーズの多様性や変動性を前提とした体制をコントロールするメカニズムの形成，それらのもとでの組織化空間の創出によって具体化されるといえる．

5. 結語

本章では，酪農経営における飼料作外部化のニーズについて検討した．ここでは，ニーズを，酪農経営間共同もしくは外部主体による感知と新たな営農条件形成を促す情報資源として捉えた．酪農経営のニーズ形成は，ファミリィサイクル上の位置と経営展開のベクトルのもとで生じる労働の稀少化や，共同作業への出役に伴う労働編成の硬直化のもとで，自らの維持発展に向けた再組織化が困難となることに起因する．すなわち，ここでのニーズは，家族経営の維持存続に向けた新たな営農条件形成を求める欲求といえる．

こうした，労働の稀少化や労働編成の硬直化に伴うニーズ形成は，今日に

至る飼料作外部化展開の主たる要因となった．すなわち，北海道の土地利用型酪農では，その多くがファミリィサイクルをもつ家族経営であり，さらに，多頭化と飼料作面積の拡大のもとで，共同作業を行わない場合でも，飼養管理と飼料作の労働競合が激化したためである．

　本章での検討から，飼料作業外部化には，それを具体化するための新たな状況の創出が重要となることが示唆される．酪農経営のニーズは，ファミリィサイクルに規定されるもとで，経営間で多様性を帯び，外部主体の感知や対応を難しくしよう．ここでは，受託主体の形成，及び酪農経営と受託主体からなる体制をコントロールするメカニズムの形成，これらのもとでの継続的で，確実な受委託を可能とする組織化空間の創出が求められるといえよう．

注

1) 農林水産省統計情報部（1981）『1980年世界農林業センサス　北海道統計書』，同（1991）『1990年世界農林業センサス第1巻　北海道統計書（農業編）』，農林水産省北海道統計事務所（1982）『北海道農林水産統計年報（農業統計市町村別編）昭和55～56年』，同（2002）『北海道農林水産統計年報（農業統計市町村別編）平成2～3年』による．
2) 農林水産省統計情報部（1981）『1980年世界農林業センサス　北海道統計書』，同（1991）『1990年世界農林業センサス第1巻　北海道統計書（農業編）』により，牧草（実面積）収穫及び青刈りデントコーン収穫の合計面積を2歳以上の乳用牛飼養農家数で除して算出．
3) 農林水産省北海道統計事務所（1982）『北海道農林水産統計年報〔農家経済・農業経営（構造改善）〕編　昭和55年度』，同（2002）『北海道農林水産統計年報（農家経済編）平成2年度』による．
4) 北海道企画振興部（1991）『1990年世界農林業センサス　農業事業体調査結果報告書』による．
5) 北海道における飼料作作業受託の動向については，岡田（1994）を参照．
6) ここでの定義は，野中ら（1978）の序章及び第6章を参考とした．
7) 草地型酪農地帯では，より冷涼な気候条件からコーンの作付は限られ，牧草は1番草が中心となる．
8) 繋ぎ牛舎の場合，牛床数を超えた搾乳牛は，パドックなどに置かれるか，D型ハウスなど牛舎以外の場所で繋留される．搾乳に際しては，搾乳の終わった個体

を外部に移動させた後，あいた牛床に個体を繋引・繋留し搾乳を行う．
9) 頭数変動などの条件変化に伴う収入および費用の変化を見積もることで，経済的影響を計測する試算方法．

第3章
コントラクター体制における主体間関係の枠組み(1)
—— 推進主体によるコントロールと組織的デザイン・インについて ——

1. 背景と本章の目的

　本章の目的は，酪農経営と受託主体間で，新たに飼料作業外部化の体制を構築する場合に，いかなる条件が必要となるのかを明らかにすることである．

　前章では，1990年代初頭における酪農経営の飼料作業外部化のニーズ形成と，ニーズの具体化に必要となる，確実な作業外給を実現し得る組織化空間の創出について論じた．実際に，1990年代初頭には，酪農経営のニーズ形成に対し，民間企業やJAが受託事業を開始する動きが現れる．ここでは，酪農経営の委託ニーズに対し，受託主体が自らの労働力や機械装備のもとでサービスを提供する，すなわち，リスクを負担し受託事業を展開するコントラクター体制がみられる．しかし，こうした事例の半数以上で開始後2～3年以内に受託事業が中止され，酪農経営は委託機会を失う状況に直面した．言い換えると，組織化空間を形成できず，酪農経営が外部化に失敗する状況が生じた．

　本章では，受委託体制の設立に際して，なぜ，こうした失敗が生じるのかを明らかにする．前章では，組織化空間の創出に必要な要件として，受託主体の形成と体制をコントロールするメカニズムの形成を指摘した．すなわち，1990年代初頭には，受託主体形成の動きに対し，それをコントロールするメカニズムが十分機能しなかったのではないか．では，新たな受委託体制の

構築に向けて，どのようなコントロールのメカニズムが必要なのか．本章ではこれらを検討しよう．具体的には，事例分析から，組織化空間の創出には，酪農経営と受託主体間での受委託に関わる共通戦略の形成と，それに基づく双方の連動した行動が重要となることを明らかにする．こうした酪農経営・受託主体の協調行動のメカニズムを，「組織的デザイン・イン」として明らかにしよう．

2. 分析方法と対象

(1) 分析方法

前章では，ニーズを，酪農経営展開の行き詰まりに対し，自らの再組織化に向けて，「農業経営間や外部主体による感知と新たな営農条件形成による対応」を促す手段としてとらえた．1990年代初頭の，飼料作外部化のニーズ形成に対し，受託主体の出現にも関わらず受委託が安定して推移しないのは，受委託体制の設計や初期の運営に際して主体間のコントロールメカニズムが十分機能せず，ニーズにそぐわない状況が生じるためではないかと考えられる．

こうした状況を，本章では，次のようなアプローチで分析する．まず，前提として，ニーズを感知し，受委託の実現を進める外部主体を「推進主体」として捉えよう．推進主体とは，「自らのモチベーションのもとで酪農経営や受託主体の行動を促し，受委託展開条件を整えんとする主体」，すなわち，体制構築の核となり，他の主体との関係構築をはからんとする主体である．推進主体は，JA等の地域主体が担う場合もあるし，受託主体がその役割を果たす場合もある．このもとで，推進主体による受委託体制のデザインと，受委託主体の行動との関係を分析する．具体的には，推進主体の属性や推進目的の違いにより1990年代初頭に構築された受委託体制を類型区分し，各類型を代表する事例間で，①推進主体は，どのような検討を行い，いかなる受委託体制をデザインしたか，そのもとで，②受託主体はどのように受託体

制を整え，どの程度の作業を受託したか，またそこではどのような問題が生じていたか，③酪農経営はどのような委託行動をとり，また，委託に伴ってどのような問題が生じたか，さらに，酪農経営は今後の飼料作業体制をどのように考えているかを比較分析する．

(2) 検討事例

分析にあたっては，「推進主体の属性や推進目的の差により，異なる受委託体制がデザインされ，受委託主体それぞれの行動が変化する」との仮説を置く．このため，はじめに，推進主体の属性や推進目的の違いにより事例を類型化し，類型間で受委託状況に違いがみられることを確認しよう．このもとで，検討対象とする事例を選抜する．

1) 受委託事例の類型区分

本章では，1990年代初頭に，飼料作作業の受委託が道内他地方に先行して展開した十勝地方を検討対象とする．十勝地方では，1991年から1993年の間に，飼料作作業受委託を展開した事例が8事例確認される（表3-1）．ここで，推進主体の属性と推進目的に注目すると，事例は次の4類型に区分される（表3-2）．

「a.受託者主導」は，受託主体が推進者となる場合で，受託による利益形成を目的とした「a-1.直接利益」と，受託を機械販売等の促進手段に位置づけて推進する「a-2.間接利益」がみられる．これらはすべて民間企業が受託事業を展開した場合であり，事例数は前者が1事例，後者が4事例と後者が多い．また，後者のうち3事例は農機販売会社によるものである[1]．

「b.地域主導」は，JA等の地域主体が受委託を推進する場合で，酪農経営の労働の長時間化と外部化のニーズ形成に対し，労働負担緩和措置を構築しようとする「b-1.調整目的」と，労働長時間化を増頭の制約条件と捉え，受委託のもとで酪農経営の組織再編と増頭誘導をはからんとする「b-2.構造目的」にわかれる．事例数は前者が2事例，後者が1事例である．

表 3-1　1990 年代前半に形成された飼料作受委託の推進事例（十勝地方）

推進主体 （区　分）	受委託 開始年	推進主体の属性	主たる推進目的	受託主体	備　考
A コントラ （民間・受託主体）	1991	商社，農機販売会社，資材・雑穀会社の共同出資による受託会社	受託による利益，収穫作業受託による農産物調達（畑作経営が主たる対象）	推進主体に同じ	1995 年に出資者再編，その後受託中止
B レンタル （民間・受託主体）	1991	土建機器レンタル会社	機械レンタルに付属したサービス	〃	受託継続
C 農　機 （民間・受託主体）	1991	農機販売会社	機械販売拡大への貢献	〃	受託継続
D 農　機 （民間・受託主体）	1992	農機販売会社	〃	〃	1993 年末で受託中止
E 農　協 （地域主体）	1992	JA	酪農経営の労働緩和，飼料生産コスト低減	JA 下請企業（土木会社）	1994 年末で受託主体が撤退
F 振興会 （地域主体）	1992	酪農家間組織	酪農経営の労働緩和，良質飼料生産	JA 下請企業（運輸会社）	1994 年末で受託主体が撤退
G 農　機 （民間・受託主体）	1993	農機販売会社	機械販売拡大への貢献	推進主体に同じ	1993 年末で受託中止
H 農　協 （地域・受託主体）	1993	JA	酪農経営の構造再編と多頭化誘導	〃	受託継続

出典：飼料作受委託実態調査（1994-96 年）．
注：1）　推進主体の区分は次の通り．「民間・受託主体」は受託主体である民間企業が推進主体の場合，「地域・受託主体」は受託主体である JA が推進主体の場合，「地域主体」は地域主体である JA や農家間組織が推進主体の場合．
　　2）　備考は 1996 年までの状況．

表 3-2　推進主体の属性及び推進目的による事例区分

推進主体の属性による区分	推進目的による区分	該当主体
a. 受託者主導 （受託主体が推進主体）	a-1. 直接利益 （受託による利益形成が主目的）	A コントラ
	a-2. 間接利益 （受託による主部門の利益拡大が主目的）	B レンタル，C 農機，D 農機，G 農機
b. 地域主導 （地域主体が推進主体）	b-1. 調整目的 （酪農経営の労働負担調整が主目的）	E 農協，F 振興会
	b-2. 構造目的 （酪農経営の組織再編と増頭誘導が主目的）	H 農協

出典：飼料作受委託実態調査（1994-96 年）．
注：1）　H 農協は受託事業をも行うが，当初は受託を外部化するとし，地域主体としての推進目的が明確であることから，「地域主導」とした．
　　2）　「推進目的による区分」は，a. 受託者主導と b. 地域主導で基準を異にする．前者はすべて民間企業からなり，推進目的を自らの利益形成におくもとでの，後者は JA や酪農振興会からなり，推進目的を酪農振興への貢献におくもとでの，受託事業の目的と機能局面の違いによる．

表3-3　コーン収穫調製作業の受委託状況

	受託者主導		地域主導	
	a-1. 直接利益	a-2. 間接利益	b-1. 調整目的	b-2. 構造目的
集計事例数	1	4	2	14
受託主体当たり委託酪農経営数（戸）	4	18	24	36
委託1経営当たり委託面積（ha/戸）	3.7	4.8	5.4	7.3

出典：飼料作受委託実態調査（1994-96年）．
注：受委託開始後2年目の値を集計．

次に，すべての事例にみられるコーン収穫調製作業を対象に，受委託の状況を確認すると，①受託主体当たりの委託酪農経営数，及び②委託1経営当たり委託面積について，次の序列がみられる（表3-3）．

a-1 ＜ a-2 ＜ b-1 ＜ b-2

すなわち，b-2では，より多くの酪農経営がより大きな面積を委託し，a-1では委託酪農経営が少なく，1経営当たりの委託面積も小さい．また，表3-1で受委託の継続状況を確認すると，b-2のH農協では受委託が継続されているが，b-1，a-1の1事例，及びa-2の半数の事例で，受託の中止がみられる[2]．

2) 対象事例の選抜

以上のことは，類型間では，推進主体のもとで形成された受委託条件に差があり，異なった受委託行動がとられた可能性を示唆する．そこで本章では，各類型ごとに，委託酪農経営数の最も多い，すなわち，推進主体が酪農経営に対し最も強い影響力を持ったであろう事例を選抜し，類型間比較分析の対象とする．なお，ここでは，畑作経営を主たる委託主体とし，酪農経営からの受託が少ないAコントラのみからなるa-1受託者主導（直接利益）は，分析の目的に合致しないため検討対象から除外する．各類型の代表事例は次の通りである．

a-2. 受託者主導（間接利益）：D 農機
　　b-1. 地域主導（調整目的）：F 振興会
　　b-2. 地域主導（構造目的）：H 農協
　なお，D 農機，F 振興会はすでに受委託を中止し，H 農協は受委託を継続する事例である．また，各事例に関するデータは飼料作受委託を対象にした実態調査（1994-96 年）による．

3. 類型間の比較分析

(1) 推進主体による体制のデザイン
1) 推進主体の属性と推進目的
　以下では，各事例における推進主体の属性と推進目的の関係について，より具体的に検討する．
　各推進主体の属性は以下の通りである（表 3-4）．

① 　D 農機は，酪農経営を顧客とする地場の農機販売会社である．受託事業展開の背景には農機販売の業績低迷がある．ここでの受委託推進は，酪農経営とのやりとりを介した機械更新時期についての情報獲得，および受託専用大型機械のデモンストレーション，これらのもとでの機械販売の競争力強化を目的に行われた．

② 　F 振興会は，P 農協管内の酪農経営間による任意組織で，JA 組合員に占める酪農経営の割合が 2 割に達しないもとで，酪農経営の課題や意向の把握と JA に対する事業提案など，JA の補完的役割を果たす．F 振興会における受委託推進は，酪農経営から，労働の長時間化に対する，飼料作作業委託化の要求が生じたことへの対応であり，受託体制の構築による委託機会の創出・確保を目的とするものである．

③ 　H 農協は，組合員の 4 割を酪農経営が占め，JA 運営にとっても酪農は重要な位置づけにある．酪農経営では，増頭に伴う労働の長時間化が

表3-4 推進主体の属性と推進目的

事 例 類 型	D農機 受託者主導（間接利益）	F振興会 地域主導（調整目的）	H農協 地域主導（構造目的）
推進主体の属性	酪農機械の販売会社．従業員100名弱	P農協管内の酪農経営間で組織する，酪農振興施策の企画実践を担う共同組織(酪農経営数はJA組合員全体のおよそ1/6)	JA（酪農経営は組合員のおよそ4割）
推進の背景	農機販売の業績低迷（農家数の減少，農機の買い控え）酪農経営からの要請	酪農経営の，飼料作委託化の意向形成（地区内で先駆的に受委託を行う酪農経営が出現）	乳価引き下げ，個体販売価格下落による農家経済の悪化と酪農経営の行き詰まり
推進目的	農家の機械更新情報の入手，受託作業時の高性能機械のデモンストレーション効果発揮，これらによる機械の有利な販売	飼料作委託機会の形成(酪農経営の要請への対応)	酪農経営からの飼料作作業の切り離しと，労働や資本の飼養管理への集中による生産強化の誘導

出典：飼料作受委託実態調査（1994-96年）．

問題となっていたが，H農協は，状況の放置はさらなる増頭を妨げ，酪農経営経済の不安定化を引き起こしかねないとする．ここでの受委託の推進目的は，単純な労働負担軽減機会の形成にはなく，飼料作作業全体を酪農経営から外部化し，労働や資本の飼養管理への集中的な投入のもとで，酪農経営の増頭による展開を導くことにあった．

以上のことは，推進主体の属性によって，推進目的は異なることを示している．D農機は利潤を追求する民間企業であり，酪農経営のニーズ形成を，基本的には自らの利益拡大機会，すなわちビジネスチャンスとして位置づける．一方，地域主体であるF振興会，H農協は，それぞれ酪農経営や農業経営振興への貢献を組織目的とし，酪農経営のニーズへの対応自体を受委託の推進目的とする．ただし，F振興会とH農協では，前者はニーズ形成を所与とし，その対応策として受託体制構築を検討したのに対し，後者は構造再編による酪農経営展開の誘導までを体制構築の目的に位置づけたという違いがある．これは，F振興会は，酪農経営を代表する組織として，課題の集約と対応方策の検討を役割としたのに対し，H農協は，酪農経営の不振は

JA自身のリスクとなるとの理解のもとで，酪農経営の展開に向けたより抜本的な解決策の検討を行ったことによる．

2) 受委託開始前の検討状況の相違点

受委託開始前の検討状況には，次の点で違いが見られる（表3-5）．

❶ 関与主体

事例間で，検討への参画主体に違いが見られる．特に，酪農経営の関わり方に差がある．D農機では検討は自社単独でなされ，酪農経営の関与はない．F振興会では，酪農経営でもあるF振興会の役員と，F振興会の事務局であるJA担当者間で検討がなされたが，役員以外の酪農経営の関与はほとんどない．また，受託事業展開を要請されたQ運輸の参画もない[3]．H農協では，受委託の検討委員会が設立され，ここにはJAのほか，酪農経営代表，町や普及センター等の関連機関が参画する．また，検討過程では，繰り返し酪農経営との意見交換の機会が設定されている．

❷ 検討内容

検討内容は，D農機，F振興会では，受託体制の設計が中心となったのに対し，H農協では，酪農経営を含めた受委託体制全体の設計がなされたという違いがある．D農機では，自社において一定の経済性が期待される，少なくとも赤字とならない受託体制が検討された．F振興会では，受託体制の設計と，それを引き受ける受託主体の選定がなされた．D農機，F振興会では，委託ニーズや，委託のもとでの酪農経営の再編については検討されていない．一方，H農協では，委託による酪農経営の構造再編を中心に，そのために必要となる受託体制や受委託コントロールのありかたが検討された．

❸ 酪農経営へのアプローチ

検討段階における，推進主体からの酪農経営へのアプローチにも，事例間で差がみられる．まず，D農機，F振興会では，酪農経営へのアプローチは委託啓発が中心となる．D農機では，受注獲得に向けて営業担当職員による宣伝がなされた．F振興会では，特に中小規模経営に対し，飼料品質向上を

表 3-5 受委託開始前の検討状況

	D 農機 受託者主導（間接利益）	F 振興会 地域主導（調整目的）	H 農協 地域主導（構造目的）
事前検討期間	1991 年（1 年間）	1990-91 年（2 年間）	1990-92 年（3 年間）
検討への参画主体	D 農機単独	F 振興会（役員，及び農協担当者）	農協，酪農経営，関連機関（町，農業委員会，共済組合，普及センター，農業試験場）
検 討 範 囲	赤字にならない受託体制	受託主体の選定（Q 運輸）と受託体制の設計	委託による酪農経営の構造再編のありかた 受託体制とマネジメント体制
準備段階での各主体へのアプローチ状況	受託体制整備 酪農経営への宣伝	中小規模酪農経営への委託啓発（委託面積拡大が目的） Q 運輸の受託体制整備誘導	酪農経営（飼料作全作業）の委託誘導 酪農経営の作業受け入れ体制整備誘導（バンカーサイロの建設誘導等） 酪農経営の委託計画提出要請

出典：飼料作受委託実態調査（1994-96 年）．

目的とした委託が啓発された．これは，地域には，強い委託ニーズを持つとみられる大規模経営が少なく，受託による経済性確保には，大規模経営のみならず，中小規模経営の委託拡大が必要とみられたことに起因する．ここで，D 農機，F 振興会におけるアプローチは，受託主体における受託事業の経済性確保に向けたマーケティング，あるいはその代行といえる．一方，H 農協では，地区別懇談会の開催，委託者会議の開催などを介して，飼料作全作業の委託化と飼養管理専念による多頭化の啓発，及び委託を支える JA の受託事業計画の説明がなされた．これは，H 農協管内では，労働の長時間化と増頭困難化に直面した中規模経営が層として存在したことを背景とするもので，地域主体による，増頭と経営安定化の実現に向けた，酪農経営の行動変革のためのマーケティングといえる．

また，注目される事項として，H 農協では，酪農経営に対し，計画段階において，数年間の委託計画の提出や作業受け入れ体制としてバンカーサイロ建築誘導がなされたことがある．こうしたことは酪農経営の委託への意思決定を促すものであり，委託需要の固定化と表現できよう．上述のような酪農経営の持つ多様な委託ニーズのうち，構造需要へのニーズに限定した委託誘導を，委託需要の標準化と表現すると，H 農協は，酪農経営を，委託需

要の標準化と固定化に向けて導いたといえる．

3) 受委託体制のデザインの相違点

推進主体における受委託体制のデザインについても，事例間で差がみられる（図3-1）．

D農機では，不特定の酪農経営との間で，市場を介した取引がなされるシンプルな体制が想定されている．ここで具体的な設計対象となるのはD農機における受託体制に限定される．

F振興会では，D農機と同様，Q運輸と酪農経営間での，市場を介した取引が想定されている．ここで，Q運輸は，F振興会により設計された受託体制を整え，受託作業を実施する主体である．一般企業の部品取引システム研究の領域において，いわゆる組立メーカーが製品の設計を行い，設計図を部品供給企業にわたして生産を行う方式を貸与図方式と称するが[4]，F振興会とQ運輸の関係は，これに類似するものといえる．ここで，Q運輸は，F振興会の発注した事業の受託主体のごとく位置づけられる．ごとくというのは，F振興会は，特定の事業量を発注するわけではなく，酪農経営の委託をとりまとめて連絡するにとどまり，実際の受委託契約は個々の酪農経営とQ運輸間の相対で交わされるためである．こうしたF振興会の指示に従った受託体制整備と，一方での不確実な委託面積の受容は相応の経済的リスクを派生させるが，Q運輸がこうした条件を承諾したのは，地場企業として，P農協とのパイプの強化を重視したためと推測される．F振興会は，Q運輸の受託事業継続と酪農経営の委託機会確保に向けて啓発活動を行うが，個々の酪農経営の，委託のもとでの経営展開には関与しない．

H農協の場合，受委託体制構築の目的が，酪農経営の多頭化に向けた構造再編におかれているため，より複雑な体制がデザインされる．この中核となるのは，H農協に新設された受委託の担当課であり，当該課は，中規模経営を念頭に，委託による酪農経営の展開モデルを設計し，それに該当する酪農経営の行動を誘導している．ここで，H農協と酪農経営の関係は，H

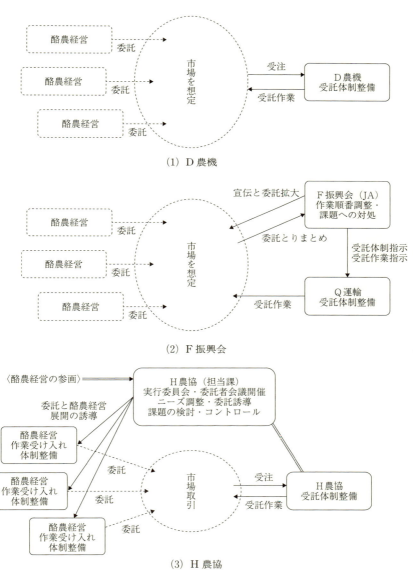

図 3-1　各推進主体における体制のデザイン

出典：飼料作受委託実態調査（1994-96 年）．
注：───▶ は推進主体によるデザインの範囲．┄┄┄▶ は想定される取引先と発生する取引を示す．

農協による設計を酪農経営が受容し，委託を前提とした飼養管理体制や，作業受け入れ体制を整えるという点で，上述の貸与図方式と類似している．同時に，H農協は，想定される需要量に応じて受託体制を整える．ここでは，受託体制の設計も，共通設計に基づく貸与図方式といえる．実際の酪農経営と受託主体であるH農協間の受委託は相対取引の形態をとるが，ここでの取引は，共通設計のもとでの受委託双方の協調行動を前提とするもので，コントロールされた市場取引といえよう．

4) 小括

以上の整理から，推進主体による体制のデザインに関して，次の結論を導くことができる．

① 推進主体が，酪農経営の委託需要形成に直接関与しない，できない場合，体制の設計は受託体制に限定せざるを得ない．ここでは，市場形成のもとでの受託体制の安定化がデザインされる．
② 酪農経営の行き詰まりが推進主体の不振に直結する場合，推進主体では酪農経営の構造再編を目的に受委託展開をはかる動きが生じる．ここでは，推進主体により，委託による酪農経営展開と受託体制構築が同時に設計され，両者の協調行動のもとでの取引関係の形成が導かれる．

(2) 受託状況

1) 受託体制

❶ 労働力保有と労働編成

受託主体の保有するオペレータ数は，事例間で差がある．これは，作業面積の想定に基づいた自走式フォーレージハーベスタ導入台数の違いに起因するもので，D農機（自走式フォーレージハーベスタ1台体制）＜Q運輸（同2台体制）＜H農協（同3台体制）の序列である（表3-6）．オペレータの属性では，D農機は季節雇が中心となるのに対し，Q運輸，H農協では正

表 3-6 受託作業における労働編成

受託主体		D 農機 受託者主導（間接利益） D 農機	F 振興会 地域主導（調整目的） Q 運輸	H 農協 地域主導（構造目的） H 農協
オペレータの構成		季節雇2名 (4/25〜11/25用) 正職員1名（不足時のみ）	正職員4名	嘱託職員8名 季節雇1名
牧草収穫調製作業時の組作業の人員配置	牧草刈り取り （モアコンディショナー）	季節雇2名	正職員1名	オペレータ9人で自走式フォーレージハーベスタ3台体制を編成し、不足を臨時雇用
	収穫調製 （自走式フォーレージハーベスタ）	正職員1名	正職員1名(離農者)	
	運搬 （ダンプトラック）	（畑作経営から2名臨時雇用）	正職員2名(1名は刈り取り終了後運搬に従事)	
	踏圧 （タイヤショベル等）	（委託者）	正職員1名(重機作業経験者)	

出典：飼料作受委託実態調査（1994-96年）．
注：オペレータの属性は次の通り．
　D 農機：季節雇は酪農経営者の兼業及び離農者．正職員は離農者．
　Q 運輸：正職員のうち1名は離農者．
　H 農協：離農者1名，後継者に経営移譲した農業者2名，酪農経営の非後継子弟3名，農機販売会社からの転職1名，新規採用2名．

職員が中心となる[5]．ここでの差は，D 農機では，作業面積確保の不確実性や受託事業の経済性が低いことを想定して人件費の節約をはかったのに対し，Q 運輸，H 農協は，安定した受託作業能力の発揮を目的に，専任者によるチーム体制をとったことによる．例えば牧草サイレージ収穫調製作業では，Q 運輸，H 農協では正職員間で組作業がなされるが，D 農機は，臨時雇用や委託酪農経営を組み入れて組作業が編成される．

❷ 機械

機械の調達状況には差がある（表3-7）．自走式フォーレージハーベスタの台数には，上述のような序列がある．同時に，Q 運輸，H 農協では，飼料収穫調製時の組作業に必要なすべての作業機を保有するが，D 農機では，踏圧に用いるタイヤショベルは委託者の所有機を利用する．ここで，受託体制構築に要した機械施設投資額を確認すると，機械調達台数に応じて増加がみられ，特に H 農協で大きい．機械施設の導入資金は，H 農協では制度的な助成・融資が用いられているが，D 農機，Q 運輸ではより高利の融資に依

表3-7 機械調達状況

		D農機 受託者主導(間接利益)	F振興会 地域主導(調整目的)	H農協 地域主導(構造目的)
受 託 主 体		D農機	Q運輸	H農協
機 種 選 定 主 体		同上	F振興会	同上
機 械 投 資 総 額		不明	101百万円	470百万円
利 用 資 金		民間リース	運輸業界の融資制度，農協融資，民間リース，延べ払い	地域畜産活性化総合対策事業による助成及び制度融資
主要機械台数	自走式フォーレージハーベスタ	1	2	3
	モアコンディショナー	2	1	5
	トラクタ	1	2	7
	ダンプトラック	(2)	2	8
	タイヤショベル	―	(1)	3

出典：飼料作受委託実態調査（1994-96年）．
注：D農機のダンプトラック(2)は，レンタルによること，F振興会のタイヤショベル(1)は既存のものを利用することを示す．H農協の機械投資総額には，保守点検施設及び格納庫建設費等を含む．

与する．ただし，機械調達状況の差は，こうした資金調達力の差ではなく，想定する受託面積や受託の確実性に起因するといえる．特にH農協では，酪農経営の誘導のもとでの安定した需要形成を前提に，確実な作業実施に向けて大規模な体制整備を進めたといえる．

2) 受託作業の状況

作業の実施状況は，受託主体間で差がみられる（表3-8）．

第1に，牧草サイレージ（1番草）収穫調製作業は，D農機，Q運輸では年により受託件数や作業面積が不安定に推移したのに対し，H農協ではいずれも年ごとに増加した．Q運輸の作業面積は年を追って計画値との乖離が拡大するが，H農協の作業面積は計画値と近似して推移する．また，コーンサイレージ収穫調製作業では，各主体とも，作業面積は年を追って増加する．ただし，D農機，Q運輸では受託最終年でも100ha台にとどまるのに対し，H農協では受委託開始3年目で300ha弱まで拡大する．だが，この面積はH農協でも計画値を下回る．D農機，Q運輸で，牧草サイレージ収

表 3-8 受託作業状況 (1992-95 年)

			D 農機		Q 運輸			H 農協		
			1992	1993	1992	1993	1994	1993	1994	1995
牧草サイレージ(1番草)	受託件数	(件)	15	6	19	25	x	20	28	37
	作業面積	(ha)	200	104	165	254	193	401	501	838
	(同上計画値)	(〃)	x	x	174	348	348	269	453	888
	作業能率	(ha/時間)((ha/日))	(8.3)	(9.5)	1.13	1.12	2.05	2.03	2.41	x
	(計画値)	(ha/時間)	x	x	1.75	1.75	1.75	2.28	2.28	2.28
コーンサイレージ	受託件数	(件)	10	15	18	23	x	15	32	36
	作業面積	(ha)	115	135	127	134	172	97	233	281
	(計画値)	(ha)	x	x	137	274	274	104	211	390
	作業能率	(ha/時間)((ha/日))	(5.8)	(5.9)	0.96	1.03	1.06	1.21	1.13	x
	(計画値)	(ha/時間)	x	x	1.40	1.40	1.40	1.40	1.40	1.40
自走式フォーレージハーベスタ台数			1	1	1	2	2	1	2	3

出典：飼料作受委託実態調査 (1994-96 年).
注：x は不明．作業能率の ( ) 内は，1 日当たり処理面積 (ha/日) を表す．

穫調製作業とコーンサイレージ収穫調製作業では，作業面積の推移が異なった傾向を示すことは，前者は，ロールサイレージなど個別経営で対応可能な代替的作業方法があるのに対し，後者では個別経営で対応可能な作業方法が限られ，従前の共同作業体制から委託への転換が不可逆的な動きとして生じたためとみられる．ここでは，牧草サイレージ収穫調製作業の受託件数や作業面積の不安定な推移は，酪農経営の受託作業に対する不信感の現れとみることができる．また，H 農協でも，コーンサイレージ収穫調製の作業面積が増加傾向にあるものの，1995 年時点で計画を下回るのは，既存の共同体制からの転換に時間を要したためとみられる．

　第 2 に，作業能率をみると，牧草サイレージ収穫調製作業，コーンサイレージ収穫調製作業ともに事例間で差があり，表 3-8 で，作業能率を日当たりで示した D 農機でも 1 日 8 時間以上の作業を行うことをあわせみると，D 農機＜Q 運輸＜H 農協の順で高い能率が実現されている．特に，牧草サイレージ収穫調製作業では，Q 運輸と H 農協間で，年次によっては作業能率に倍近い開きがみられる．また，Q 運輸と H 農協において，それぞれの作

業能率の実績値と計画値を対比すると，Q運輸では，干ばつ傾向で牧草収量が減少したことが高い作業能率につながった1994年の牧草サイレージ収穫調製作業以外は，実績値が計画値を下回るのに対し，H農協では，コーンサイレージ収穫調製作業では実績値は計画値を下回るが，牧草サイレージ収穫調製作業は実績値と計画値が近く，ほぼ目標に近い状況が実現されたといえる．

各主体からの聞き取りに基づき，作業面積拡大や作業能率向上の制約要因を確認すると，制約要因は大きく3つに区分される（図3-2）．第1は，「①低い作業能率に起因した作業遅延」である．ここで作業能率を制約するのは，未熟練な臨時雇を交えた労働編成や運搬用ダンプの不足などの「①-1．不十分な作業体制による制約」，及び，同時並行作業ができない単一サイロや，吹き上げ作業が必要なタワーサイロの利用など，酪農経営における「①-2．作業受け入れ体制による制約」の2つである．こうした指摘はD農機に多くみられる．第2は，「②機械の故障による作業中断」である．ここでの原因は，障害物が除去されていない未整備圃場の存在などの「②-1．機械故障要因の存在」，及び，オペレータが機械の故障を発見できない，修理できない，あるいは予備機を持たないなどの，「②-2．故障への対応力の低さ」の2つである．こうした指摘は，D農機，Q運輸でみられる．第3は，「③受委託マネジメントに関わる遅滞要因」であり，ⓐ広域エリアを対象とするもとでの圃場間の移動時間の発生と作業可能面積の制約，ⓑ圃場の中刈り，縁刈り等の部分作業や悪条件にある圃場の受託，あるいは組作業のうち一部の作業に限定した受託など，低い能率が想定される作業の受託，ⓒ専任マネジャーがおらず，作物の生育に合わせた臨機応変な対応がとれないもとでの酪農経営の不信感の増幅と委託中止の発生である．これらもD農機，Q運輸で指摘される．

では，H農協では，なぜこれらの課題が指摘されないのか．

①の作業能率に関しては，ⓐ受託作業における労働力や機械編成をH農協内部で完結させたこと，ⓑバンカーサイロの建築誘導など酪農経営の事前

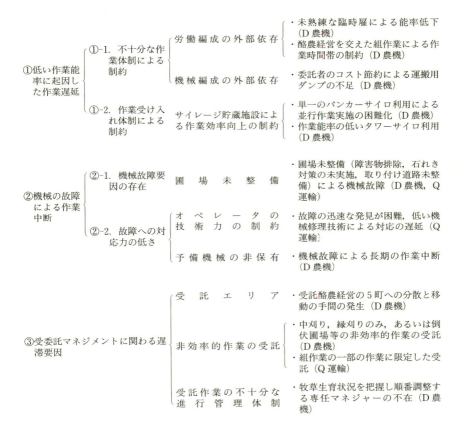

図 3-2　作業面積拡大及び作業能率向上の制約要因

出典：飼料作受委託実態調査（1994-96 年）．

の受け入れ体制整備をはかったこと，②の機械故障による作業中断に対しては，ⓐ従前からＨ農協管内では自走式フォーレージハーベスタの共同作業体制が展開し，自走式フォーレージハーベスタの稼働に適した圃場条件整備が進み，故障が発生しにくい状況にあったこと，ⓑＨ農協は主要機械を複数台保有し作業に余力を有するとともに，修理担当者の確保や受託事業専用の機械整備工場の保有，あるいはオペレータへの技術研修の実施により，故

障への迅速な対応が可能だったこと，③の受委託のマネジメントに関しては，ⓐ受託はJA管内に限定され移動のロスが相対的に少ないこと，ⓑ部分的な作業ではなく，飼料作全作業の全面積委託を誘導したこと，ⓒマネジメント機能を担う職員を配置し，作物生育状況に応じた作業実施を可能としたこと等の対応がとられたことによる．

3）受託事業の経済性と受託主体の行動

受託事業の経済性についてみると，D農機，H農協は各年とも赤字で，Q運輸は黒字である．ただし，Q運輸では，オペレータの労賃を受託従事日数分のみ変動費として計上し，他の日は別部門で負担している．ここで，D農機とQ運輸では，年を追って収益性の低下や資金繰りの悪化が生じ，経済性の改善が見込まれないことが受託事業中止の判断につながった．すなわち，ここでの判断は，単に低い経済性によったのではなく，同時に，酪農経営の委託行動が安定せず，受託事業による経済性改善の方向が見いだされないことによる．

事業開始後の，各主体の経済性向上に向けた対応状況を確認すると，D農機では，オペレータを季節雇用者中心にする，作業対象を特定の町村に限定し，移動のロスを減らす等の費用節約行動がみられる．一方，Q運輸では，受託作業量の拡大に向けてさらに労働力確保や機械導入を進め，自ら近隣JAに対し受委託仲介を要請する，あるいは新聞広告掲載により受注拡大をはかるといった，F振興会に依存しない，独自の受注拡大の取り組みがみられる[6]．これはQ運輸が，すでに一定の労働力確保や機械投資を行っていたことによるもので，いったんは経済性改善に向けて受託事業強化が選択されたものの，結局は酪農経営の安定した委託行動を導けなかったといえる．H農協では，計画に近い作業面積の確保や作業能率を実現したが，受託料金水準を低く設定したため，各年の収支は大幅な赤字となっている．このため，オペレータの雇用計画に遅れが生じたり，当初想定した受託事業のJAからの分離独立の見送りが生じたが，受託体制の整備は順次進められ，受託事業

継続の方向性は堅持されている．これは，一方で酪農経営の委託拡大が進んでいることを背景としたものと理解される．

4) 小括

各事例における受託事業の動向から，次のように一般化することができる．

① 受託体制構築が先行し，市場を介して委託需要確保をはかろうとする場合，安定した受託面積の確保や，作業能率の発揮を導くことは容易ではない．

 ①-1 資本力の小さい地場企業では，委託の不確実性は，受託体制構築に際し投資の節約につながりやすいとみられるが，ここでは，投資の節約度合いと作業遂行能力はトレードオフの関係を形成する．すなわち，投資を節約するほど，作業能率は低下する．

 ①-2 受託主体が推進主体の設計に則して受託体制を構築する場合，受託主体自体の戦略的ビジョンが明確ではない中で，人員配置や機械装備面での過剰投入が生じることがある．事業展開当初の費用負担に受託主体が耐えられなければ，事業撤退に迫られる．

 ①-3 受託側からのマーケティングによる受委託安定化は簡単ではない．受託面積の性急な拡大は，必ずしも高性能機械の稼働に適さない多様な委託需要の出現を伴い，作業能率向上を妨げる．

② 受託体制構築を，委託需要の標準化・固定化のもとで進めることは，受託能力に見合った受託面積確保をより確実にする．また，酪農経営の作業受け入れ体制整備は，受託体制整備と相まって作業能率向上の前提となる．ただし，委託面積の拡大は一気には生じず，当面の赤字を吸収し得る財務力が課題となる．

表 3-9　経産牛頭数規模別委託経営数

		D 農機 受託者主導（間接利益）	F 振興会 地域主導（調整目的）	H 農協 地域主導（構造目的）
委託経営数		20	34	48
（うち酪畑複合経営）		0	23	1
経産牛頭数規模別構成割合（％）	40 頭以下	0.0	35.3	12.5
	41～60 頭	35.0	47.1	47.9
	61～80 頭	15.0	14.7	35.4
	81 頭以上	50.0	2.9	4.2
	全体	100.0	100.0	100.0

出典：飼料作受委託実態調査（1994-96 年）．
注：D 農機は 1992-93 年，F 振興会は 1992-94 年，H 農協は 1993-94 年になんらかの委託を行った経営数．また，各経営の経産牛飼養頭数は，D 農機（X 農協）は 1992 年，F 振興会は 1992 年，H 農協は 1993 年時点．

(3) 委託状況

1) 経産牛頭数規模別の委託経営数

　委託酪農経営数は，D 農機＜F 振興会＜H 農協の順で多い（表3-9）．また，D 農機，H 農協では，そのほとんどが酪農経営なのに対し，F 振興会では委託経営の 3 分の 2 を酪畑複合経営が占めている．また，経産牛頭数規模別では，D 農機では 81 頭以上の大規模経営が 50％ を占め，40 頭以下の小規模層は皆無であるのに対し，F 振興会では 81 頭以上の大規模層は 2.9％ しかなく，60 頭以下層が 82.4％ と多数を占める．H 農協では 41～60 頭層が 47.9％，61～80 頭層が 35.4％ と多い．すなわち，委託を行う酪農経営の属性には事例間で差があるといえる．こうした，酪農経営の委託行動の差をもたらしたのは，推進主体による，酪農経営へのアプローチにあろう．酪農経営へのアプローチが受注にとどまる D 農機では，もともと，強い委託ニーズを持つ大規模経営が委託の中心となる．一方，F 振興会では，中小規模経営に対し，飼料品質向上を目玉に委託を啓発したため，当該規模経営の需要形成がみられる．H 農協では，委託のもとでの多頭化を促進したため，増頭をはかろうとする中規模経営が委託の中心的階層となっている．

表 3-10 委託目的・理由

委託目的・理由		推進主体別割合 (%)			経産牛頭数規模別割合 (%)				全体 (%)
		D農機	F振興会	H農協	40頭以下	41〜60頭	61〜80頭	81頭以上	
継続的・全面積委託	計	60.0	67.6	58.3	61.1	60.9	68.0	53.8	61.8
	飼料生産体制の再編：労働負担軽減・共同作業出役負担軽減	50.0	35.3	35.4	38.9	34.8	40.0	46.2	38.2
	飼料生産体制の再編：共同作業の限界（労働負担限界，適期作業困難）	0.0	0.0	14.6	0.0	4.3	20.0	0.0	6.9
	飼料生産体制の再編：機械投資節約・コスト低減	0.0	2.9	4.2	0.0	4.3	4.0	0.0	2.9
	良質粗飼料確保（適期作業実施，粗飼料のサイレージ化）	10.0	29.4	4.2	22.2	17.4	4.0	7.7	13.7
緊急避難的委託	計	15.0	11.8	16.7	11.1	19.6	8.0	15.4	14.7
	共同作業組織解散，共同作業組織からの脱退	5.0	0.0	14.6	0.0	13.0	0.0	0.0	7.8
	家族のけが	0.0	2.9	0.0	0.0	2.2	0.0	0.0	1.0
	共同作業機械の故障	10.0	8.8	2.1	11.1	4.3	0.0	15.4	5.9
部分的委託	計	10.0	2.9	6.3	0.0	4.3	12.0	7.7	5.9
	共同作業面積調整・共同作業対応困難な圃場の委託	5.0	0.0	6.3	0.0	0.0	12.0	7.7	3.9
	その他（粗飼料不足時の委託，石れきの多い圃場の委託）	5.0	2.9	0.0	0.0	4.3	0.0	0.0	2.0
その他・不明		15.0	17.6	18.8	27.8	15.2	12.0	23.1	17.6
合計		100.0	100.0	100.0	100.0	100.0	100.0	100.0	100.0

出典：飼料作受委託実態調査（1994-96年）．
注：丸め誤差のため，各項目の合計が100%とならない場合がある．

2）委託目的・理由

委託目的・理由については，以下の通りである（表3-10）．

第1に，事例によらず，委託目的・理由は，経産牛頭数規模間で異なる傾向を示す．すなわち，継続的に全面積委託を行うとする経営はいずれの経産牛頭数規模でも6割程度を占めるが，その内容に違いがある．経産牛81頭以上の大規模層では労働負担軽減・共同作業出役負担軽減を目的・理由とする割合が高く，一方，小規模層ほど良質粗飼料確保を目的・理由とする経営

が増える傾向にある．

　第2に，事例間でも，酪農経営の委託目的・理由に傾向差がみられる．各事例ともに，継続的に全面積委託を行うとする経営が6割前後を占める．ただし，D農機では，労働負担軽減・共同作業出役負担軽減を理由・目的とする経営が50.0%を，H農協では，労働負担軽減・共同作業出役負担軽減，共同作業の限界等，飼料生産体制の再編を目的・理由とする経営が54.2%を占めるのに対し，F振興会では，飼料生産体制の再編を目的・理由とする経営は38.2%にとどまり，一方で良質粗飼料の確保を目的・理由とする経営は29.4%を占める．こうした違いは，事例間での，経産牛頭数規模階層別の委託酪農経営の分布の違いによろう．

3) 指摘される問題

　委託に伴う問題として，次の点が指摘できる（表3-11）．

　第1に，最も多いのは，「サイレージの品質の低さ」に関する指摘で，全体の48.6%を占める．このことは，土地利用型酪農にとって，飼料作作業の外部化は単なる作業の代替ではなく，生産された飼料品質の確保が条件となることを意味しよう．

　第2に，「サイレージの品質の低さ」や「不十分な作業体制」に関する指摘は，大規模層ほど高い傾向にあり，大規模経営では，作業を全面的に委託に依存する経営の割合が増えるもとで，他の規模以上に品質への関心が高まるといえる．中規模経営では，「料金や修理費負担」に関する指摘の割合が他の経営規模階層より多いが，これは，中規模経営が飼料作作業の全面的委託を行う場合の費用負担能力が，大規模経営より低いことに起因するものと理解される．一方，「自経営がサイレージ化に不適合」とする割合は小規模経営ほど高いが，これは小規模経営が用いる飼料貯蔵・給与形態が，受委託作業における細切サイレージ形態と適合しにくいことに起因するもので，例えば，サイレージ利用量の少ない小規模経営では，自走式フォーレージハーベスタの作業に適したバンカーサイロの間口は広すぎ，切断面の変敗を引き

表 3-11 委託に伴い指摘される問題

		指摘される問題						問題点を指摘する経営の割合
		不十分な作業体制	サイレージの品質の低さ	料金や修理費負担	自経営がサイレージ化に不適合	事業継承が不確実	合計	
推進主体別指摘割合（％）	D農機	18.2	54.5	27.3	0.0	0.0	100.0	50.0
	F振興会	7.1	42.9	25.0	25.0	0.0	100.0	52.9
	H農協	25.7	51.4	11.4	8.6	2.9	100.0	58.3
経産牛頭数規模別指摘割合（％）	40頭以下	7.1	42.9	14.3	35.7	0.0	100.0	78.6
	41〜60頭	21.2	42.4	21.2	12.1	3.0	100.0	56.4
	61〜80頭	15.8	52.6	26.3	5.3	0.0	100.0	68.0
	81頭以上	25.0	75.0	0.0	0.0	0.0	100.0	54.5
全体（％）		17.6	48.6	18.9	13.5	1.4	100.0	62.9

出典：飼料作受委託実態調査（1994-96年）．
注：1) 推進主体別・経産牛頭数規模別指摘割合は，1経営が複数の指摘をしている場合がある．
　　2) 各項目の主要な指摘事項は次の通り．
　　　「不十分な作業体制」：①機械装備の不足（運搬用ダンプの不足，モアコンディショナーの能力不足）2経営，②技術力の不足（コーンの発芽不良，除草剤の散布残し，サイレージへの異物混入）4経営，③降雨後の作業や大型機械利用による圃場のいたみ・それによる再播種5経営，④オペレータ間の能力格差2経営
　　　「サイレージの品質の低さ」：①作業適期逸脱と品質低下16経営，②刈り取りが早すぎることによるコーンサイレージの高水分化1経営，③降雨によるサイレージの品質低下（高水分化）8経営，④踏圧不足によるサイレージ品質の低下11経営
　　　「料金や修理費負担」：①料金負担が重い10経営，②修理費負担や料金上のトラブル4経営
　　　「自経営がサイレージ化に不適合」：①牛舎形態にサイレージは不適合・労働負担増大2経営，②貯蔵施設がサイレージ化に不適合7経営，③サイレージ化による第四胃変位の増加1経営
　　　「事業継承が不確実」：事業継続への不安1経営
　　3) 丸め誤差のため，各項目の合計が100％とならない場合がある．

起こすなどの問題が生じるなどである．

　第3に，事例別では，D農機では，「サイレージの品質の低さ」や「料金や修理費負担」が主たる指摘であり，H農協では，「サイレージの品質の低さ」や「不十分な作業体制」の指摘が多い．特にH農協で「不十分な作業体制」が指摘されることは，H農協では，酪農経営の関与のもとで受託体制のありかたが決定されるため，作業体制自体が酪農経営の関心となることによろう．一方，F振興会では，「自経営がサイレージ化に不適合」とする指摘が多くあり，これは，F振興会が，中小規模経営に対する委託を誘導したことに起因するものといえる．

表 3-12 受託中止後の酪農経営の飼料作作業体制の意向（D 農機，F 振興会）

		CS 委託		CS 共同		CS 自家	その他	不明・離農	全体
		GS:委託 ①	GS:自家 ②	GS:委託 ③	GS:共同 ④	GS:自家 ⑤	⑥	⑦	
推進主体別割合（%）	D 農機	5.0	15.0	0.0	10.0	35.0	20.0	15.0	100
	F 振興会	2.9	0.0	5.9	64.7	5.9	14.7	5.9	100
経産牛頭数規模別割合（%）	40 頭以下	0.0	0.0	8.3	58.3	16.7	8.3	8.3	100
	41～60 頭	4.3	4.3	4.3	47.8	13.0	17.4	8.7	100
	61～80 頭	12.5	12.5	0.0	50.0	25.0	0.0	0.0	100
	81 頭以上	0.0	9.1	0.0	18.2	18.2	36.4	18.2	100
全体（%）		3.7	5.6	3.7	44.4	16.7	16.7	9.3	100

出典：飼料作受委託実態調査（1994-96 年）．
注：1）「GS」は牧草サイレージ（1 番草），「CS」はコーンサイレージを，また，「委託」は作業委託，「共同」は共同作業，「自家」は自家作業を示す．
2）「その他」は，自家作業と共同作業の併用，あるいは自家作業と委託の併用の場合．
3）丸め誤差のため，各項目の合計が 100％ とならない場合がある．

表 3-13 今後の飼料作作業委託の意向（H 農協，1993，1994 年）

		経産牛頭数規模別経営数	全作業委託・委託拡大とする経営の割合（%）	部分委託とする経営の割合（%）	共同作業中心とする経営の割合（%）	未定・不明な経営の割合（%）	合計（%）
経産牛頭数規模別割合	40 頭以下	6	16.7	33.3	0.0	50.0	100.0
	41～60 頭	23	43.5	8.7	4.3	43.5	100.0
	61～80 頭	17	52.9	23.5	11.8	11.8	100.0
	81 頭以上	2	50.0	0.0	0.0	50.0	100.0
全体		48	43.8	16.7	6.3	33.3	100.0

出典：飼料作受委託実態調査（1994-96 年）．
注：1）1993，1994 年の両年またはいずれかの年に委託を行った経営が対象．
2）「委託拡大」には，料金水準を条件とする経営が含まれる．また「未定」とする経営は，その理由を経営状態がよくないためとする場合が多い．
3）丸め誤差のため，各項目の合計が 100％ とならない場合がある．

4）飼料作作業体制の方向

最後に，酪農経営の指向する，今後の飼料作作業体制を確認する．

第 1 に，受委託を中止した D 農機，F 振興会へ作業委託していた酪農経営の場合，今後飼料作作業を委託するとする酪農経営の割合は低く，D 農機では自家作業（表 3-12 の⑤），もしくは委託と自家作業あるいは共同作業との組み合わせ（同②，⑥）とする割合が，F 振興会では共同作業（同④）と

する割合が高い．これは，受委託が不安定であれば，大規模経営では自家作業とするか，委託を調整的に用いる動きが生じやすく，中小規模経営では共同作業体制が選択されやすいことを意味しよう．

第2に，受委託を継続するH農協への委託酪農経営では，その4割強が「全作業委託・委託拡大」を選択する（表3-13）．ただし，経産牛40頭以下層ではこうした経営は16.7%にとどまり，同時に「部分委託とする経営の割合」が33.3%を占め，頭数規模間で委託行動の指向に異なる傾向がみられる．これは，小規模経営では，労働長時間化に対する労働負担軽減への調整需要が，中・大規模経営では，飼料作業の全面外部化による多頭化推進への構造需要が，委託需要の中心となることによる．あわせて，経産牛40頭以下層と81頭以上層では，半数の経営が委託継続を「未定・不明」とする点にも留意が必要で，推進主体による需要の標準化のもとでも，多様な委託行動がとられていることを示唆する．ただし，一方で，「共同作業中心」，すなわち委託を中止する経営の割合は，いずれの経産牛頭数規模でも少ない．

5）小括

事例検討から，酪農経営の委託行動は次のように一般化されよう．

① 地域主体の誘導により，特定規模階層の，特定の需要に基づく委託行動を導くことができる．ただし，こうした委託需要の標準化のもとでも，実際には，多様な規模階層の酪農経営による，多様な委託需要が出現する．
② 飼養頭数規模の小さい，労働負担軽減への調整需要を持つ酪農経営では，受託作業に伴う細切サイレージ化が自らの飼養管理方式に適合しない場合，飼養管理方式の再編よりも委託中止を選択する傾向が強まる．
③ 構造需要を持つ酪農経営では，飼料作作業委託の方向を決定づけるのは，受託作業のもとでのサイレージ品質である．酪農経営が受託体制の決定に関与することは，サイレージ品質向上への協調行動を促すととも

に，委託に際し，酪農経営の機会主義的行動の回避を導くことにつながるとみられる．

4. 考察：組織的デザイン・イン

(1) 考察の前提

はじめに，考察の前提とする，次の各点を確認しておく．

第1に，ここでの検討対象は，自給飼料を用い，低コストで生乳生産を行う土地利用型酪農である．土地利用型酪農は，基本的に，良質粗飼料確保により産乳効率を高めんとする意向を持つ．このため，作業外部化に際しては，単純な作業代替ではなく，産乳効率を左右する要因として，適期作業によるサイレージの品質確保が重視される．

第2に，前章で整理したように，酪農経営の多くは家族経営であり，ファミリィサイクルのもとで多様な委託ニーズを持つ．

第3に，1990年代初頭の飼料作業外部化は，その多くが受託主体が存在しないもとで，新たな受託機能形成を伴って展開した．新たな受託機能形成に際しては，委託需要が顕在化していないもとでの集中した投資が必要となり，受託主体の経済的リスクは高い状況にあった．

第4に，外部化の際の飼料収穫調製形態は，ほとんどが自走式フォーレージハーベスタによる細切サイレージであるが，受委託市場と同時に細切サイレージの製品市場も十分な展開はなく，受託中止時の代替措置が限られることから，受委託への依存は酪農経営のリスクを伴った．

これらのことは，1990年代初頭には，酪農経営の委託ニーズが形成される一方で，飼料作作業の外部化は，委託側からも受託側からも進展しにくい状況があったことを意味する．

(2) 事例間の差異はなぜ生じたか

本章で分析対象とした事例のうち，D農機とF振興会では受委託は不安

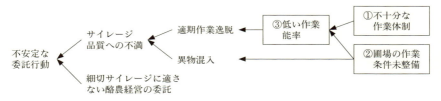

図 3-3　酪農経営の不安定な委託行動の要因

注：D 農機，F 振興会の事例に基づき整理．

定に推移し，最終的には受託は中止された．すなわち，受委託体制の構築に失敗した．一方，H 農協では，酪農経営の委託は年を追って拡大しており，このもとで H 農協は受託事業を継続している．体制構築段階におけるこうした違いはなぜ生じたのだろうか．

　まず，体制構築の失敗は，直接的には，酪農経営の委託行動が不安定に推移するもとで，受託主体は受託事業による経済性確保を見込むことができず，事業からの撤退が生じたことによる．本章の分析に基づけば，酪農経営の委託行動が不安定に推移した要因は，図 3-3 の通りである．

　すなわち，委託行動の不安定化につながった最大の要因は，受託主体における「①不十分な作業体制」と酪農経営における「②圃場の作業条件未整備」，そして，これらのもとで引き起こされた「③低い作業能率」にあろう．③は，受託作業の適期逸脱のリスクを高め，サイレージ品質の悪化を引き起こすことで，酪農経営が受託作業への不満を強める原因となる．ここで，「①不十分な作業体制」は，不確実な受託面積に対し，経済的リスクの軽減に向けて受託体制構築への投資の節約が生じたことによる（D 農機）．また，F 振興会の事例では，受託主体である Q 運輸は，受託体制の設計を F 振興会に依存するが，ここでの設計も，オペレータの技術力向上手段や，機械故障時のバックアップ体制が含まれないなど，必ずしも十分なものではなかった．また，「②圃場の作業条件未整備」は，D 農機や F 振興会が，酪農経営に対し，圃場の作業条件やサイロ整備の組織的取り組みを誘導し得る性格を持たないことに起因しよう[7]．

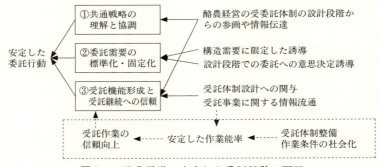

図 3-4 酪農経営の安定した委託行動の要因

注：H農協の事例に基づき整理．

　一方，H農協では，受委託の継続がみられる．この大きな要因として，受委託事業がJAの組織決定のもとで展開され，基本的に受託継続が前提とされたことがある．同時に，事業継続の十分条件として，酪農経営の委託拡大の動きが生じたこともあげられる．年を追った委託戸数・面積の拡大，あるいは酪農経営の一定割合が全作業委託や委託拡大意向を持つ状況は，JAにおける受託継続の根拠となるといえよう．

　では，なぜ，酪農経営間で委託拡大が生じたのか．こうした動きは，図3-4に示すように酪農経営における「①共通戦略の理解と協調」，そのもとでの「②委託需要の標準化・固定化」，及び，「③受託機能形成と受託継続への信頼」のもとで生じたといえる．①は，JAにおける，飼料作の全面委託とそのもとでの多頭化という戦略の，個々の経営における理解と採用であり，具体的には，受委託体制設計への関与のもとで導かれたといえる．②は，委託を単なる軽労化の手段とせず，酪農経営に対し，飼料作の全面委託化とそのもとでの増頭を要請したこと，及び，設計段階から，委託計画の提出や，投資を伴った作業受け入れ体制の整備を誘導し，酪農経営に委託を促したことであり，このもとでの委託行動の不確実性の排除をはかったことである．「③受託機能形成と受託継続への信頼」は，H農協が，自ら受託事業を展開するとともに，想定される受委託規模に応じた大型の受託体制を整備するこ

とで，酪農経営の受託事業継続に対する信頼を導き，委託を前提とした経営行動を促したことである．

ところで，H農協の事例では，D農機やF振興会での委託不安定化の原因となった低い作業能率をいかに回避し得たのだろうか．これに関しては，JAにおける受託体制整備の一方で，個々の酪農経営における，高性能機械での作業に適した圃場の整備，あるいはバンカーサイロ建築などの作業受け入れ体制整備が進み，どこでも同じように作業ができる，いわば「作業条件の社会化」が進展したことを指摘できる．ただし，そのもとでもサイレージ品質を問題視する意見が多いことを鑑みれば，当該事例では，品質確保への信頼が委託行動の安定化を導いたというよりは，共通戦略の理解と受託継続への信頼が，酪農経営の委託依存につながったといえよう．

(3) 組織的デザイン・イン

1) デザイン・インの定義

D農機，F振興会における酪農経営の不安定な委託行動，H農協における安定した委託行動それぞれの要因の比較検討から，飼料作受委託体制の安定化には，体制構築段階において，次のプロセスを経ることが重要なことが示唆される．

I. 推進主体における共通戦略の構築（共通の酪農生産工程の設計）

II. 酪農経営の委託需要の標準化・固定化
　　作業条件の社会化

III. 受託体制の構築

D農機，F振興会では，取り組みは「III. 受託体制の構築」からスタートしたが，ここでは，受託量の不確実性のもとで受託体制構築に際して投資の

節約が生じ,逆に安定した委託行動が導けない,あるいは受託体制への投資に比べ,委託需要が過少となり,経済的に受託主体が不安定化するなどの問題が生じ,受託事業からの撤退が生じる原因となった.ここで,「III.受託体制の構築」からスタートして安定した受委託体制の構築につなげるには,少なくとも体制構築当初の赤字を乗り越えるだけの財務力が必要となろう[8].

ここでの,共通戦略の構築と,酪農経営,受託主体双方の協調行動に基づく受委託体制構築のメカニズム,すなわち,独立した主体間での一定の秩序ある行動のもとでの体制構築のメカニズムは,「デザイン・イン (design-in)」という概念を用いて捉えることができる.

デザイン・インとは,広義には,「発注企業と受注企業の双方の関与による生産工程設計のメカニズム」と定義される[9].ここでは,発注企業と同時に受注企業が生産工程の設計(取引対象となる中間生産物やサービス形態の設計)に直接関わることで,受託側の条件や能力をふまえたより合理的で迅速な設計が可能となるとされる.H農協の事例では,体制構築の設計段階で,酪農経営の委託需要の標準化・固定化や作業条件の社会化が進められるとともに,委託需要に適合した受託体制の構築が進められた.こうした形態は,体制構築段階における,酪農経営と受託主体の相互関与を伴った生産工程の設計と具体化という点で,デザイン・インの一形態として捉えられよう.

ただし,ここでのデザイン・インにおける主体間関係は,一般企業におけるデザイン・インと,次の点で異なっている.すなわち,一般企業におけるデザイン・インでは,発注企業と受注企業は基本的に相対関係にあり,発注企業の工程デザインに受注企業が参画し,受注企業の設計能力を取り込んで設計が行われる.他方,飼料作作業の受委託では,第三者である推進主体の工程デザインに,酪農経営と受託主体が参画する形態をとる.ここでの酪農経営や受託主体の参画は,設計能力の取り込みというよりは,共通戦略のもとでの酪農経営と受託主体の連動した行動の誘導と,それによる双方の展開条件の創出に主眼がある.こうした,推進主体における共通戦略構築への,酪農経営と受託主体の関与と協調行動誘発のメカニズムを,複数の主体の関

与した，組織性を伴ったデザイン・インという意味合いから，ここでは「組織的デザイン・イン」と表現しよう．

2) 組織的デザイン・インの重要性

　飼料作業受委託において組織的デザイン・インが重要となるのは，ここでの受委託が，自生的な市場形成のもとでは展開しにくいことによる．ここで，飼料作受委託体制安定化に向けてⅠ→Ⅱ→Ⅲのプロセスをたどることは，受委託体制構築に際して，受託主体の展開条件を整えることが最も重要なことによる．すなわち，①共通戦略のもとで，②酪農経営が連動した行動をとり，③受託主体の展開条件を創出することである．

　ここで，受託主体の展開条件は，直接には，共通戦略のもとでの，酪農経営における次の取り組みにより準備される（プロセスのⅡ）．第1に，委託需要の標準化や作業条件の社会化であり，このもとで受託主体における，安定した作業能率の実現と適期における受託作業面積拡大の基礎条件が整えられることである．委託需要の標準化や作業条件の社会化が安定した作業能率実現の前提となることは，H農協では，構造需要に焦点を当て，作業の受け入れ体制の整備を進めるもとで，安定した作業能率を実現したのに対し，D農機，Q運輸では，多様な委託需要への対応や，未整備な作業受け入れ体制のもとで作業能率向上が困難だったことにも示される．第2に，委託需要の固定化であり，このもとで酪農経営の機会主義的行動を排除し，事前の受託面積の把握を可能とすることで，受託体制整備への投資条件が整えられることである．H農協では，酪農経営の事前の委託計画提出のもとで，想定される受委託量に適合する受託体制が計画的に整備されたのに対し，D農機では，不確実な受託面積のもとで，受託体制構築への投資が節約され，作業能率向上の困難化の一因となった．

3) 組織的デザイン・インにおける推進主体の役割と条件

　このように，Ⅰ→Ⅱ→Ⅲの安定化のプロセスは，受託主体の展開条件を

整え，酪農経営はこのプロセスを経ることではじめて自らの委託による展開条件を得ることができる．言い換えると，酪農経営は，自らの委託による展開条件を得るために，その前段で受託主体の展開条件を創出するという大胆な行動が求められる．ただし，こうした行動は，継続した委託機会の確保を確約するものではなく，容易に進まないであろう．すなわち，個々の酪農経営にとって，委託に依存した構造需要の採用は，自らの生産工程の変革と経済的リスクを伴うが，ここで，①他の酪農経営が連動した行動をとり，受託主体の展開条件が整うか，あるいは②作業能力を有する受託主体への継続した委託が可能となるかどうかは，判然としない状況にあるといえよう．

こうしたことは，プロセスを進めるためには，推進主体の役割が重要となることを示唆する．ここで推進主体に求められるのは，①標準的な酪農生産工程を策定し共通戦略として提案する企画力を有し，②共通戦略の採用に向けて，酪農経営の組織的な行動を促す，すなわち酪農経営の行動変革に向けたマーケティング力を持ち，同時に③酪農経営に対し，受託機能の継続的確保を保証する，そのためには，おそらくは強い資本力のもとで，自らが受託事業展開をはかったり，受託主体の行動をコントロールし得る力量であろう．

(4)　補：用語としてのデザイン・イン

デザイン・インは，一般企業における部品取引システム理論で用いられる用語であり，広義には「組立企業における製品開発の早い段階から，部品供給企業が参画・協同すること」と捉えられるが，狭義には，「部品の開発・設計を部品供給企業の開発能力に委ねる方式」として，すなわち部品供給企業が主たる設計を担い，組立企業がそれを承認する承認図方式の形態として定義される[10]．しかし，本章では，デザイン・インを，「組立企業の設計図に従った部品生産を，部品供給企業が受注する方式」として，いわゆる貸与図方式の範疇で捉えており，この点で独自の用法ともいえる．飼料作業受委託において，貸与図方式のデザイン・イン，すなわち，推進主体による工程設計と，酪農経営と受託主体のそれへの協調を重視するのは，①委託を取

り入れた酪農経営展開の誘導が，地域運営上からも重要な状況にあったこと，②新たな受託機能形成が課題となるもとで，受託事業の経済性確保に向けて，作業工程の標準化と規模の経済性の発揮を必要としたこと，③個々の酪農経営や受託主体は，共通戦略の構築や他の主体の行動誘導機能を持たないことを理由としよう．なお，本書中で「デザイン・イン」という用語を用いる場合，その意味を「設計（デザイン）への参画・協調」と捉え，推進主体の進める共通戦略への酪農経営や受託主体による関与と協調行動を示すものとする．

5. 結語

本章では，1990年代初頭に現れたコントラクター体制を対象に，構築期における受委託体制安定化の条件を検討し，そのキーとして組織的デザイン・インについて論じた．組織的デザイン・インとは，酪農経営と受託主体の，推進主体における共通戦略形成への関与と協調行動を意味し，このもとで，確実な受委託を実現する組織化空間の形成を導くものといえる．また，本章における検討により，組織的デザイン・インの具体化には，推進主体による一定の手続きが重要なことが示唆される．第1に，酪農経営の委託ニーズを解釈し，委託需要の標準化をはかり，共通戦略を構築すること，第2に，酪農経営における，共通戦略の理解と協調行動を導くこと，第3に，設計段階において酪農経営における委託需要の固定化や作業の社会化を促すこと，第4に，このもとで，一定の能力形成を前提とした受託体制を整えることである．

すなわち，コントラクター体制の構築は，こうした推進主体による，酪農経営と受託主体双方のコントロールのもとで成立するといえよう．

注
1) 農機販売会社は地場の小企業や代理店であり，受託参入の背景には，農業経営

数の減少と機械販売の伸び悩みがあった．
2) a-2 のうち，BレンタルとC農機の2事例ではその後も受委託が継続されている．当該類型で事業継続と中止にわかれる要因は，受託の際の資本装備状況や資本力に関わるとみられる．すなわち，Bレンタルは上場企業であり，受託開始当初の赤字に対応できるだけの資本力を有したことが受託継続の前提となった．また，C農機は，地場の小規模な，自営業として展開した農機販売会社であるが，社長自らが機械のオペレータとなり，受託には保有する中古機械で対応するなど，投資や費用発生を徹底して回避する．これらのもとで，農業経営との相対のもとでも受委託を可能としてきた．一方，D農機，G農機はC農機より広域で展開する機械販売会社であるが，受託体制の整備に伴う投資の回収やランニングコストの負担が課題となり，受託中止に至った．
3) Q運輸は，F振興会の指示に従って受託体制を整備し，受託作業を実施する主体として位置づけられる．
4) 貸与図方式については，例えば，浅沼（1997）などを参照．
5) H農協では当初，受託組織の別会社化を予定したため嘱託職員としての雇用だが，実質的には正職員といえる．
6) F振興会では，Q運輸に対し，受託体制強化ではなく，作業能率向上や作業時間の延長による受託量拡大を要請したとされる．
7) これらは，多くの酪農経営の取り組みのもとではじめて作業能率向上につながる点にも留意がいる．
8) こうした例として，上場企業である，表3-1のBレンタルなどがある．
9) 例えば，「ブリタニカ国際大百科事典小項目事典」（ブリタニカ・オンライン・ジャパン，2014年）では，デザイン・インを「メーカーが自社の取引先の部品メーカーなどと製品開発の段階から共同して連携開発していくこと．開発の詳細が早い段階から把握でき，また共同作業を通じて大きな問題点などは事前に解決できるなどこまやかな対応をとることが可能であるため，製品開発が効率化され生産性が向上するとともに，より機能的な高品質の製品を開発できる」とする．
10) 例えば，『現代経営用語の基礎知識』（学文社，2001年）では，デザイン・インの項目で「デザイン・インはこの承認図方式を具体的に推進する形態」としている．

第4章
コントラクター体制における主体間関係の枠組み(2)
——グループ・ファーミングと資源リンケージシステム——

1. 課題

　北海道では，農業経営の規模拡大に伴って，農作業の外部化が重視されてきた．特に，労働の長時間化が著しい酪農経営では，飼料作作業の外部化が緊急の課題とされる．当初，農作業外部化を取り込んだ酪農経営の展開は，受け手であるコントラクターとの自由な取引のもとで進展すると考えられた．そして，1990年代には民間企業や農協による受託事業の展開がみられたが，農作業受委託に依存した農業経営は必ずしも安定的に展開しない．
　原因として，コントラクターが十分な作業能力の確保と良好なコストパフォーマンスを両立できないことが指摘されてきた．農作業の季節性や不連続性，作業条件の個別性や気象による変動などが投入資源の効率的利用を難しくし，コストを増大させるためである．
　前章では，受委託体制の構築段階では，農業経営の組織的協調による良好な受託作業条件提供，すなわち農業経営による組織的デザイン・インが，コントラクターの投資を促進し，高い作業能力を確保する上で重要なことが示された．これは，受委託展開の必要条件である．
　本章では，さらに進んで，コントラクターが経済的に安定し，長期にわたり作業条件を持続する上で重要なことは何か，考察を試みる．具体的には，飼料作作業の外部化に成功している事例の分析から，コントラクターの収益確保と持続安定化のメカニズムを明らかにし，その骨格となる，農業経営や

コントラクターを含む固定されたグループ内での，労働力や機械の計画的な配置と柔軟な利用のしくみを「資源リンケージシステム」と名付け，その内容を明確にする．

2. Aセンターの事例

(1) 概要

十勝地方F町のAセンターの事例を紹介する．

Aセンターは，資本，管理，機能の面で農業経営に従属している．すなわち，①Aセンターは，農作業の外部化を進める複数の農業経営により出資設立されたコントラクターであり，②その管理運営は，構成経営から互選された役員によりなされ，③Aセンターの役割は，専任オペレータを雇用し，構成経営に対し作業提供することである[1]．Aセンターが農業経営により直接設立されることは，初期のデザイン・インを容易にし，高い作業能力の確保につながっている．

さらに，Aセンターは長期にわたり安定して機能を発揮している．同センターは1972年に，飼料収穫調製及び糞尿処理作業のコントラクターとして設立され，継続してその役割を果たしている．特に，1985年の法人化（有限会社化）以後，一貫して高い収益をあげたことが長期安定化の前提となっている．農協職員に準じて給与が支給され，従業員に安定した雇用条件を提供している．このことは技術水準の維持・向上の前提となっている．また，法人化以後，Aセンターの作業料金は引き下げられ，構成経営の負担は減少している．

以下では，農業経営との関わりに注目しながら，Aセンターの長期にわたる経済的安定の要因について検討を進める．なお，本章で用いるデータは，Aセンターを対象とした実態調査（1995-97年）による．

(2) 展開過程

1) Aセンターの設立

Aセンターは1972年にF町C地区に設立された．設立は，同地区の4つの共同経営，特にB共同を中心に計画された．

B共同は，Aセンター設立を，自らの経営展開の不可欠な手段とした．B共同は1960年に農家4戸により設立され，1972年当時，経産牛120頭を飼養し，一方で畑作物26.5haを作付する酪畑複合経営であった．しかし，経営安定化のため，豊凶変動を伴う畑作を中止し，計画的生産の可能な酪農への専業化と多頭化による展開を検討していた．このため，収穫調製に人手を要し多頭化の制約となる飼料作作業の外部化を，経営展開の重要な手段と考えていた．

2) 設立初期：体制整備・構成経営の増加

設立から1985年の法人化に至る設立初期には，コントラクターとしての体制整備が進められた．この間，①専任オペレータの1名から3名への増員，②作業の中心となる自走式フォーレージハーベスタの1台から2台への増車，③スラリーローリーなどの作業機や施設の拡充が行われた（表4-1）．また，このもとでの作業能率の向上がみられる（表4-2）．

設立初期には，Aセンターの構成経営数は7経営から23経営へ増加した．C地区の農業経営の51%が構成経営となり，特に酪農経営は13経営中12経営が構成経営となった．糞尿や澱粉廃液[2]散布作業の外部化を目的に，養豚経営や畑作経営の参加も進んだ．

構成経営増加の背景には，共同経営による家族経営の積極的誘導がある．共同経営はAセンターの役員の多くを占め，Aセンターの機能拡充に伴う費用増大をカバーするため，家族経営の参加誘導と作業量・収入増大をはかった（図4-1）．高性能機械による作業が安定してなされることが家族経営の誘因となった．また，農協がAセンターをC地区の大型機械センターとして位置づけ，利用を推進したことも参入行動を加速させた[3]．

表 4-1 A センターの推移

年	経過	構成経営数（経営）	従業員数（人）	自走式フォーレージハーベスタ台数（台）	施設整備状況
1972	任意組合として設立	7	(1)	(1)	機械格納庫設置
1973		9	↓	↓	
1974		11	↓	↓	
1975		↓	↓	↓	
1976		16	(2)	↓	
1977		18	↓	2	機械格納庫増設
1978		↓	↓	↓	
1979		23	(3)	↓	機械格納庫増設
1980		↓	↓	↓	燃料備蓄タンク設置
1981		↓	↓	↓	電話設置
1982		↓	↓	↓	
1983		22	↓	↓	水道施設整備
1984		23	↓	↓	
1985	有限会社として登記	↓	3	↓	
1986		↓	↓	↓	
1987		↓	↓	↓	
1988		↓	↓	↓	機械格納庫増設
1989		24	↓	↓	
1990		23	4	↓	
1991		↓	↓	↓	
1992		↓	↓	↓	
1993		24	↓	↓	
1994		22	↓	↓	
1995		↓	↓	↓	
1996		↓	↓	↓	

出典：A センターを対象とした実態調査（1995-97 年）．
注：1) 従業員数の（ ）は，センターを構成する共同経営からの出向者数を示す．
　　2) 自走式フォーレージハーベスタ台数の（ ）は，農協所有機の借用台数を示す．

3) センターの法人化

A センターは 1985 年に法人化された．法人化の直接の目的は従業員の雇用体制の確立にある．法人化以前には，社会保険給付等の就労条件確保のため，専任オペレータは共同経営により雇用され A センターへ出向していた．このような体制は，雇用責任の所在があいまいであり，また専任オペレータの就労意欲を維持するうえでも問題があった．

表4-2 自走式フォーレージハーベスタの作業能率(コーン収穫調製作業)

受託組織		年	圃場作業能率 (ha/時)	自走式フォーレージハーベスタの台数及び規格	
				台数	出力等
A センター		1974-76	0.79	1	不明
		1977-78	0.88	2	不明
		1979-83	1.11	2	262PS(1台不明)
		1984-86	1.19	2	262PS
		1987-94	1.28	2	262PS, 290PS
		1995-96	1.39	2	292PS, 310PS
参考	T 運 輸	1993-94	1.05	2	290PS
	D 農 協	1993-94	1.17	3	360PS
	北海道標準	—	1.18	1	自走4条

出典:Aセンターを対象とした実態調査(1995-97年).
注:1) 圃場作業能率は各年の平均値.
2) 北海道標準は「農業機械導入計画策定の手引き」(北海道農政部,1994年)による.

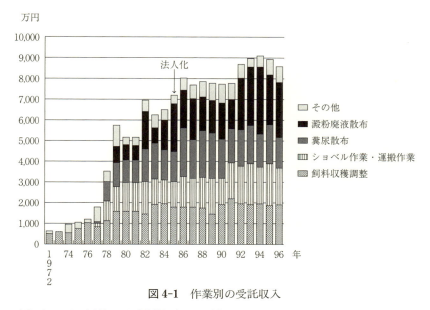

図4-1 作業別の受託収入

出典:Aセンターを対象とした実態調査(1995-97年).

表 4-3 各経営の出資比率（1996 年）

(単位：%)

区分	経営	出資比率 経営単位	出資比率 区分単位
乳牛飼養経営	共同経営 b	23.3	57.7
	c	12.6	
	d	11.3	
	e	10.7	
	家族経営 f	5.5	31.4
	g	3.9	
	h	3.8	
	i	3.5	
	j	3.5	
	k	2.5	
	l	2.4	
	m	2.4	
	n	2.1	
	o	1.7	
乳牛飼養しない経営	p	2.7	10.9
	q	1.5	
	r	1.4	
	s	1.3	
	t	1.3	
	u	1.3	
	v	1.2	
	w	0.3	
合計		100	100

出典：A センターを対象とした実態調査（1995-97 年）．
注：丸め誤差のため，合計が 100% とならない場合がある．

　法人化に伴う重要な変化として，管理体制が明確化された点に注目する必要がある．法人化以前の A センターは，構成経営に対するサービス提供を目的とし，運営は構成経営の総意で行われた（構成経営は平等な議決権を有したと思われる）．しかし，以下にみるように A センターが収益性を高める必要が増大したことを背景に，社長以下の役員による管理組織が形成され，経営機能を担う体制が整えられた．役員は共同経営を中心に担われ，これら共同経営は大口の出資者として総会での 60% 近い議決権を持った（表 4-3）．

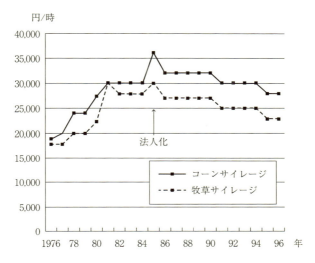

図 4-2　収穫調製作業の作業料金の推移

出典：Aセンターを対象とした実態調査（1995-97 年）．

4) 法人化以後：新たな事業展開と収益改善

法人化は，新たな事業展開による収益改善の転機となっている．

法人化以前，Aセンターの運営費用は毎年増大し，このため作業料金は上昇基調で推移した（図 4-2）．しかし，1980 年代に入ると，生乳生産調整や農産物価格抑制等により営農条件が悪化し，構成経営から作業料金水準の抑制と負担軽減の要求が強まった．

Aセンターでは，法人化と前後して，構成経営以外を対象に澱粉廃液散布作業の拡大を進めた．この澱粉廃液散布作業は，当初，町内の畑作経営を委託者として，Aセンターの収支安定化のため農協から施策的に割り当てられたものである．法人化以後，他の農協などによる要請の増大を背景に，積極的に外部からの受託を拡大した．澱粉廃液散布作業による収入は年々増大し，1995 年には 2,095 万円，全収入の 26.5% に達する．

このもとでAセンターの収支改善が進み，法人化以後，Aセンターは安

表4-4 Aセンターの経営指標

(単位:万円, %, 人)

年	1972	1974	1976	1978	1980	1982	1984	1986	1988	1990	1992	1994	1996
	任意組合として設立							法人化(1985)					
純売上高	667	1,010	1,398	3,057	4,243	6,251	6,305	7,229	7,036	7,174	8,148	8,804	8,408
営業経費	747	1,129	1,313	2,899	4,382	5,966	5,725	6,586	6,832	6,497	7,662	8,419	8,629
営業利益	−80	−119	85	158	−139	285	580	644	204	677	486	384	−220
経常利益	−186	−129	86	8	−415	285	367	634	−23	719	426	382	−322
当期利益	−186	−129	86	8	−415	285	331	623	125	636	785	815	42
自己資本利子	x	x	x	x	x	x	6	19	60	119	130	130	133
企業利潤	x	x	x	x	x	x	325	604	64	516	655	685	−92
総資本額	x	x	x	x	4,291	4,928	4,193	5,275	6,503	5,268	6,001	5,768	6,216
自己資本額	x	x	x	x	x	x	x	388	1,206	2,390	2,591	2,591	2,664
負債額	x	x	x	x	4,937	5,133	4,070	4,887	5,297	2,878	3,410	1,376	3,551
利用配当額	0	0	0	0	0	0	293	200	0	500	397	337	0
付加価値額	173	132	519	1,136	1,436	2,171	2,659	2,935	2,784	3,636	3,773	3,871	3,383
売上高利益率	−12.0	−11.8	6.0	5.2	−3.3	4.6	9.2	8.9	2.9	9.4	6.0	4.4	−2.6
労働生産性	173	132	260	568	479	724	886	978	928	909	943	968	846
資本利益率	x	x	x	x	−9.7	5.8	8.8	12.0	−0.4	13.6	7.1	6.6	−5.2
従業員数	1	2	2	3	3	3	3	4	3	4	4	4	4

出典:Aセンターを対象とした実態調査 (1995-97年).
注:1) xは不明.
   2) 各指標は次により算出.
      営業利益=純売上高−営業経費
      経常利益=営業利益+受入利息+雑収入−支払利息
      当期利益=経常利益+資産処分損益+還付税金+補助金−法人税等充当額
      自己資本利子=自己資本額×0.05
      企業利潤=当期利益−自己資本利子
      付加価値額=営業利益+役員給料手当+従業員等労務費+支払利息+支払地代
      売上高利益率=営業利益÷純売上高
      労働生産性=付加価値額÷従業員数
      資本利益率=経常利益÷総資本額
      自己資本額=資本金+剰余金

定して利潤をあげている (表4-4). 余剰金は, 期末賞与や料金値下げにより従業員及び構成経営に配分され, また一部は新たな投資に向けて意図的に内部留保されている.

　収益改善は, Aセンターと構成酪農経営間の関係安定化の前提になっている. 法人化以前は, Aセンターの収支バランスは, 作業料金値上げによる構成経営の負担増大によって保たれた. 法人化以後, 料金は値下げ基調にあり, 構成経営の負担は軽減されている (前掲図4-2). 1995年において, 構成経営はAセンターの収入の48.3%を負担したにすぎず[4], 残りの

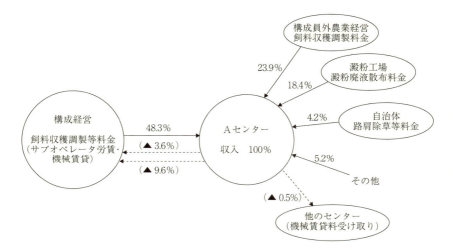

図 4-3 A センターの収入を 100% とした場合の各主体の費用負担状況（1996 年）
出典：A センターを対象とした実態調査（1995-97 年）．
注：──→は各主体による費用負担，----▶は A センターからの労賃・機械賃借料の支払い，▲はマイナス．

51.7% は構成酪農経営以外からの収入によっている（図 4-3）．A センターは事業拡大することにより，構成経営に安定料金で農作業を提供している．

3. 事例分析

A センターは，構成経営に対する農作業提供という役割を堅守しながら，収益改善を実現し，長期にわたりその機能を発揮してきた．成功の要因は，設立初期における農業経営の組織的デザイン・イン，及び法人化のもとでの収益改善にある．

(1) 組織的デザイン・イン

設立初期には，構成経営間で A センター利用のルールが形成されている．①作業方法の統一（例えば飼料収穫調製形態の細切サイレージへの統一），

②圃場の大型化や障害物除去への協力，③圃場取り付け道路の整備，④作業順番決定のルール化[5]等である．

これらは，Aセンター運営の合理的条件の提供であり，構成経営間でAセンターの運営のリスクを部分的に負担する組織的デザイン・インである．

構成経営の組織的デザイン・インは，前述のようにAセンターの作業体制の充実（専任オペレータの確保や自走式フォーレージハーベスタ等の高性能機械装備）と高い作業能率実現に有効であった．しかし，Aセンターの運営を経済的に安定させるには至っていない．設立初期における構成経営の経済的負担の増大は，Aセンターの不安定化の潜在的ベクトルとなる．

(2) 収益改善のメカニズム

Aセンターの収益改善は，次の各要因の関連のもとで生じている．

1) 収益改善の圧力

法人化後のAセンターは，センターの持続的安定を自らの展開上不可欠とする共同経営を中心に設立運営されている．さらに次の点は，センターの収益改善の圧力を高める．

第1に，構成経営による評価である．構成経営は，料金水準によってAセンターを評価する．料金水準の上昇は，不満の増幅と委託縮小を引き起こし，Aセンターの収入の減少と運営の不安定化につながりかねない．このため，Aセンターは，自らの持続的存立のため，収益改善と料金水準の安定化に取り組まなければならない．

第2に，法人化のもとで従業員の雇用主体となったことも，収益改善の圧力を増大させている．Aセンターは，従業員に対し社会的な雇用条件の確保や賃金支払いの責任がある．従業員の継続雇用と賃金水準の上昇は，従業員数の増加と相まって毎年の人件費を増大させている（図4-4）．このため人件費の負担には，毎年の収益拡大が必要となる．さらに，Aセンターは，従業員から評価を受ける．Aセンターの良好な業績と妥当な報酬は，従業

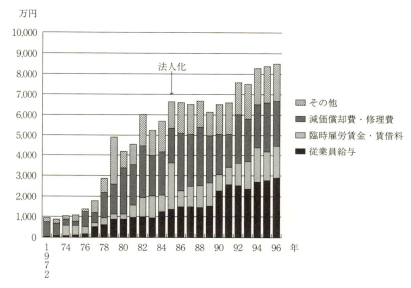

図 4-4　A センターの営業経費

出典：A センターを対象とした実態調査（1995-97 年）．
注：1985 年の臨時雇労賃の増大と減価償却費・修理費の減少は，法人化に際する移行措置に起因した見かけ上の変動である．

員の帰属意識を高める．低い業績や報酬は，就労意欲の低下や離職につながり，技術の蓄積は難しくなる．この点からも，収益改善の必要性は高まる．

2) 企業的性格の獲得

法人化に伴い企業的性格を獲得したことは，収益改善を具体化するうえで重要である．

元来，A センターは，共同組織としての性格を持つ．A センターの設立は，利潤追求ではなく構成経営への作業提供が目的である．A センターは構成経営の総意により運営され，事業内容は固定的で，リスクを伴った事業内容の変更は難しいものであった．

法人化のもとで，役員による管理体制がつくられ，一定の裁量の余地が生

じた．このため，共同経営を中心とする経営陣は，従来の事業内容を拡大し，構成経営外を対象に新たな事業展開を積極的に進めた．こうした意思決定は，構成経営への作業提供という組織目的の堅守，収益改善という目的の妥当性とその良好な成果，役員の，直接的な金銭的見返りを求めない献身的行動，及び潜在的には総会における共同経営の圧倒的議決権のもとで，構成経営から支持されている．

3) 構成経営の労働の柔軟な結合

澱粉廃液散布作業の拡大による収益改善は，構成経営の労働力の柔軟な結合が前提となっている．

Aセンターは，構成経営のうち，共同経営や2世代経営など労働力保有量の多い経営から特定者をサブオペレータとして認定し，必要に応じて雇用する．雇用は事前計画的ではなく，必要時のみ行われる．

このようなサブオペレータのしくみは，収益改善に有効である．

第1に，熟練労働が利用できる．サブオペレータは農業者であり，基本的な農作業の技術を持っている．また，サブオペレータは数年以上継続認定されるので，作業手順や圃場条件などの作業条件の熟知が進む．これらはAセンターの高い作業能率につながっている．第2に，低コストで労働調達できる．サブオペレータの雇用は，時間給で支払われるためである．第3に，サブオペレータの雇用により，作業適期の有無にかかわらず作業量を拡大できる．収益改善を目的とする澱粉廃液散布作業は，秋季の労働ピークをさらに多忙にする．澱粉廃液散布の拡大は，サブオペレータの雇用のもとではじめて可能となる（図4-5）．

4) 構成経営との機械投資の分散

Aセンターが，構成経営と計画的に機械投資を分担することも，投資や費用負担の軽減に結びついている．Aセンターでは，ダンプトラックやヘイレーキなどを必要時に構成経営から賃借する（表4-5）．構成経営は，こ

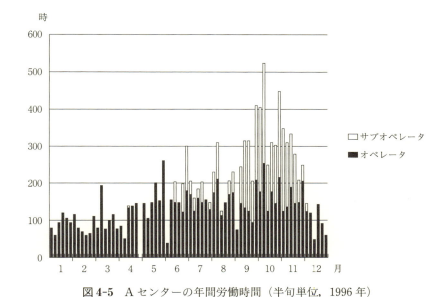

図 4-5　A センターの年間労働時間（半旬単位，1996 年）

出典：A センターを対象とした実態調査（1995-97 年）．
注：オペレータ（A センターの正職員），サブオペレータ（構成経営からの臨時雇用）の年間労働時間はそれぞれ 9,232 時間（71.6%），3,663 時間（28.4%）．

れらの機械を，経営内利用のほか A センターへの賃貸を前提に購入する．

このようなしくみの形成は，次の理由による．

第 1 に，これらの機械は飼料収穫調製時期のみ，自走式フォーレージハーベスタ 1 台に対し複数台必要であり，A センターがすべて保有すれば多大な投資や費用負担となること，第 2 に，これらは主にサブオペレータにより運転されるため，サブオペレータ自身が管理した方が機械の損耗が少なく好都合なこと，第 3 に，それぞれの経営でも利用機会があり，共用により費用負担が軽減されることである．

表 4-5　A センターでの作業に用いたダンプトラックの所有者別利用時間の割合（1996 年）

所有者		年間利用時間の構成割合 (%)
A センター		28.2
共同経営	c 共同	18.4
	b 共同	17.6
	d 共同	4.1
個別経営	g 個別	21.6
	e 個別	7.5
その他		2.7
合計		100

出典：A センターを対象とした実態調査（1995-97 年）．
注：1）　共同経営，個別経営のうち，それぞれ構成割合の大きい経営から記載した．
　　2）　丸め誤差のため，構成割合は 100% にならない．

4.　考察：資源リンケージシステムの形成

(1)　資源リンケージシステム

　A センターの事例におけるコントラクターの収益改善は，農業経営の余剰労働力の提供や機械投資の分担により，自ら保有する労働力や機械のみでは困難な，低い費用負担のもとでの柔軟な事業展開が可能となったことによる．収益改善は，コントラクターの運営の安定化と持続した機能発揮につながっている．このしくみは，農業経営とコントラクター間で，経営の枠を越えた労働力と機械の配置・利用関係をベースとすることから「資源リンケージシステム」としよう．

　資源リンケージシステムは，コントラクター導入の初期段階における組織的デザイン・インの発展形態とみられる．組織的デザイン・インは，作業方法の統一，大型・高性能機械に適した圃場作業条件提供，数年以上の委託約束などによる，コントラクターの投資条件整備と作業能力形成に主眼がある．

資源リンケージシステムは，コントラクターの内部費用増大や，営農条件悪化による農業経営の費用負担能力低下等，内外の経営条件変動に対するコントラクターの恒常性保持と安定料金水準での作業提供を目的とし，コントラクターの内発的発展のための条件整備に主眼がある．本事例でも，コントラクターの企業性の獲得，農業経営の余裕労働力の柔軟な結合，農業経営との機械投資分散と再結合などがみられる．

(2) グループ・ファーミングとしての資源リンケージシステム

資源リンケージシステムは，固定されたメンバーによるグループ・ファーミングの一形態と考えられる．農業経営とコントラクターは，経営の独立性を維持しながら，共通の戦略（グループ戦略）をとることによって，より合理的な経営条件を創出する．ここでは，労働力や機械の直接的統合ではなく，その保有と利用形態が調製される．労働力や機械の配置・利用関係は偶発的ではなく長期的にしくまれ，それぞれが保有・提供する資源・サービスの持続的・安定的な利用のしくみが形成される．グループ戦略をとる目的は，直接的コスト低下よりも，安定した相互依存条件の創出にあろう．構成経営は，グループ運営に対しリスクを負担する．さらに事例では，持続的・継起的な協調行動を通して，グループ内での固有の指向や技能が深化するようにみえる．それらの形成・深化は，相互の関係をより強固に結合するように思われる．

(3) 資源リンケージシステムの形成キー

グループ戦略の形成と共有には，リーダーとなる推進者の役割が重要である．推進者はグループ戦略を構想し，構成経営の秩序立った行動を導く．推進者への信頼感とその強いリーダーシップは，農業経営の新規参入行動や構成経営の協調行動を誘導するうえで重要である．集団的意思決定や農協による支援は，リーダシップ発揮の追い風となる．

事例では，共同経営が推進者として強いリーダーシップを発揮したこと，

特に自らの飼料作作業外部化の必要性を前提に，コントラクター設立や運営に際し多大な資金や労働を負担し，家族経営に負担の少ない条件を提供したことが成功の要因となっている．さらに，コントラクターの地域組織としての位置づけが農協により明確に示されたこと，グループへの参加はコントラクターへの出資が前提となり，コントラクターの運営に対する農業経営の引き込み構造を有したことが，農業経営の協調行動を後押ししている．

　資源リンケージシステムの形成には，時間と段階を経る必要があると思われる．農業経営は，即座には労働力の提供や投資を引き受けないだろう．相互の依存関係が弱い段階では，労働力提供や投資は対価となるメリットを十分享受できないリスクが大きい．資源リンケージシステムは，組織的デザイン・インによる相互依存関係の深化の上で形作られる．

(4) 資源リンケージシステムの示唆するもの

　資源リンケージシステムは，内外の条件変動のもとでの，新しいグループ・ファーミングのありかたを提唱する．ここでは，①資本や資源の直接的統合ではなく合理的営農条件形成を手段とする，②農業経営形態や規模の違い，コントラクターなど，異業種経営の存在などを前提とする，③内外の条件変動に対し，グループ戦略を新たにし，資源の配置・利用関係を変化させ，より高い適応能力を持ち得るなどの特徴がある．特に，内外の条件変動に対するグループ・ファーミングの柔軟性は，これまで必ずしも十分に考察されてこなかった課題である．

　資源リンケージシステムは，実践において，これからの地域システムのひとつの重要な形態と思われる．すなわち，規模，形態，指向が異なる多様な経営の包含，不安定な営農条件への適応能力に加え，①個々の経営の枠を越えた労働力や機械の利用関係の形成による全体の資源利用効率向上，②農作業の季節による制約の緩和と，農業経営やコントラクターの限られた資源のもとでの展開余地の増大が期待される．これらの特質の発現条件を明快にする必要があろう．

5. 結語

　本章では，十勝地方Ｆ町のＡセンターの事例を分析し，資源リンケージシステムのありかたについて論じた．事例では，農業経営の余裕労働力の柔軟な結合や機械投資の分担により，コントラクターは農作業の季節性に関わらず積極的に事業展開している．このことは，農業経営への持続的・安定的な作業提供につながっている．

　資源リンケージシステムは，経営の枠を越えた労働や機械の配置・利用をベースとするグループ・ファーミングの一形態で，条件変動に対し安定した営農条件創出に主眼がある．資源リンケージシステム形成のキーは，推進者による共通戦略の形成と農業経営のデザイン・インの深化である．

　こうした酪農経営のデザイン・インと資源リンケージシステムの形成は，受委託主体間の市場取引のみでは，コントラクター体制は不安定となりやすいことを意味しよう．コントラクター体制の安定化は，コントラクターの展開条件確保に向けた酪農経営間の協調行動が必要となり，ここでは受委託主体間の二重関係形成が進むといえよう．

　資源リンケージシステムに関しては，異質な経営間におけるグループ戦略のマネジメント，グループ内での利益配分の方法，グループに固有な技能や思考様式の伝播と機能形態など，未解明の点が多い．

　事例では，共同経営の強いリーダーシップのもとで，特定地域内で長時間を経て資源リンケージシステムが形成されている．さらに，農協が地域全体に受委託を推進する場合や，農業経営が民間のコントラクターと長期間関係を結ぶ場合に，ゆるやかな資源リンケージシステムがより短期間で形成される事例があるように思われる．そうした事例の分析を，さらに進める必要がある．

注

1) 構成経営外への作業提供は，構成酪農経営への作業に影響しない範囲に制限されている．
2) 澱粉廃液は澱粉精製工程で発生し，原料となる馬鈴薯の出荷経営による引き取りが求められていた．
3) 農協を事務局に，町内農業経営を構成者として農業機械銀行が組織された．農業機械銀行は，Aセンターと構成酪農経営との作業受委託を仲介するほか，Aセンターの経理や事務を代行した．
4) Aセンターの収入のうち13.2%は労賃や機械賃借料として構成経営への支払いにあてられる．これを差し引くと，実質的に35.1%の負担となる．
5) 固定された作業順番を毎年順繰りにスライドさせる方式がとられた．作業順番が機械的に決定されることにより，農業経営は気象変動に対する品質低下や料金変動をやむを得ないと意識しやすく，気象変動へのリスクを構成経営側が負担するための仕組みとなっている．

第5章
営農条件悪化のもとでの主体間関係の変化
―――三者間体制の事例を対象に―――

1. 課題

　本章の目的は，酪農経営や飼料作受託主体を取り巻く条件が変化し，酪農経営の規模拡大と飼料作作業の全面的・継続的委託への意向が強まる一方で，それに見合った受託機能の維持・確保が難しくなる場合，飼料作受委託体制には，自らの安定化に向けてどのような変化が生じるのか，受託主体を取り巻く条件変化も加えた営農条件悪化のもとでの，飼料作受委託体制の安定化に向けて生じる展開の方向を明らかにすることである．

　具体的には，2000年代に展開した三者間体制を素材とし，特に2004年以降の濃厚飼料，燃料，機械等の生産資材価格の上昇・不安定化のもとにおける状況を検討しよう．ここで三者間体制とは，「酪農経営，酪農経営間で組織する機械利用組合，及び民間企業やコントラクターの3主体が連携し，機械利用組合の構成員内外の酪農経営から飼料作作業を受託する体制」である（図5-1）．なお，ここでの民間企業とは，受託作業を主業とせず，受託作業に際し主に労働を提供する民間の主体を意味し，コントラクターとは，労働力や機械を保有し，受託作業を主業とする主体を意味する．また，機械利用組合と民間企業・コントラクターの関係は，実態としては労働提供であったり限定されたサービスの提供である場合も多いが，通常，主体間で受委託契約が結ばれるため，本章では受委託，受託，委託等と表現する．すなわち，三者間体制では，酪農経営と機械利用組合間，機械利用組合と民間企業間で

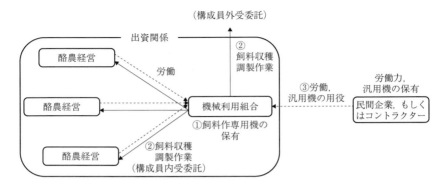

図 5-1 飼料作受委託の三者間体制の基本的枠組み

注：機械利用組合は，①フォーレージハーベスタ等飼料作専用機を保有，②酪農経営から作業を受託，③酪農経営の労働力や，民間企業の労働力及びダンプやタイヤショベルなど汎用機を組み合わせて作業を実施（民間企業が，自らフォーレージハーベスタ等飼料作専用機を保有するコントラクターに代替する場合でも，基本的な枠組みは変わらない）．なお，図中で，──▶ は受託作業を，……▶ は機械利用組合に対する労働または機械用役の提供を示す．

二重の受委託関係がみられる．

　本章では，2004 年以降の三者間体制に注目する．その理由は，営農条件悪化のもとで，飼料作外部化の体制に出現する安定化に向けた展開方向を把握するうえで，当該時期の三者間体制の動向は格好の検討素材となるためである．

　すなわち，第 1 に，三者間体制はもともと，コントラクターが経済的基盤を得にくい草地酪農地帯を中心に展開し，ここでの体制の成立は，労働供給主体である民間企業やコントラクターの，安定性確保のメカニズムを前提とするためである．すなわち，北海道の従前の飼料作外部化は，1990 年代の畑地酪農地帯における，酪農経営とコントラクター間のコントラクター体制として展開する．ここでは，牧草 2，3 番草の収穫やコーン作付など集約的な飼料作がなされ，春から秋にかけての連続した作業受託のもとでのコントラクターの展開を期すものであった．しかし，草地酪農地帯では，より冷涼な気候のもとで，牧草 1 番草収穫調製作業を中心に年間 1〜2 ヶ月程度の受託作業しか見込めないことから，コントラクターの展開は限られていた．一

方,1990年代から2000年代初頭には,乳価や配合飼料などの相対的に良好な価格条件のもとで,草地酪農地帯でも酪農経営の規模拡大が進んだ.ここでは,規模拡大に伴い飼養管理労働が長時間化するもとで,酪農経営の機械利用組合における飼料作共同作業への出役は次第に困難となり,代替して,機械利用組合が,民間企業やコントラクターを交えて作業を担う三者間体制が出現した.こうした三者間体制に依存した酪農経営の展開は,その前提として,民間企業やコントラクターの継続的参画による体制の維持・安定化が必要であり,三者間体制はそのためのメカニズムを内包するといえる.

第2に,時系列的には,2004年以降の生産資材価格の上昇・不安定化や,民間企業の中心である土建業における労働余剰の解消のもとで,三者間体制でも,安定化に向けて,さらなる取り組みが必要となったためである.2004年以降には,濃厚飼料価格の上昇に対し,酪農経営では,牧草サイレージの品質向上による濃厚飼料の給与効率向上を目的に,収穫作業適期の短縮をはかる動きが生じた.一方,民間企業やコントラクターでは,同期間に機械価格や燃料価格の上昇による受託コストの増加が生じ,作業期間を延長して受託量拡大をはかる動きがみられた.また,土建業では,公共事業削減のもとで生じた労働余剰の解消が進み,収益性の低さを理由に受託事業からの撤退の意向も示される.ここでは,酪農経営と,民間企業やコントラクター間での行動の齟齬も懸念され,三者間体制の継続に向けて新たな対応が必要となる状況にあった.

以上のことは,草地酪農地帯にとっては,相対的に不利な条件のもとで,酪農経営が飼料作外部化をはかる手段として三者間体制が形成されたが,2004年以降,営農条件悪化のもとで,構築された三者間体制が不安定化しかねない状況にあることを意味する.しかし,中には,三者間体制のもとでコントラクターが受託拡大を実現し,安価な料金水準で作業を提供する事例がみられる.こうした事例では,体制の安定化に向けて,従来の酪農経営,機械利用組合,民間企業・コントラクター間の関係を変化させている可能性がある.

以上の理解のもとで，本章では，三者間体制の事例分析により以下を明らかにしよう．①営農条件の悪化に対し，受委託体制の安定化に向けた各主体の協調的行動はいかなるメカニズムのもとで導かれるのか．②そこでは，三者間体制の構造はどのように変化し，また，機械利用組合は，どのような性格を持つのか．③そうした安定化への展開が生じるための条件は何か．これをふまえて，営農条件悪化のもとで，飼料作受委託体制の安定化に向けて生じる展開の方向について考察しよう．

2. 検討方法と事例

(1) 検討方法

　本章では，設定した課題に対し，以下のようにアプローチする．
　まず検討事例として，飼料作受委託の三者間体制の中で，不安定化の兆しがうかがえる事例と，受委託が安定して継続されている事例をとりあげる．ここで，前者を，従前の受委託体制を変化させていないという意味で「従来タイプ」，後者を，主体間の関係を変化させている可能性があるという意味で「新たなタイプ」としよう．
　次に，両事例における，酪農経営，機械利用組合，及び民間企業・コントラクター間の関係を比較分析し，体制間でどのような差が見られるのかを検討する．ここで分析対象とする局面は，主体間における①機能分担関係，②資源調達・利用関係，及び③経済的関係であり，さらに④体制のコントロールと機械利用組合の業務，⑤体制における課題についても検討しよう．このもとで，課題として提示した各点，ⓐ体制安定化のメカニズム，ⓑ事例間の構造的差異，ⓒ体制安定化に向けた機械利用組合の機能，及びⓓ従来タイプから新たなタイプへの転換の条件について検討しよう．ここから，営農条件悪化のもとで，飼料作受委託体制に出現する安定化に向けた展開の方向を明らかにする．
　なお，事例調査は根室地方で2010年に実施し，2009年度の実態を分析対

象とした[1]．また，公表に際しての制約から，主要データについても，稿の展開に影響しない範囲で掲載を割愛する場合がある．

(2) 事例の概要

本章では，酪農経営，機械利用組合，及び民間企業もしくはコントラクターの3主体からなる飼料作受委託の三者間体制を，従来タイプのAグループ，新たなタイプのBグループに分けて検討しよう（表5-1）．

両グループ内の個々の酪農経営は，機械利用組合に作業を委託し，機械利用組合では，自ら保有する飼料作専用機と，酪農経営の労働力，及び民間企業の労働力と汎用機を用いて作業を実施する．ただし，受託内容をみると，Aグループでは，牧草収穫調製作業に限定されるのに対し，Bグループでは，牧草以外にもコーン生産や，コーンサイレージの梱包・配送，草地更新など，多様な作業にわたる．また，両グループともに，機械利用組合の構成酪農経営以外による，いわゆる構成員外受託増加のもとで，受託面積は拡大してきている．牧草収穫調製作業の委託料金は，両グループとも地域の標準的水準より低い水準にある．ただし，Aグループでは，燃料価格上昇のもとで受託の収益性は低下しているとされ，参画する民間企業は「採算割れするようであれば三者間体制からの離脱も視野に入れざるを得ない」とする．すなわち，体制不安定化の懸念が生じている．一方Bグループでは，コントラクターは，作業にあたる従業員数の増加や季節雇用者の通年雇用化など，グループのもとで体制の強化をはかり，受託を継続する動きがみられる．

以上から，Aグループは，不安定化の兆しがみられるものの，経済的パフォーマンスからみると従来タイプの中の比較的良好な事例であり，また，Bグループは，不安定な条件のもとでも，酪農経営のより多くの作業の受委託への依存や，コントラクターの体制に依存した展開，そのもとでの受委託拡大がみられる，より安定性を持つ新たなタイプの事例といえよう．

さらに，両グループは次の点で違いがある．①酪農経営は，Aグループでは牧草収穫調製作業の委託を望む多様な規模の経営で構成されるが，Bグ

表5-1 飼料作受委託三者間体制事例の両グループの概要

事　　　　　例		Aグループ (従来タイプ)	Bグループ (新たなタイプ)
設　立　年		2003	1998
酪農経営 の状況	構成酪農経営数	7	4
	構成酪農経営の状況	飼養形態及び経産牛頭数は多様	すべてフリーストール飼養 (経産牛平均182.5頭)
民間企業 の状況	民間企業の属性	土建業が主業	農作業受託が主業
	主な受託作業	牧草収穫調製作業	牧草・コーン収穫調製，コーンサイレージラッピング，草地更新
受委託 の状況	委託動向	組合員外酪農経営から委託面積増加傾向	組合員外酪農経営から委託面積増加傾向
	作業委託料金水準 (指数)	88.1	73.8
	経済的状況	安定(ただし，受託作業の経済性は低下傾向にあり，民間企業では採算を割り込めば三者間体制からの離脱も視野)	安定(民間企業では，従業員の増員や通年雇用化を推進)

出典：機械利用組合調査(2010年)．
注：1)「作業委託料金水準」は，牧草1番草収穫調製作業を対象に，地域の標準的受委託料金に対する指数で表記(ただし，両グループとも当該料金水準を公表しておらず，ここでは聞き取りに基づく推計による)．
　　2) Bグループのコントラクターは草地更新の請負を主業とし，自走式フォーレージハーベスタを保有しない．

ループでは飼料作作業の全面委託を指向するフリーストール経営群で構成される．②民間企業は，Aグループは土建業を主業とし従業員数は100人を超えるが，Bグループは農作業受託を主業とするコントラクターで，従業員数は10人台とより小規模である．こうした違いも，Aグループが従来タイプにとどまり，Bグループが新たなタイプとなり得たことと関わるとみられるが，これについては考察でふれよう．

(3) 補：機械共同利用体制，コントラクター体制と三者間体制

分析に先立って，三者間体制に先行して展開した，自走式フォーレージハーベスタの共同所有・共同作業体制(以下，機械共同利用体制)やコントラクター体制と，三者間体制との関係，及びそれらと比較した三者間体制の特

徴を確認しておく．

まず，機械共同利用体制との関係をみると，三者間体制は，そのすべての事例が機械共同利用体制を母体として展開する．すなわち，1990年代の多頭化に伴い，機械共同利用体制では，酪農経営の共同作業への出役が次第に難しくなるが，ここで，自走式フォーレージハーベスタの継続的な利用に向けて，民間企業やコントラクターの労働やサービスを組み入れて共同作業を行う三者間体制への転換が進んだ[2]．つまり，機械共同利用体制と三者間体制の最大の違いは，労働が，酪農経営間で内給されるか，民間企業やコントラクターにより外給されるかという点にある．

また，機械共同利用体制と対比した三者間体制の特徴として，①機械共同利用体制では，酪農経営の規模拡大のもとで，個々の酪農経営が担う飼養管理と，共同作業による飼料作の間で労働競合が生じるのに対し，三者間体制では外給労働・サービスをとり入れることでこうした労働競合が緩和・解消され，酪農経営は規模拡大への柔軟性を高めること，②機械共同利用体制は，酪農経営と酪農経営間で組織する機械利用組合との，相互に行動の確実性の高い主体間での体制であるのに対し，三者間体制は，独自の利益を追求し，外部の主体との取引をも行う民間企業やコントラクターを組み入れるため，それらが機会主義的行動をとることで体制が不安定化するリスクを有することがあげられる．表現を変えれば，三者間体制の安定化には，民間企業やコントラクターへの誘因付与と行動のコントロールが必要であり，また民間企業やコントラクターは，付与された誘因のもとでメリットを享受し，体制への依存を強めることが可能な主体である必要がある．また，③機械共同利用体制では，委託に伴う酪農経営の費用負担は，出役労賃との相殺により実質的に抑制されるのに対し，三者間体制では，民間企業やコントラクターの労働・サービスに依存するため，いわゆる「手出しが増える」状態が出現する．このため，三者間体制のもとでは，酪農経営では収益の維持・向上に向けて，多頭化の方向が出現しやすいといえる．

次に，コントラクター体制との関係をみると，コントラクター体制は，民

間企業等による受託事業参入のもとで展開したのに対し，三者間体制は，上述のように，コントラクターが形成されにくい地域において，コントラクター体制に代替して展開したといえる．

また，コントラクター体制と三者間体制を比較すると，前者では，受託機能をコントラクターが単独で有したのに対し，後者では，実質的に機械利用組合が持ち，同組合の有する飼料作用機械を用いて，民間企業やコントラクターの労働やサービスを組み合わせて作業を遂行するという特徴がある．表現を変えれば，民間企業やコントラクターは，機械利用組合に労働やサービスを提供する，あるいは，機械利用組合の保有する機械や酪農経営の労働を前提に機械利用組合から作業を下請けする主体である．すなわち，三者間体制は，機械利用組合が，民間企業やコントラクターの参入条件を整え，それらを利用するもとで，受委託の安定化をはかる体制として捉えられる．

3．分析：主体間関係

以下では，飼料作受委託の主体間関係を，根室地方の2事例に即して分析する．この主体間関係として①機能分担関係，②資源調達・利用関係，③経済的関係，さらに④体制のコントロールをめぐる関係があげられる．

(1) 機能分担関係

飼料作受委託の主体間の機能分担関係として，飼料作に関わる機能の保有関係を確認すると，従来タイプのAグループでは，個々の酪農経営が飼料作の管理機能を持つもとで，牧草収穫調製に限定して作業の計画と実施が機械利用組合に外部化されるのに対し，新たなタイプのBグループでは，飼料作全体の管理機能が機械利用組合に外部化・統合化され，そのもとで体制の設計と具体化，および作業の計画と実施がなされるという違いがある（表5-2）．

具体的には，Aグループでは，牧草地の施肥や糞尿散布は個々の酪農経

表 5-2 飼料作に関わる各機能の主たる担い手（牧草生産）

区　分		Aグループ	Bグループ
作業計画管理主体	施　肥	個々の酪農経営	機械利用組合（役員とコントラクター担当者間協議）
	収穫調製	機械利用組合（役員と民間企業担当者間協議）	〃
	草地更新	公社等	〃
	糞尿散布	個々の酪農経営	個々の酪農経営
作業実施主体	施　肥	個々の酪農経営	機械利用組合（役員とコントラクター担当者間協議）
	収穫調製	機械利用組合（民間企業，酪農経営の労働力を利用）	〃
	草地更新	公社等	〃
	糞尿散布	個々の酪農経営	JA等
草地設計主体	草地面積の決定	個々の酪農経営	個々の酪農経営
	更新計画	〃	個々の酪農経営と機械利用組合（役員）の協議

出典：機械利用組合調査（2010年）．
注：網掛けは，機械利用組合が関わる局面．

営，牧草収穫調製作業は機械利用組合というように，作業によって，計画・実施主体が異なる．また，草地更新は，個々の酪農経営の判断により，もっぱら公社等の事業に依存する．一方，Bグループでは，牧草収穫調製のほか，草地更新についても，機械利用組合が計画に関与し作業を実施する．また，コーン栽培の導入も，機械利用組合によって進められている．すなわち，土地利用を含めた飼料作の計画・管理は，実質的に機械利用組合による．Bグループでは，糞尿散布については，個々の酪農経営が作業を行う（機械利用組合以外に委託される場合もある）．これは，当該作業が一時期に集中し，かつ作業能率が低いため，多数の労働力や機械が必要となると同時に，作業時期となる5月上中旬，7月中下旬は，コントラクターは中核業務である更新草地の糞尿散布作業に従事し，余力を持たないことを理由とする．すなわち，糞尿散布を個々の酪農経営が担うのは，受託側の状況にあわせた対応といえる．

また，両グループでは，作業の計画や管理において，機械利用組合役員と同時に民間企業やコントラクター担当者の関与がみられる．これは，三者間体制の構築以降，同じ民間企業やコントラクターが継続して作業を引き受けるもとで，作業手順や方法への習熟が進み，調査時点では，作業の多くを民間企業やコントラクターにまかせられる状況となっていることを背景とする．

　ところで，飼料作管理機能の外部化の程度や，対象とする作業の範囲の違いのもとで，両グループでは，同じ牧草収穫調製作業においても，異なる作業実施基準がとられていることに注目しよう（表5-3）．まず，牧草収穫調製工程の作業構造を確認すると，当該工程は，以下の①～⑥の複数の作業からなる（括弧内は，当該作業に用いる作業機等の労働手段）．

　　①刈り取り（モアコンディショナー）
　　②予乾・集草（テッダー，レーキ）
　　③収穫調製（フォーレージハーベスタ）
　　④運搬（ダンプ）
　　⑤堆積・踏圧（タイヤショベル）
　　⑥シートかけ（裸手作業）

　ここで，Aグループでは，コアとなる作業として，③のフォーレージハーベスタによる収穫調製作業を位置づける．ここでの作業実施基準は，より高い作業能率の発揮にあり，迅速な作業がより好ましいとされる．このため，具体的には，モアコンディショナーの複数台数体制，運搬距離に応じたダンプの台数確保，複数のバンカーサイロへの同時並行貯蔵とそれに応じたタイヤショベルの台数確保，及びそれらに必要となる人員確保等，フォーレージハーベスタの稼働を止めない作業体制が検討される．一方，Bグループでは，コア作業を⑤のタイヤショベルによる堆積・踏圧作業とする．ここでは，適切な踏圧確保に向けて，牧草の交互堆積（繊維質の多い経年草と水分率の高い新播草の交互堆積）や，2回踏圧（収穫当日と翌日の2度の踏圧実施）が行われる[3]．例えば，牧草の交互堆積に際しては，経年草を利用するか，新播草を利用するかは，タイヤショベルのオペレータにより臨機応変に判断さ

表 5-3　牧草収穫調製作業の作業実施基準

	Aグループ	Bグループ
コアとなる作業	収穫作業	踏圧作業
重視する基準	作業能率（作業時間）	サイレージ品質
採用される体制や技術	フォーレージハーベスタを止めない作業体制や人員確保	適切な踏圧確保のための踏圧方法の採用（繊維質の多い牧草と少ない牧草の交互堆積，収穫当日・翌日の2回踏圧など）

出典：機械利用組合調査（2010年）．

れる．ここでは，良質粗飼料確保に向けた技術力が重視される．

　では，こうした違いはなぜ生じたのか．

　この要因を確認すると，まず，Aグループでは，機械利用組合は，牧草収穫調製作業に限定して作業を受託するので，実際問題として当該作業のサイレージ品質への影響を必ずしも明確にできないことがある．実際には，サイレージ品質は，収穫調製後，発酵期間を経てサイロが開封されてはじめて明らかとなる．仮にサイレージが変敗していたとしても，収穫調製作業との因果関係を特定し作業にフィードバックすることは容易ではない．このため，牧草収穫調製作業では，良質サイレージ生産の必要条件として，迅速な作業による原料草の均一な状態の確保を重視せざるを得ない．

　一方，Bグループでは，機械利用組合が飼料作全体の管理機能を担う．ここでは，機械利用組合は，酪農経営により，良質な粗飼料生産を行うよう圧力をかけられる．このため，良質サイレージ生産を最大限可能とする技術の選択が優先される．さらに，この前提として，ⓐ飼料作全体を受託するもとで，機械利用組合が，経年草と新播草の割合をコントロールし得たこと，及びⓑコントラクターに対し影響力を発揮し，技術形成を誘導し得たことがあろう．

(2) 資源調達・利用関係

飼料作に関する生産要素のうち，土地に関しては，両グループともに個々の酪農経営の所有を前提とする．以下では，機械・施設及び労働力の調達・利用関係について整理する．

1) 機械・施設

飼料作主体間での，機械・施設の保有と利用状況は，グループ間で違いが見られる．

まず，Aグループでは，機械利用組合は，もともと自走式フォーレージハーベスタ等，高性能機械導入の際の，補助事業の受け皿としての機能を果たしてきた．受託作業においては，機械利用組合が保有するトラクターや，フォーレージハーベスタなどの牧草専用機と，民間企業が土建業向けに保有するダンプ，タイヤショベル等の汎用機が用いられる（表5-4）．機械利用組合の保有する機械は，民間企業のオペレータにより稼働されるが，ここでの機械利用は，機械利用組合が受託した作業に限定される．すなわち，機械利用の範囲は制限されている．

一方，Bグループでは，機械利用組合は，Aグループ同様，当初は，機械導入の際の補助事業の受け皿であったが，現在では，自己資金や融資を用いて，トラクターやフォーレージハーベスタ等の牧草専用機を調達する．こうした機械は，酪農経営やコントラクターが保有するトラクターやダンプ，タイヤショベル等の汎用機とあわせて機械利用組合の受託作業に用いられるほか，コントラクターが独自に外部から作業を受託する際にも利用される．すなわち，機械利用組合が保有する機械を，コントラクターは自在に利用することができる．さらに，機械利用組合はブルドーザーを保有し，またバンカーサイロを建築し，保有する．これらは，コントラクターや酪農経営の資本不足をカバーするもので，ブルドーザーは，主にコントラクターの草地更新に利用され，また，バンカーサイロは，受託作業の能率向上と良質サイレージ確保を目的に，サイロが不足するも投資が困難な酪農経営にリースされ

表 5-4 飼料作主体間の主要機械・施設の導入・利用主体

区分		Aグループ		Bグループ		備考
		導入主体	利用主体	導入主体	利用主体	
機械	トラクター	機械利用組合	機械利用組合［コントラ・酪農］	機械利用組合 酪農経営 コントラ	機械利用組合［コントラ・酪農］	飼料作に利用するトラクター
	牧草専用機	〃	〃	機械利用組合	〃	フォーレージハーベスタ，モアコンディショナー，ラッピングワゴン等
	汎用機	民間企業	〃	コントラ 機械利用組合	機械利用組合［コントラ・酪農］・コントラ	ダンプ，タイヤショベル，バックホー，ユンボ，ブルドーザー等
	コーン専用機	－	－	機械利用組合（一部JA有）	機械利用組合［コントラ・酪農］	プランタ，パワーハロー，ローラ，スプレーヤ，細断型ロールベーラ等
施設	バンカーサイロ	－	－	機械利用組合	酪農経営	酪農経営が個々に所有する以外のもの
	コーンサイレージ用バンカーサイロ	－	－	〃	機械利用組合	
	コーンサイレージ受け入れ施設	－	－	〃	酪農経営	

出典：機械利用組合調査（2010年）．
注：－は該当なし，「コントラ」はコントラクター．また，「機械利用組合［コントラ・酪農］」は，利用主体は機械利用組合で，オペレータはコントラクター従業員や酪農経営の労働力が担う場合を表す．

る．同様の，機械利用組合による代替投資は，新規作物であるコーン生産の導入に際してもみられる．すなわち，機械利用組合は，コントラクターや酪農経営に代わり，受託作業に用いるコーン専用機の導入や，貯蔵施設であるバンカーサイロの整備を行っている．なお，ここでのコーン栽培の導入は，濃厚飼料価格上昇の影響緩和を目的とした粗飼料構造の高度化と同時に，コントラクターの通年作業確保とそれによる従業員の安定雇用を目的とするもので，機械利用組合が機械や施設を導入・整備するもとで，酪農経営や民間企業は新たな投資をせずに，それぞれの基盤を強化できる状況がつくられている．

2) 労働力

　飼料作受託作業は，両グループともに，2世代経営等労働に余裕のある酪農経営と，民間企業やコントラクターの従業員により担われる．ただし，両グループともに，規模拡大のもとで酪農経営の労働の余裕は縮小しており，また，酪農経営は，朝夕の搾乳時の作業を行いにくいといった労働編成上の理由から，現在では，民間企業やコントラクターによる労働が中心となっている．すなわち機械利用組合における受託作業は，民間企業やコントラクターなど，外部主体への依存を強める方向にある．

　ここで，外部主体における，受託作業への労働力配置を確認すると，グループ間で差異が見られる．

　まず，Aグループの民間企業では，全社的には本業である土建業の必要人数にあわせて従業員確保がなされる．2000年代初頭には，公共事業の削減のもとで労働余剰を抱え，特に6月末～7月中旬は土建業の閑散期にあたるとされ，この期間になされる牧草収穫調製作業は，労働力の遊休化回避策としての性格を有した．ここでは，当該作業の管理担当者以外，作業にあたる従業員は流動的である．言い換えると，従業員の受託作業への習熟は，必ずしも重視されていない．経済面では，民間企業は，飼料作専用機を保有せず労働提供が中心となるため，受託単価は地域の日雇労働の賃金水準に近づかざるを得ず，収益的ではないとする．このため，民間企業は，受託事業をとり入れた就労安定化よりも，従業員削減や季節雇の組み合わせによる労働余剰の解消を優先する方向がとられる．ここでは，将来にわたる受託の継続は，必ずしも明確ではない．すなわち，Aグループでは，飼料収穫調製作業における労働の，民間企業への依存を強めつつも，民間企業は受託後退の方向を持ち，今後の労働力確保は不安定となる恐れがある．

　一方，Bグループでは，コントラクターは，中心業務である草地更新作業の必要人員にあわせて従業員を確保する．ここで，機械利用組合の受託作業の中心となる牧草収穫調製は，草地更新のない閑散期の作業として取り組まれる（表5-5）．この点，すなわち，受託作業を遊休労働の消化手段に位置

表 5-5 コントラクター（Bグループ）の年間作業配置

区分	5月上	5月中	5月下	6月上	6月中	6月下	7月上	7月中	7月下	8月上	8月中	8月下	9月上	9月中	9月下	10月上	10月中	10月下旬以降
コントラクター独自の受託作業	糞尿散布	糞尿散布	糞尿散布	除草剤散布	除草剤散布	除草剤散布	草地更新	草地更新	草地更新	草地更新	草地更新	草地更新	草地更新	草地更新	草地更新			
機械利用組合の作業 当初の作業							牧草収穫	牧草収穫	牧草収穫				牧草収穫	牧草収穫	牧草収穫			
機械利用組合の作業 追加された作業			コーン準備	コーン播種	除草剤散布											コーン収穫	コーンサイレージのラッピング	コーンサイレージのラッピング
参考 酪農経営による圃場作業	糞尿散布	糞尿散布	糞尿散布				糞尿散布	糞尿散布	糞尿散布							糞尿散布	糞尿散布	

出典：機械利用組合調査（2010年）．

づけることは，Aグループの民間企業と同様である．しかし，コントラクターは，草地更新にあたる従業員の安定雇用のためにも，受託作業の拡大による通年就労体制の構築を指向する．機械利用組合は，これに対し，新規作物としてコーンを導入し，その作業をコントラクターに委託したり，冬期間の作業として，バンカーサイロに一次堆積したコーンサイレージのラッピングを委託する等，コントラクターの閑散期における作業委託を意図的にはかる動きをとる．すなわち，Bグループでは，機械利用組合がコントラクターの従業員の安定確保の条件を付与する，一見，利他的行動をとることで，飼料作業における労働力確保の安定化をはかるといえる．

(3) 経済的関係

前掲表5-1に示すように，AB両グループでは，地域の中でも相対的に安価な料金水準のもとで，受委託を継続してきた．すなわち，酪農経営は安価な料金により作業を委託し，民間企業やコントラクターはそのもとで，多少

表5-6 機械利用組合の受託収入

		Aグループ	Bグループ
受託収入 (指数)	牧草収穫調製作業（全体）	100	91
	同上（フォーレージハーベスタ1台当たり）	50	91
	その他作業	0	86
	合計	100	177
(参考)	民間企業・コントラクターへの支払額	73 (73)	144 (81)

出典：機械利用組合調査（2010年）．
注：1) 指数は聞き取りに基づく推計値．推計範囲は受託作業に限定し，補助金等を含めない．またコーン生産は開始後間もないため含めていない．
2) 数値は，Aグループの「牧草収穫調製作業」を100とした指数．
3) （　）は，機械利用組合の受託収入に占める割合．

なりとも経済的メリットを見いだしてきたといえる．さらにBグループでは，機械利用組合は，自ら利益形成し自己資本蓄積をはかってきた．以下では，データ公表上の制約から，牧草収穫調製の受託収入に限定して，経済性についての検討を進める．

　表5-6は，Aグループの機械利用組合における牧草収穫調製の受託収入を100として，両グループの機械利用組合の受託収入の状況を指数で示したものである．

　まず，牧草収穫調製作業の受託収入をみると，Aグループの100に対し，Bグループは91と，Aグループが上回る．ただし，フォーレージハーベスタ1台当たりに換算するとこの関係は逆転し，フォーレージハーベスタ2台を保有するAグループでは1台当たり受託収入は50であるが，同じく1台を保有するBグループでは91と，Bグループが大きい．ここでは，Bグループでは，受託に際しての機械コストはより低いとみられる．また，Bグループの受託収入のほぼ2分の1は構成員外からの受託により，収入の外部への依存が強い．構成員外受託は，作業順番が後回しとなり，作業適期逸脱のリスクを伴うが，ここでの構成員外受託の拡大は，Bグループの受託作業技術が周辺の酪農経営から高く評価され，「収穫適期を多少はずれても委託したい」という希望が集まるためという．すなわち，Bグループの受託拡大は，

第5章　営農条件悪化のもとでの主体間関係の変化　　　　　　　　　161

技術的信頼に基づく作業期間の長期化を前提とする．

　次に，機械利用組合の受託収入合計をみると，牧草収穫調製のみを受託するAグループの100に対し，飼料作に関する一連の作業を受託するBグループでは177と，後者がおよそ1.8倍の水準にある．ここでBグループの牧草収穫調製以外の受託作業の多くは，JAや構成員外酪農経営からの除草剤散布等の受託である[4]．ここでの構成員外受託も，その前提には，地域における作業技術への評価・支持がある．

　以上の点において，Bグループでは，Aグループを上回る経済性が実現しているが，ここでの経済性は，地域における作業技術への信頼形成と，外部からの受託拡大によることを示している．

　ところで，同じ表5-6で，機械利用組合と民間企業・コントラクターとの関係を確認すると，両グループで，機械利用組合の受託収入合計のそれぞれ73％，81％が民間企業やコントラクターに支払われている．ここでは，機械利用組合は，受託収入合計から機械等の諸経費及び管理費を控除後（Bグループでは，さらに一定の利益を計上後），受託収入合計の7～8割を民間企業やコントラクターに支払う．ここで留意がいるのは，両グループともに，民間企業やコントラクターは，機械利用組合からの収入を必ずしも重視していないことである．すなわち，上述のように，民間企業，コントラクターともに，飼料作専用機である自走式フォーレージハーベスタ等を保有せず，受託は実質的には労働提供に近く，収益性は低いとする．このもとで，民間企業やコントラクターでは，少しでも当座の収益を高めようとする動きがとられるが，このスタンスには両者で違いがある．すなわち，Aグループでは，民間企業は，受託作業を介して酪農経営とのつながりを持ち，牛舎増改築や農道整備等の周辺作業の受託を拡大して収益性を高めようとする．ただし，こうした周辺作業による収入も，当該民間企業の全収入の数％程度と大きいものではない．一方，Bグループでは，コントラクターは，技術に対する地域的信頼を活かし，酪農経営や農協から機械利用組合を介さず直接的に作業受託を拡大し，機械利用組合の所有する飼料作専用機をも利用して作業を

担うことで，収益性向上をはかる動きをとる．こうした違いは，土建業者にとっては，受託事業は労働遊休化の回避手段であり，それを成長部門に位置づけるよりも，自らがコアとする土建業につなげる動きをつくろうとし，一方，コントラクターでは，機械利用組合により提供される条件を利用して，成長部門として受託事業の拡大をはかるという，それぞれの主体の持つ展開方向の差といえる．

(4) 体制のコントロールと機械利用組合の業務

　AB両グループ，それぞれの体制がどのようにコントロールされているのか，また，コントロールの中心となる機械利用組合では，具体的にどのような業務が行われているのか，これらの点における両グループの違いを把握しよう．

　まず，酪農経営と機械利用組合の関係をみる．Aグループでは，酪農経営の直接参画のもとで，牧草収穫調製の作業工程の設計や変更，あるいは受委託料金の設定や民間企業との契約金額の検討がなされ，そこでの決定に基づいて，個々の酪農経営や機械利用組合は行動する（表5-7）．ここでは，共通戦略形成とそこへの組織的デザイン・インが基本的なコントロールメカニズムといえる．一方，Bグループでは，飼料作の設計は，機械利用組合の役員により提案され，酪農経営はそれを承認する関係にある．すなわち，Bグループでは，飼料作全体が機械利用組合に外部化されるもとで，その設計も役員に実質的に委任されているといえる．

　次に，機械利用組合と，民間企業やコントラクターとの関わりをみる．まず，Aグループでは，機械利用組合と民間企業の間に，市場を介した関係がみられる．すなわち，機械利用組合では，毎年，構成員内外酪農経営の委託面積のとりまとめをもとに，民間企業と受託単価の交渉を行い，契約を交わす．このもとで，機械利用組合は，民間企業の労働力や機械の保有・利用状況をふまえて作業を実施する．Bグループでも，委託面積に応じた料金単価の交渉と契約がなされる点は同様である．ただし，同時に，Bグループで

表5-7 体制コントロールの手法と機械利用組合の業務状況

		Aグループ	Bグループ
体制コントロール手法	コントロールのメカニズム	共通戦略の形成と組織的デザイン・イン	機械利用組合役員による戦略形成とデザイン・インの誘導
	飼料作管理機能の所在	個々の酪農経営	多くを機械利用組合が統合保有
	コントロールの範囲	牧草収穫調製作業	飼料作全体
	民間企業・コントラクターとの主たる合意形成手段	毎年の，受委託面積と単価についての交渉	閑散期における作業発注，技術形成支援，飼料作機械の代替投資による便宜供与と取り引き継続化
機械利用組合の業務状況	マネジメント担当者	機械利用組合役員	機械利用組合役員
	業務内容	委託需要のとりまとめ，作業順番調整，受託作業の編成と進行管理，民間企業との交渉	土地利用計画立案，作業計画立案，受託作業の編成と進行管理，コントラクターとの交渉，外部受託の対応，機械・施設の導入・更新計画立案と実行
	（参考）機械利用組合の経済性確保手段	酪農経営との包括的経済性	自己資本蓄積を前提とした自らの利益形成

出典：機械利用組合調査（2010年）．

は，機械利用組合の役員が，日常的な情報交換を介してコントラクターが抱える課題を把握し，その緩和・解消をも勘案して飼料作を設計し，コントラクターの安定性を高める方向で空間条件を創出する動きがとられる．具体的には，コントラクターの閑散期における受託機会提供，あるいは機械利用組合による機械の投資代替と利用機会の提供である．つまり，Bグループにおける機械利用組合とコントラクターの関係は，市場取引とその前提となるコントラクターの安定化に向けた空間条件提供の二重関係を有するといえる[5]．

次に，両グループにおける，機械利用組合の業務について確認する．両グループともに，機械利用組合のマネジメントは，酪農経営間で選出された役員によってなされるが，業務内容には違いが見られる．まず，Aグループでは，役員は，酪農経営からの委託とりまとめ，作業順番調整，作業の際の労働・機械の編成や作業進行管理，あるいは民間企業との交渉を主たる業務とする．すなわち，当該年における牧草収穫調製作業工程の計画と実行管理が中心となる．一方，Bグループでは，飼料作工程全体の設計とその実現が，

役員によりなされる．具体的には，牧草とコーンの作付面積の決定，草地更新などを含めた土地利用計画立案，機械・施設の導入・更新計画立案と実行，コントラクターの展開条件整備等がなされ，さらにそのもとで，当該年の作業計画，作業の際の労働・機械の編成や作業進行管理が行われる．

あわせて，両グループでは，機械利用組合の経済性確保の基盤にも違いがあることを確認しておく．まず，Aグループでは，機械利用組合自らによる経済性確保は，明示的にはなされない．すなわち，Aグループでは，機械利用組合の，毎年の運営経費を酪農経営が委託面積に応じて負担する包括的経済性がとられ，機械利用組合は，自らの経済性維持向上の責務を負わない．ここでは，例えば機械利用組合の年間経費が想定を上回れば酪農経営が事後的に負担し，想定を下回れば実質的な料金割戻しがなされることで，機械利用組合の経済的バランスが維持される．一方，Bグループでは，長期にわたる体制の維持安定化を目的に，機械利用組合では，機械の自力更新に向けて自己資本蓄積を行う．このため，機械利用組合では，一定の経済性確保に向けた，構成員外受託確保等による収入拡大の対応がみられる．

(5) 体制における課題

最後に，AB両グループにおいて，各構成主体が指摘する課題について整理する（表5-8）．

まず，Aグループでは，それぞれの主体において，営農条件の悪化のもとでの経済的課題が指摘される．a-1.酪農経営にとっての，配合飼料や生産資材価格の上昇と委託費用負担能力の低下や，それによる委託縮小，a-2.機械利用組合にとっての，自走式フォーレージハーベスタ等輸入機械の高額化と導入困難化，a-3.民間企業にとっての，燃料等のコストアップによる受託の経済性の低下と採算割れの懸念である．また，a-4.民間企業は，労働余剰解消による受託中止をも視野に入れる．こうしたことは，Aグループは，営農条件悪化のもとで，受委託に関して各主体の経済性が悪化する状況にあり，特に，一部の酪農経営や民間企業では，受委託の縮小や体制から

表5-8 各主体で指摘される課題

		Aグループ	Bグループ
酪農経営の経済面		a-1. 配合飼料や生産資材価格の上昇と委託費用負担能力の低下や委託縮小	b-1. 委託費用負担が重い（委託継続を前提に，増頭による対応を指向）
機械利用組合の経済面		a-2. 自走式フォーレージハーベスタ等輸入機械の高額化による導入困難化	b-2. 受託コストの増加と資本蓄積の困難化
民間企業・コントラクター	経済面	a-3. 燃料等のコストアップによる受託の経済性の低下と採算割れの懸念	b-3. 外部からの受託量の変動と経済性の不安定化
	従業員確保	a-4. 労働余剰解消による受託中止	b-4. 若手の従業員確保と技術力の継承困難化

出典：機械利用組合調査（2010年）．

の離脱をも視野に入れていることが示される．

　Bグループでも，Aグループ同様，営農条件変動に伴う経済的課題の指摘が見られる．すなわち，b-1.酪農経営にとっての委託費用負担の増大，b-2.機械利用組合にとっての受託コストの増加と資本蓄積の困難化，b-3.コントラクターにとっての外部からの受託量の変動と経済性の不安定化の指摘である．b-3は，具体的には，肥料，燃料価格の上昇のもとで，構成員ではない酪農経営の草地更新面積が縮小することによる．ただし，構成員である酪農経営は，経済的負担増大を指摘するものの，委託縮小や中止の意向は見られない．これは，Bグループでは，酪農経営は，飼料作の外部化を前提に飼養管理体制を組み立てていることに起因し，費用負担の増大に対して，増頭による対応の指向が見られる．また，b-4.コントラクターにおいては若手の従業員確保と技術力継承の困難化が指摘される．具体的には，受託作業では，休日が予定通りとれない，早朝深夜勤務も起こるなどの不規則な勤務となりやすく，若手従業員が居着かない状況にあるという．ただし，このことは，ただちに受託からの退出行動を意味するものではなく，就労体制の見直しなどの新たな条件形成を促すものと捉えられている．若手従業員の確保ができなければ，コントラクター自体の存続が難しくなるためである．こ

のように，Bグループでは，営農条件悪化に伴う課題の表面化が，体制の不安定化を引き起こすのではなく，酪農経営，コントラクターともに，安定化に向けた再編の動きが出現する状況にあるといえる．

4. 検討と考察

(1) 体制安定化の要因

　異なる主体間で構成される体制の安定性を，静態的には「各主体の三者間体制への機能依存の程度」，動態的には「各主体の展開に際しての機能依存拡縮の方向」として把握し，両点の相乗効果を念頭に評価することができよう．事例では，静態的・動態的両面で，BグループがAグループよりポジティブで，安定性が高いといえる．すなわち，Bグループでは，酪農経営やコントラクターは，Aグループ以上に多くの機能を機械利用組合に依存し，またAグループでは一部の酪農経営や民間企業は三者間体制からの離脱を視野に入れるのに対し，Bグループでは，酪農経営，コントラクターともに，三者間体制に依存した展開が見られる．

　では，Bグループでは，酪農経営やコントラクターは，なぜ三者間体制への依存を強めるのか．ここでは，体制依存の必要条件として各主体における「体制依存の誘因形成」を，十分条件として「体制のもとでの経済性確保」を想定できよう．すなわち，Bグループでは，不安定な営農条件下でも，酪農経営やコントラクターにおいて体制依存の誘因が存在し，そのもとで一定の経済性が確保されたことが，体制の安定化につながったと理解できる．本章の分析では，このうち，各主体の経済性確保については必ずしも明示的ではない．しかし，①機械利用組合が自己資本蓄積をはかる状況（すなわち，偏った料金設定に依拠した自己資本蓄積は，酪農経営やコントラクターから許容されないであろう），②地域の中で相対的に安価な作業料金水準，③各主体が経済的課題を必ずしも喫緊の課題としない状況，④逆説的ではあるが，酪農経営やコントラクターの体制に依存する動向から，間接的に示されよう．

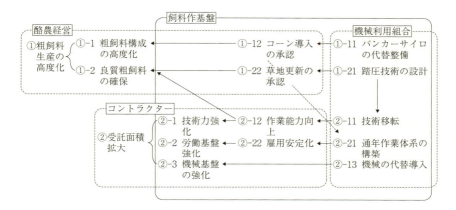

図 5-2 飼料作三者間体制依存誘因形成のメカニズム（Bグループ）

注：①，②は各主体の体制依存の誘因を，①-1，①-2 及び②-1〜②-3 は直接的な誘因規定要因を，また，①-11 等はさらに誘因規定要因の発現要因を示す．

　では，酪農経営やコントラクターにおける体制依存の誘因とは何か．

　まず，酪農経営は，もともと飼料作外部化の指向を持つ．同時に，Bグループでは，酪農経営の誘因として，①粗飼料生産の高度化が見いだされる．すなわち，濃厚飼料の価格上昇のもとで，酪農経営は，経済性の維持確保に向けて，濃厚飼料給与量の削減や濃厚飼料単位当たりの産乳効率の向上，いわゆる飼料効果向上を重視するが，粗飼料生産の高度化は，この手段となるためである．ここで，粗飼料生産の高度化は，①-1（コーン栽培の導入による）粗飼料構成の高度化と，①-2（草地更新率の確保と適切な踏圧確保による）良質粗飼料の確保によりもたらされている．

　一方，コントラクターがグループに依存する誘因として，Bグループ内外からの，②受託面積の拡大を見いだせる．すなわち，燃料をはじめとした受託コストの増加や草地更新の減少のもとで，受託面積の拡大は，コントラクターの収益性維持・確保の手段となる．ここで，受託面積の拡大を可能とした直接の要因は，②-1 技術力強化，②-2 労働基盤強化，②-3 機械基盤の強化による，受託力の強化である．

ところで，図5-2において，酪農経営，コントラクター双方の誘因，及び誘因形成の直接的な規定要因が，さらにいかなるメカニズムのもとで形成されたのかを確認すると，これらはすべて，機械利用組合における一元的な飼料作の設計と，代替投資や技術高度化を手段とした，土地所有者である酪農経営へのコーン栽培の導入や草地更新などの作物編成誘導と，作業を担うコントラクターの受託力強化誘導によっていることがわかる．ここでは，機械利用組合が設計・管理機能を持つもとで，三者間での連動した飼料作基盤が形成されたといえる．

以上を，次のように整理することができよう．

I. 体制の安定化は，機械利用組合への飼料作の設計及び管理機能の統合化を前提とする．ここでの機械利用組合の機能は，もはや，大型機械の保有と特定作業の実施にとどまらず，酪農経営，コントラクターの展開条件を組み入れた営農条件を創出し，主体間の連動のもとで飼料作基盤の母体，すなわち組織化空間を形成することにある．

(2) 構造的差異

では，Bグループでは，機械利用組合への飼料作の統合・再編のもとで，実際にどのような主体間関係が形成されているのだろうか．ここでは，Bグループにみられる構造上の特徴について，Aグループとの比較のもとで検討する．

まず，Aグループの構造を確認すると，Aグループの体制の中核は，酪農経営と機械利用組合間の「固定的関係」にある（図5-3）．ここでの固定的関係とは，「主体間における機能的関係が変化しない，他の主体には容易に代替しない関係」である．ここでは，①酪農経営は，機械利用組合に牧草収穫調製作業を全面的・継続的に委託（依存）する，②酪農経営は，実質的に外部の粗飼料市場や受委託市場へのアクセス権を持たない，③機械利用組合における外部の受委託市場へのアクセス権は，余力のある場合に制限され

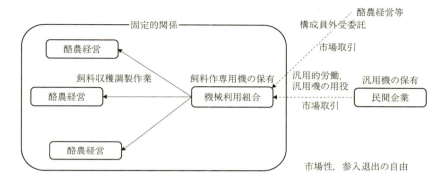

図 5-3　A グループにおける主体間の関係

注：◀━━は他の主体への代替性が乏しく，◀----は代替性を有することを示す．他に，酪農経営から機械利用組合への労働提供があるが，図中では省略した．

る等がみられる．すなわち，酪農経営と機械利用組合は，明確な機能分担関係のもとで，全面的な相互依存関係を形成する．一方で，機械利用組合は，自ら保有する飼料作専用機，酪農経営の労働力，及び民間企業の労働力やタイヤショベル等の汎用機を組み合わせて，牧草収穫調製作業を担う．ここで，民間企業である土建業者は，受託作業を，公共事業削減に伴う雇用調整過程での，余剰労働の消化機会と捉えている．よって，ⓐ受託作業のための新たな雇用や機械投資はなされず，ⓑ受託作業における技術蓄積は重視されず，従事する労働力は流動的となり，ⓒ受託事業の収益性が低いと事業継続が不透明となる．ここで民間企業による労働や機械用役は，他からも調達し得るという意味で汎用的性格を持つ．すなわち，機械利用組合と民間企業は，実質的に，市場を介して労働や機械用役を取引する関係といえる．実際に，A グループでは，機械利用組合は特定の土建業者との関係を継続してきたが，ここでの継続的取引は，当該企業との間に蓄積された関係性資源（relational resources）に依拠するというよりは，牧草収穫調製時期に限定した取引先の確保の難しさという，市場の狭小性に起因した，双方の探索コストの節約行動によるものといえる．A グループが抱える最大の不安定性と

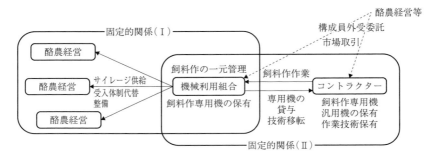

図5-4 Bグループにおける主体間の関係

注：──▶は他の主体への代替性に乏しく，……▶は代替性が高いことを示す．他に，酪農経営から機械利用組合への労働提供があるが，図中では省略した．

は，こうした機械利用組合と民間企業間との取引継続に関わるものといえる．

次に，Bグループの構造（図5-4）を，Aグループとの対比のもとで捉える．まず，酪農経営と機械利用組合の関係は，Aグループ同様固定的関係にある．ただし，酪農経営が機械利用組合に委託（依存）する範囲は，Aグループの飼料収穫調製作業から，Bグループでは飼料作全体へと広がる．ここでは，酪農経営は機械利用組合に粗飼料生産を全面的に依存し，両者の関係は，Aグループより強固といえる．また，機械利用組合とコントラクターとの関係は，Aグループと異なり固定的関係にある．ここでの固定性は，①通年作業受託，フォーレージハーベスタやブルドーザーの利用，あるいは技術向上など，Bグループに参画することでその機会が与えられ他では得ることができない，コントラクターにとって差別的で有利な空間条件の確保，及び，②そのもとでの，代替には時間と負担を要するため，他のコントラクターではただちに代替困難な技術形成，すなわち関係性資源の蓄積による．機械利用組合にとっては①は他のコントラクターでも代替し得るが，コントラクターがそこにしがみつく，いわば固着（grasp）条件であろう．②は，コントラクターは当該技術を外部でも一定程度活用できるが[6]，機械利用組合は他のコントラクターから当該技術を得にくい点で，機械利用組合

のコントラクターに対する固着条件といえる．

以上から，Bグループの構造的特徴を次のように示すことができる．

II. 体制の安定化は，飼料作の統合と同時に，機械利用組合とコントラクター間の関係の固定化と，両者一体となった受託機能形成を伴う．ここで，両者間の関係の固定化は，コントラクターでは，機械利用組合が提供する条件にフリーライドして自らの受託基盤を拡大・強化する動きが生じ，同時に機械利用組合では，コントラクターの用いる技術がより関係特殊的（relational specific）となることで，当該コントラクターへの取引継続の動きが生じることによる[7]．

このように，I，IIは，Bグループにおける体制の安定化は，機械利用組合への飼料作の統合と，コントラクターの体制への内部化のもとで導かれたことを示唆する．

ただし，同時に，こうした体制は，次の弱点を有するとみられる．第1に，飼料作の統合とは，酪農経営からの飼料作全体の外部化を意味する．ここでは，飼料作労働の多くは，酪農経営の内給からコントラクターによる外給に転じ，費用負担を増大させる．言い換えると，体制の安定化は，酪農経営の規模拡大と費用負担能力向上に向けた展開を促す．第2に，体制は単一のコントラクターに依存するが，コントラクターは体制に完全に統合されたわけではなく，あくまで独自の利益を追求する主体として存在する．ここでは，酪農経営と機械利用組合間の固定的関係が，主体間の合意形成と組織的デザイン・インという組織性に依拠するのに対し，機械利用組合とコントラクターとの固定的関係は，前者の後者に対する便宜供与や関係性資源の蓄積のもとでのコントラクターの判断に依拠し，主体間の拘束性はより弱いといえる．ここでは，より有利な収益機会の出現等による固定的関係の解消の恐れは払拭しきれない[8]．以上のことは，次を意味しよう．

III. 飼料作の機械利用組合への統合，及びコントラクターの固定化を前提とした体制の安定化には，2つのアキレス腱が存在する．1つは，酪農経営は，委託に伴う費用負担能力形成に向けて，規模拡大の圧力のもとに置かれること，2つ目は，特にコントラクターが売り手市場の場合，コントラクターの退出の恐れを伴うことである．

(3) 独立した中間主体の形成とデザイン・インの逆転

これまでの検討は，Bグループでは，営農条件の悪化に対し，Aグループとは異なる体制をとることで安定性を確保したことを示唆する．このことは，さらに次のように解釈できる．すなわち，複数の異なる主体で構成された体制では，営農条件の悪化のもとで，酪農経営は粗飼料構成の高度化や良質粗飼料の確保による粗飼料生産の高度化を指向し，民間企業やコントラクターは作業の効率化や受託拡大を指向するといった，主体間それぞれの展開が出現する．これに対し，Aグループでは，体制は硬直的に推移し，一部の酪農経営や民間企業離脱のリスクが生じたのに対し，Bグループでは，機械利用組合への飼料作の統合のもとで，各主体の指向を組み入れて飼料作の設計変更がなされ，特に機械利用組合はコントラクターと固定的関係を作ることで体制の安定化をはかった．

では，なぜ，そうした調整機能がBグループでのみ出現したのか．

結論を先取りすれば，ここでの調整機能の出現は，Bグループでは，機械利用組合に飼料作が統合された，すなわち飼料作の管理機能が個々の酪農経営から機械利用組合に外部化された状態にあると同時に，機械利用組合が，酪農経営からより外部化され，主体としての独立性を強めたことに関わる．

これを整理すると，以下の通りである．

まず，Aグループでは，飼料作の管理機能は個々の酪農経営が有し，酪農経営から機械利用組合に外部化された機能は，牧草収穫調製作業に限定される．ここでは，機械利用組合がとり得る戦略の範囲は当該作業に限られ，酪農経営や民間企業への影響も小さい．また，Aグループでは，機械利用

組合は，牧草収穫調製作業の共通戦略形成に際し，酪農経営の直接参画による合意形成の場として機能する．ここでは酪農経営間で賛同を得やすい最低限の取り組みが選択され，同意が得られない戦略は採用されにくい．また，戦略実行面，特に財務面では，Aグループでは，機械利用組合の運営に要する費用を酪農経営間で分担する包括的経済性がとられる．ここでは，機械利用組合は独自の財源を持たず，投資を伴った戦略の実行は，酪農経営間での資金負担への合意が前提となる．実際には，Aグループは，財政力に乏しい中小規模経営をも含むため，負担増回避の意向が生じることで，新たな展開は押しとどめられやすい．

　一方，Bグループは，飼料作全体の管理機能が酪農経営から機械利用組合に外部化されている．ここでは，飼料作の戦略形成は実質的に機械利用組合役員に委ねられ，酪農経営はそれを承認する関係がみられる．同時に，機械利用組合は，機械の更新を前提に自己資本を蓄積する．ここで機械利用組合は，安定した飼料作の遂行という組織目的の範囲において，条件変動に対し独自の戦略を柔軟に構築し，自らの財源を用いて実現することが可能となる．

　実際に，Bグループでは，機械利用組合のもとで，共通の草地更新率の設定や固有の牧草収穫調製技術の採用など，独自の飼料生産方式がみられる．さらに，コントラクターへの貸与を前提とした飼料作機械の調達，あるいはバンカーサイロ建築とコーンの新規導入が，機械利用組合の投資のもとで進められている．この背景には，機械利用組合による取り組みが酪農経営から肯定的に評価されると同時に，機械利用組合が投資することで，酪農経営やコントラクターの負担が軽減されることがあろう．

　では，Bグループでは，なぜ，飼料作全体の管理機能を持ち，かつ自己資本蓄積を図る機械利用組合を組織できたのだろうか．この理由として，Bグループが，大規模経営間で構成され，飼料作全体の外部化と飼養管理専念の共通した指向を持ち，同時に飼料作全体の外部化に対し一定の費用負担能力を有したこと，また，短期的な委託コストの引き下げよりも機械更新をも含めた長期的な受託継続が重視されたこと，さらに，少数の経営で組織される

ことで合意形成が容易だったことがある．
　以上のことは，次のように総括できる．

IV．営農条件の悪化のもとでは，酪農経営とコントラクターに独自の展開が出現し，体制は不安定化する．体制の安定化は，中間主体（＝機械利用組合）への飼料作管理機能の統合と戦略範囲の拡大，中間主体における，酪農経営やコントラクターの行動を組み入れた戦略再編，及び中間主体の財務力形成と独自の戦略実行力確保のもとで導かれる[9]．

　さらに，Bグループで注目されるのは，酪農経営と機械利用組合間の，デザイン・インの関係の逆転である．そもそも，デザイン・インは，組立企業に対する部品供給企業の，設計段階からの協調行動を指す．飼料作外部化に際しては，組立企業である複数の酪農経営に，部品供給企業として単一のコントラクターが対応するという，一般企業とは逆転した数的関係が出現する．このため，飼料作外部化に際しては，共通戦略のもとで，酪農経営間を含めた協調行動が必要となる．これを本書では組織的デザイン・インと定義し直した．
　Aグループでは，機械利用組合のもとで，酪農経営間の直接の合意形成により共通戦略が形成され，それに対して個々の酪農経営のデザイン・インがなされる[10]．ここでは，飼料作工程の管理機能はあくまで生乳生産を担う個々の酪農経営が保有し，受託主体の展開条件確保に向けた，組立企業である酪農経営間の共同設計として外部化の形態が決定されるといえる．すなわち，体制設計のイニシアティブは，酪農経営側にある．一方，Bグループでは，機械利用組合の役員による飼料作の設計と，それに対する酪農経営の，飼養管理面でのデザイン・インという構造が出現する．例えば，機械利用組合のコーン栽培導入の設計に対し，酪農経営はそれを受容し，コーンを取り入れた飼料設計と給餌体制を構築する．すなわち，実質的に飼料作を担う――部品供給を行う――中間主体に対し，組立企業である酪農経営がデザイ

ン・インする関係が出現する．こうした関係は，酪農経営が，継続した飼料作外部化を不可欠とするもとで，その前提として機械利用組合による飼料作の設計が求められるためと理解される．ここでは，次の点を指摘できよう．

V. 酪農経営が継続した飼料作外部化を不可欠とし，特定の中間主体に依存する以外に代替的選択肢が見いだせない場合，「飼料作外部化を維持するため，中間主体における飼料作の設計に酪農経営の飼養管理を適合化させる」，つまり特定サービスの供給形態にあわせて組立ラインを変更するという，逆転したデザイン・インの関係が出現する．

(4) 体制転換の条件

　三者間体制の中で，Bグループはより安定性が高い．しかし，実際には，それにも関わらずBグループと同様の構造を持つ新たな事例の形成はみられない．すなわち，不安定な営農条件に対し，受委託体制の安定化に向けてAグループからBグループへの展開が生じるとみるのは拙速かもしれない．

　では，Bグループの出現を可能とし，一方で，他の事例の追随を難しくしている条件は何か．Bグループの安定性の前提となる，機械利用組合における飼料作の統合とコントラクターとの関係の固定化は，グループがどのような主体で構成されるかに左右されるとみられる．すなわち，Bグループの安定化は，①大規模酪農経営，②体制コントロール機能を持つ中間主体，③小規模コントラクターによる体制のもとで導かれたといえる．

　ここで，①大規模酪農経営とは，体制を構成するすべての酪農経営が，継続した飼料作外部化を指向し，外部化に伴う費用負担能力を持つ経営であることである．言い換えると，外部化に際しての短期的な費用負担軽減よりも，継続した受委託体制構築を選好し，かつ外部化に伴う費用負担が可能な主体である．②体制コントロール機能を持つ中間主体とは，機械利用組合が，飼料作に関する独自の戦略形成と実行力を持ち，酪農経営やコントラクターの行動を導き得ることである．こうした機能発揮は，ⓐ中間主体が独立性を持

ち，酪農経営から飼料作に関する戦略形成を委任されること，ⓑ戦略形成と実行に手腕を発揮し得るマネジャーが存在すること，またⓒ戦略実行に向けて独自の財源を持つことを前提としよう．③小規模コントラクターとは，機械利用組合の提供する条件のもとで，体制に依存した展開をとり得る規模のコントラクターのことである．

　これらの点をAグループで確認すると，Aグループでは，①酪農経営が中小規模経営を交えて構成され，それらの経営は費用負担力に限界があり，受委託体制の継続よりも，当面の費用負担低減が選好され，外部化の範囲を最低限にとどめる状況にあったこと，②機械利用組合は酪農経営により従属的で，飼料作の戦略は，酪農経営間の合意し得る範囲で策定され，また，独自財源を持たず，大胆な戦略形成やそれを実行できる状況にないこと，③受託主体である民間企業は受託拡大を必ずしも指向せず，機械利用組合が及ぼし得る経済的影響も小さく，体制からの離脱が生じかねない状況にあること等がみられる．すなわち，安定化の諸条件を満たさない状況にあった．

　以上のことは，Bグループの出現は，現状では，そうした条件がそろうことが少ないという意味で「特殊」であり，AグループからBグループへの自生的展開は生じにくいことを示唆する．しかし，同時に，Bグループへの展開を導くことができないのであれば，新たな代替的手法を見いだせない限り，現状の体制は不安定化せざるを得ないといえる．

　最後に，営農条件悪化のもとでの，飼料作受委託体制安定化の条件として，以下を指摘しておこう．

VI. 独立した主体間で構成される飼料作外部化の体制の安定化は，体制を俯瞰的に見ると，ⓐ飼料作についての統一的戦略形成・実行をリードできるマネジャーの育成・確保（人的条件），ⓑ新たな戦略の実行を可能とする財源保有（資本条件），ⓒ飼料作に関する統一的戦略形成と実行機能を有する中間主体，技術整合性や費用負担面で戦略受容力を有する酪農経営，及び，付与された条件を組み入れた展開を選好し得るコント

ラクターによる構成（主体・組織条件）の，3条件が整うもとで導かれる．

(5) 補：資源リンケージシステムと飼料作基盤形成

第4章で扱った資源リンケージシステムと，本章における飼料作基盤形成については，受託に関わる資源の計画的配置と，主体間の枠を超えた流動的利用という点で共通する．ただし，両者は，そうした関係構築の目的と，主体間の資源配置・利用のありかたに違いが見られる．すなわち，資源リンケージシステムは，受託コストの引き下げを目的に，主体間それぞれが労働力や機械施設を個別に保有することで生じるムダを排除し，体制全体の観点から，主体間での，より効率的な労働力や機械の配置・利用関係をはかるものである．一方，飼料作共通基盤形成は，中間主体が想定する戦略を具体化する際に，酪農経営の当該戦略の受容や，コントラクターへの体制に依存した展開条件付与と体制安定化を導く手段として，酪農経営やコントラクターに代替して投資を行うものである．言い換えると，中間主体の投資により資源バッファを形成し，他の主体がその利用により経済性向上をはかるもので，主体間の枠を超えたオーバーエクステンション戦略といえる[11]．前者が，体制全体の効率最大化という静態的均衡であるのに対し，後者は，体制維持に向けての主体間の協調的行動条件形成という，いわば動態的均衡を導くものといえよう．

(6) 補：三者間体制とTMRセンター体制との関係

北海道では，飼料作三者間体制の展開と前後して，2004年以降の営農条件の悪化のもとで，中小規模の酪農経営が多く存在し，コントラクターの展開が乏しい上川地方北部や宗谷地方に先発してTMRセンター体制の構築がみられる．TMRセンター体制では，①酪農経営間で設立した中間主体（TMRセンター）への飼料作機能の統合や，②受託機能の体制への内部化といったBグループと同様の枠組みがみられる．さらに，TMRセンター

体制では，給与飼料製造工程まで統合され，またTMRセンターが直接労働力を雇用しコントラクター機能を形成する事例，すなわち，中間主体と受託主体が一体化した事例もみられる．これは，さらに不安定な営農条件のもとで，Bグループ以上に，中間主体への機能集積が進んだ体制といえる．

ここで，三者間体制では，AグループからBグループへの展開が進まないのに対し，TMRセンター体制の構築が進むのはなぜか，という疑問が生じる．この理由として考えられるのは，TMRセンターの設立は，施策的支援のもとで，酪農経営は実質的に少ない手出しのもとで体制構築が可能であったためであろう．言い換えると，中間主体における資本蓄積と新たな戦略実行の段階的プロセスがないまま，外部から資本が供給されることで一気に体制構築がなされたといえる．しかし，このことは，上述の体制安定化の3条件のうち，資本条件はクリアしたとしても，適切な飼料作戦略形成を可能とする人的条件や，戦略形成と実行の前提となる主体・組織条件が満たされたかどうかは疑問が残る．特に，TMRセンター維持に向けたデザイン・インの逆転のもとでの，中小規模経営における新たな飼料生産・給与方式への適応力や外部化コストの増大に対する費用負担能力，あるいはTMRセンターにおける，条件変動に対する適切な戦略形成や実行力の形成を必ずしも伴わない恐れがある．こうしたもとでのTMRセンター体制の展開動向については第6章，TMRセンター体制の形成が個々の酪農経営に及ぼす影響については，第7章で検討しよう．

5. 結語：体制展開の方向

本章では，飼料作三者間体制を対象に，営農条件悪化のもとでの，より安定性の高い構造について検討した．

体制の安定化は，第1に，中間主体への飼料作機能の統合と，酪農経営とコントラクターの展開の動向をとり入れた戦略形成余地の拡大，第2に，機械利用組合とコントラクターとの関係の固定化，すなわち受託機能の体制へ

の内部化と受託の安定化のもとで導かれ得る．こうした展開は，①機械利用組合における，飼料作の戦略形成・実行を担うマネジャーの育成・確保，②機械利用組合における，円滑な戦略実行を可能とする財務基盤形成，③体制に依存した展開を導き得るコントラクターの存在に代表される，人的条件，資本条件，主体・組織条件の充足が前提となる．また，ここでは，酪農経営と中間主体間のデザイン・インの関係が逆転し，中間主体により設計される飼料作形態への酪農経営の飼養管理の適合化や，受託主体の経済性を支える費用負担能力の形成が求められる．そして，酪農経営には，飼料作外部化の体制維持に向けて，大規模標準化に向けた圧力が出現しやすく，最終的には，飼料作を担う機械利用組合を中心に，飼養管理機能を担う大規模経営群が配置される体制が展望されるが，こうした展開は，同時に個々の酪農経営の家族労働力の状況に応じた組織デザインの自由度の低下を意味し，多様な家族経営の存立を難しくする恐れがあるようにも思われる．

注
1) 本調査は，筆者らが2010年に行った根室地方の三者間体制21事例の概況調査から抽出した2つの事例を対象に，2010年に機械利用組合の代表及び構成員，民間企業・コントラクターの代表者，JAの営農担当職員を対象とした聞き取りによる．
2) 機械共同利用体制としての機械利用組合の動向に関しては，第1章pp. 40〜42を参照．
3) 交互堆積や2回踏圧は，役員の経験から生み出されたものであり，技術の妥当性・有効性については別途検証を要する．
4) 表5-6では，両グループの特徴を明瞭にするため，集計に際してBグループで開始直後のコーン栽培作業の受託を除外している．
5) 第2章pp. 89〜90では，酪農経営に対し確実な作業外給が保証される空間を「組織化空間」とした．ここでの空間条件とは「組織化空間の内部において，コントラクターに提供される条件」を意味する．
6) このため，コントラクターでは高い技術力を前提に外部からの受託拡大がみられる．
7) ここでのフリーライドとは「機械利用組合により提供された条件の利用権を無償で与えられていること」を意味する．実際には，コントラクターによる，機械

利用組合の有する機械の利用に際しては，時間単位での費用負担が前提となる．
8) 当該コントラクターが技術的に高い評価を受けるほど，より有利な受託要請がなされるもとで，現行体制からの退出のリスクは高まるとみられる．具体的には，受託作業の種類・面積の拡大が期待できるTMRセンターからの要請等があろう．
9) ここでは，体制のコントロール機能を担う主体という意味で，機械利用組合に代えて「中間主体」と表記した．
10) 第3章（pp.121～123）では，共通戦略の設計主体に推進主体を位置づけ，酪農経営や受託主体が共通戦略にデザイン・インするものとした．ここでは，推進主体の共通戦略は，あくまで酪農経営の展開を前提とするものであり，体制設計のイニシアティブは酪農経営側にあると理解される．
11) オーバーエクステンション戦略とは，現有の資源や能力を超えた戦略を意図的にとることで，主体の中核的能力の成長を促す戦略のこと．

第6章
TMR センター体制における主体間関係の枠組み

1. 背景と本章の目的

　北海道では，1990年代のコントラクター体制，2000年代の三者間体制に続き，TMR センターの設立による TMR センター体制が展開する．ここで TMR センターは，酪農経営から自給飼料生産を一手に受託し，酪農経営に TMR（完全混合飼料）を供給する．最も早い TMR センターは 1998年に TMR 供給を開始し，特に 2004 年以降，急速に設立が進む．2012 年時点で北海道内で 51 センターが稼働し，酪農経営の 8.6% が組織される[1]．

　ただし，TMR センター体制構築後の動向を見ると，すべての事例が順調に推移したわけではなく，酪農経営の所得低迷や離農，TMR センターの機械・施設更新に向けた自己資本蓄積の困難化等，酪農経営と TMR センター双方で経済状況が不安定となる場合がみられる[2]．2013 年までに解散した TMR センター体制はないが，体制構築後数年以内に，TMR センターに哺育・育成牧場を併設するなど，再編を画策する動きも生じている．

　本章では，TMR センター体制間で経済状況に差が生じるのはなぜなのか，ラフに表現すれば，うまくいく場合と，うまくいかない場合とでは，何が違うのか，TMR センター体制のもとでの主体間関係と経済性との関わりについて検討する．さらに，課題への対応のメカニズムを検討し，持続安定化に向けて，TMR センター体制はいかなる方向に展開するのか考察しよう．

2. 方法

本章の構成は以下の通りである．

はじめに，検討の前提として，多くの TMR センター体制に共通してみられる主体間関係の枠組みについて整理する．TMR センター体制は，酪農経営と，酪農経営から自給飼料生産・TMR 製造工程を受託する TMR センターにより構成されるが，ここでの共通の枠組みとして，①酪農経営と TMR センター間の生産工程の垂直的分化，②工程間の強い連携，③体制全体における包括的経済性確保のメカニズムの採用，④共通戦略と組織的デザイン・インによる体制のコントロールの 4 点を確認する．

次に，TMR センター体制のうち，異なった経済状況にある 2 事例を抽出し，両事例それぞれにおける，主体間関係の特徴と経済状況の差異について分析する．ここでの主体間関係の把握は，酪農経営と TMR センター間の①機能分担関係，②生産諸要素の保有・利用関係，③経済的関係，④関係性のコントロール，⑤関係性のもとでの課題の 5 点について行う．

最後に，分析結果に基づき，TMR センター体制にみられる主体間関係の違いが経済性に与える影響と，そのもとでの体制の展開方向について論じよう．

3. TMR センター体制に共通する主体間関係の枠組み

(1) TMR センター体制の基本的構造

TMR センターは，酪農経営からの自給飼料生産・TMR 製造工程の受託を目的に，少数の JA による事例を除けば，そのすべてが酪農経営間の共同出資により設立されている．こうした形態は，自走式フォーレージハーベスタを保有する従前の機械利用組合と同様だが，機械利用組合の場合，その機能は酪農経営への単純なサービス供給にとどまるのに対し，TMR センター

表6-1 TMRセンターにおける管理業務の体制と作業の担い手の状況

事例			管理業務の体制		作業の担い手		(参考)
名称	属性		責任主体	管理のための組織体制	飼料収穫調製作業	TMR製造配送作業	専従職員数
	構成経営数	構成経営の頭数規模					
aセンター	4	中小規模経営中心	構成経営全体(合議)	なし	共同作業	共同作業	なし
bセンター	6	〃	〃	〃	外部委託	パート雇用	〃
cセンター	9	〃	専従役員(社長)	専門部会制	従業員+共同作業	従業員	常勤役員1名 従業員6名 (事務1名,作業5名)
dセンター	9	大規模経営中心	〃	〃	外部委託	外部委託	常勤役員1名 従業員1名(事務1名)

出典:全道TMRセンター調査(2010年).
注:1) 実態調査に基づき,代表的事例を掲出した.
 2) 構成経営の頭数規模は,大規模は経産牛80頭以上,中規模60〜79頭,小規模60頭未満.dセンターは,構成経営の70.8%を大規模経営が占める事例.

の機能は,設計・管理機能を含めた自給飼料生産・TMR製造工程の遂行と,酪農経営への,中間生産物としてのTMRの販売へと拡大する.

また,多くのTMRセンターは法人形態をとり,酪農経営から明確に外部化されている点も,機械利用組合がしばしば酪農経営間の任意組織として運営されてきたことと異なっている[3].法人形態の採用は,自給飼料生産・TMR製造工程を担うためには,取り扱う資産額の増加,工程管理の範囲の拡大と日々の管理の発生,濃厚飼料の購入やTMRの販売に伴う取り扱い額の増加,あるいは酪農経営や複数の取引先に対するマーケティングの発生等のもとで,酪農経営とは異なる独自の管理業務が必要となることによろう.ただし,TMRセンターの実際の設計・管理や作業への酪農経営の関与にはTMRセンターにより差異があり,構成酪農経営数が少なく,中小規模経営を中心に構成されるTMRセンターでは,設計・管理は構成経営間の合議のもとでなされ,作業は酪農経営間の出役によるのに対し,構成酪農経営数が多く,大規模経営を中心に構成されるTMRセンターでは,設計・管理の専従役員への委任や専門部会制の構築が見られ,また作業を体制外部に依存する傾向にある(表6-1).

(2) 共通する主体間関係の枠組み

1) 酪農経営とTMRセンター間の生産工程の垂直的分化

TMRセンター体制に共通してみられる第1の特徴は，酪農経営とTMRセンター間での生産工程の垂直的分化である．すなわち，川上の自給飼料生産・TMR製造工程をTMRセンターが担い，酪農経営は，TMRセンターから中間生産物として供給されたTMRを用いて，川下の，生乳生産を中心とした飼養管理工程を担う．ここでは，自給飼料生産・TMR製造作業は酪農経営から完全に切り離され，酪農経営は当該工程の遂行機能を持たない．ただし，酪農経営はTMRセンターを共同所有し，TMRセンターのありかたは酪農経営間で決定されることに留意が必要である．

2) 工程間の強い連携

第2の特徴は，酪農経営とTMRセンター間で，つまり，分化された生産工程間で強い連携が形成されることである．TMRセンターは，製造したTMRを構成酪農経営に供給し，酪農経営は当該TMRセンター以外から給与飼料を購入しない．すなわち，TMRセンターは，生産物市場へのアクセス権が，また，酪農経営は，生産要素市場へのアクセス権が制限されており，このもとで，酪農経営とTMRセンターは持続的かつ固定的な関係を形成する．こうした連携の形成は，①TMRセンターは酪農経営間で設立され，もともと構成酪農経営へのTMR供給を組織目的とすること，及び②北海道ではTMR市場の展開はほとんどみられず，市場を介したTMRの売買を前提とすることは，酪農経営，TMRセンター双方にとってリスクを伴うことを理由としよう．ここでは，酪農経営とTMRセンターは，連動して1つの生産工程を形成するといえる．実際には，TMRセンター体制を構成するのは複数の酪農経営であり，一主体により担われる自給飼料生産・TMR製造工程に対し，複数の酪農経営における複数の飼養管理工程が連携する形態が出現する．

3) 体制全体における包括的経済性確保のメカニズムの採用

第3の特徴は，体制は，酪農経営とTMRセンターという独立した主体で構成されるが，TMRセンターの経済性は，体制全体の，いわば包括的経済性のもとで決定され，TMRセンター自体の経済的自律性は必ずしも明確ではないことである．実際にTMR単価は，単純には，次式により逆算的に決定される場合が多い[4]．

$$P = RE/Year \div \Sigma q/Year \cdots\cdots\cdots\cdots\cdots\cdots\text{(式1)}$$

  P ：当該年のTMRの単価
  $RE/Year$ ：当該年の支出額（減価償却費を含まない）
  $\Sigma q/Year$ ：酪農経営による当該年のTMR利用量の合計値

式1は，TMRセンターの当該年の支出額を，TMR利用量に応じて酪農経営が負担することを意味する．ここで，TMR単価（P）は，年間支出額（$RE/Year$）とTMR利用量（$\Sigma q/Year$）により決定され，年間支出額（$RE/Year$）には，機械施設費，人件費，委託費などの固定費的性格の強い費目とともに，未利用サイレージの生産コストや余剰草地の維持コストも含まれるため，多くの場合，利用量（$\Sigma q/Year$）が増加すれば，TMR単価（P）は低下するという従属的関係をとる．このことは，TMR単価が高く，その引き下げを求めんとすれば，TMRセンターの年間支出額の削減と同時に，酪農経営間のTMR利用量拡大，すなわち増頭要請の方向が生じることを意味する．また，こうした包括的経済性確保のメカニズムをとることは，TMRセンターの経済的安定性を確保するためといえるが，同時に年間支出額（$RE/Year$）にはしばしば機械施設の更新に向けた資本蓄積が含まれず，長期的安定性は必ずしも確保されていない状態といえる．

4) 共通戦略と組織的デザイン・インによる体制のコントロール

第4の特徴は，TMRセンター体制は，独立した主体間で構成される営農

体制であるが,体制全体のマネジメント機能の形成は明瞭ではなく,共通戦略の形成と組織的デザイン・インがそれに代替する機能を果たすことである.実際には,体制全体の生産性向上に向けて,酪農経営に対し組織再編に及ぶ強いデザイン・インが要請される.まず,酪農経営には,実質的に土地利用権を含めた飼料生産工程の切り離しが要請される.同時に,TMR飼養への移行とこのための牛舎施設や機械体制整備,及び技術習得が求められる.さらに,TMRセンター設立に際しての新たな機械・施設装備と費用増加に対し,TMR単価引き下げに向けた多頭化が求められる.ここでのデザイン・インの影響は,繋ぎ牛舎を用い個別管理による乳牛飼養を行ってきた中小規模経営でより大きく,フリーストール牛舎を用い従前からTMR飼養を行う大規模経営でより小さいという,経営規模間で差異があることに留意を要する.また,ここでのデザイン・インは,体制全体の効率化に向けて,複数の,必ずしも同一条件下にない酪農経営が,受託者である単一のTMRセンターへの適合化をはかるという,通常とは逆転した委託主体-受託主体間の関係,いわゆるデザイン・インの逆転をとる点にも留意が必要である.

4. 事例分析:TMRセンターにおける主体間関係と経済状況

(1) 分析対象

分析対象は,TMRセンターの設立が先行した道内草地酪農地帯の全6センター(2010年当時)から選抜した.選抜に際しては,各体制における体制再編指向の有無に着目した.6つの体制の中には,酪農経営間での共同経営化や,TMRセンターの哺育・育成牧場併設等,体制再編を指向する場合があるが,こうした指向の背後には,体制再編への圧力,直接的には経済性改善の圧力があることが想定される.すなわち,ここでは,体制再編の指向を持たない・持つTMRセンター体制を,それぞれ経済的に良好・不調な体制とみなすことができよう.実際には,体制再編の意向がなく経済的に良好とみなされるのはA,B,Cの3センター,体制再編の意向を有し経済的

表 6-2 TMRセンターにおける共同経営化と哺育育成牧場併設の状況

(単位：％，千円)

センター名		A	B	C	D	E	F
TMR 供給開始年		2005	2007	2009	2007	2006	2004
構成経営数	家族経営	6	5	9	16	6	9
	共同経営	3	1		1		
共同経営の設立状況	従前から共同経営が存在	×1					
	センターと共同経営を同時期に設立	×2	○		△		
	センター設立後に共同経営を設立						
	共同経営化を検討中				○		○
哺育育成牧場の設立状況	従前から哺育・育成牧場が存在		(×)				
	センター設立後に哺育育成牧場を設立						○
	設立を検討中				○	○	
経産牛中に共同経営の占める割合		70.8	70.5	0.0	35.0	0.0	0.0
経産牛1頭当たりTMRセンター設立事業費（圧縮）		112	172	196	283	301	407

出典：全道TMRセンター調査（2010年）．
注：×1はTMRセンター設立には直接関係しない共同経営1経営が存在，(×)は構成経営に哺育・育成受託経営が存在，△はTMRセンター設立と共同経営設立は部分的に連動，○はTMRセンターが設立や計画に直接関与．

に不調とみなされるのはD，E，Fの3センターであった（表6-2）．同表でそれぞれの体制の状況を確認すると，経済的に良好な体制では，経産牛中に占める共同経営の割合が高い，すなわち共同経営を中心に体制が構築されている，もしくは経産牛1頭当たりTMRセンター設立事業費が低い傾向にあり，一方，経済的に不調な体制は，家族経営を中心に構成され，同費用が高い傾向がみられた．

このうち検討事例は，経済的に良好な体制・不調な体制の差を明確に把握するため，前者は，経産牛に占める共同経営の割合が最も高く，また経産牛1頭当たりの設立事業費が最も低いAセンターを中心とするAセンター体制，後者は，家族経営のみで構成され，また経産牛1頭当たりの設立事業費が最も高いFセンターを中心とするFセンター体制とした．なお，後に見るように，両体制間では酪農経営に供給されるTMR単価に差があり，Aセンターは北海道内でも低い水準に，Fセンターは高い水準にあった．

(2) 両センターの概況

両体制では，立地条件，設立目的，構成経営，TMRセンター設立時の投資状況に差が見られた（表6-3）．まず，①立地条件では，Aセンターは平場にあり，コントラクターが存在するなど相対的に好条件だが，Fセンターは沢沿いでコントラクターが不在など，相対的に条件不利地にある．②設立目的では，Aセンターは，メンバーの共同経営化に伴う，従来の飼料作共同作業体制の再編・効率化を目的としたのに対し，Fセンターは，飼料作用機械の価格上昇と個々の酪農経営における機械更新の困難化に対し，共同体制構築による飼料作継続，すなわち営農継続化を目的とした．③体制を構成する酪農経営は，Aセンターでは3共同経営と6家族経営からなるのに対し，Fセンターでは9家族経営からなる．共同経営は経産牛頭数が平均337頭と大規模でフリーストール牛舎を用いるのに対し，家族経営は，両体制ともに繋ぎ牛舎を用い，経産牛飼養頭数は平均70頭前後であった．④TMRセンターの設立事業費の点では，Aセンターの設立事業費はFセンターを上回るが，補助金による負担額を圧縮するとFセンターを下回る水準にあ

表6-3 検討対象センターの設立状況

センター名		A	F
立地条件	地形的条件	・平坦	・沢沿い
	社会的条件	・市街地より遠隔な純農村 ・コントラクターが存在	・市街地より遠隔な純農村 ・近隣にコントラクターは不在 ・離農が進み，営農・生活基盤が失われる恐れ
TMRセンター設立目的		・共同経営設立に平行した合理的な飼料生産体制構築（従来の飼料作共同作業体制の見直し）	・個別経営による飼料生産の限界と，集落ぐるみでの飼料生産体制の構築
構成酪農経営の状況		・3共同経営（すべてフリーストール牛舎，経産牛頭数平均337頭）と6家族経営（すべて繋ぎ牛舎，経産牛頭数平均73.7頭）	・9家族経営（すべて繋ぎ牛舎，経産牛頭数平均69.5頭）
TMRセンターの設立事業費(千円)	総額	305,170	270,000
	うち補助金	145,317	0
	事業費(圧縮)	159,853	270,000

出典：全道TMRセンター調査（2010年）．

る．一方，Fセンターでは事業費をもっぱら融資に依存しており，Aセンターよりも強い負債償還圧力のもとにあるとみられる．

(3) 機能分担関係

　酪農経営とTMRセンター間の機能分担関係は，両体制ともにほぼ同様で，また北海道に展開する他のTMRセンターと大きくは変わらない（図6-1）．すなわち，両体制ともに，①TMRセンターが自給飼料生産・TMR製造工程を担い，酪農経営は飼養管理工程を担う．ここでは機能は完全に分化し，酪農経営とTMRセンター間で機能の重複は基本的にない，②TMRセンターは，種苗，肥料，燃料等の生産資材を市場から調達し[5]，粗飼料生産・貯蔵を行い，同じく市場から調達した濃厚飼料とのミキシングによりTMRを製造し，酪農経営に毎日供給する．酪農経営は供給されたTMRを用いて生乳を生産し販売する．このように，TMRセンターと酪農経営間で，生産工程は垂直的に分化する．ただし，両センター間で次の点は異なる．③TMRセンターにおける飼料作業やTMR製造配送作業の多くを，Aセンターではもっぱら体制外部のコントラクターに依存するのに対し，Fセンターでは，TMRセンターが雇用する従業員と酪農経営が担う．さらにFセンターでは，Fセンター自体がコントラクター機能を有し，体制外部から飼料収穫調製作業を受託する．すなわち，Fセンターでは，ⓐ作業を従業員と同時に酪農経営間の出役に依存し，ⓑTMRセンター自らがコントラクター機能を持ち，ⓒ体制外部からも作業を受託するという，Aセンターにはない特徴を有している．

(4) 生産諸要素の保有・利用関係

　生産諸要素の保有・利用に関して，両体制では，次の点が共通して見られる．すなわち，①牛舎をはじめとした飼養管理に関わる施設機器は酪農経営が個々に保有し利用する，②農地に関しては酪農経営が所有する農地を，TMRセンターが一元的に管理・利用する[6]，③飼料生産や生産されたサイ

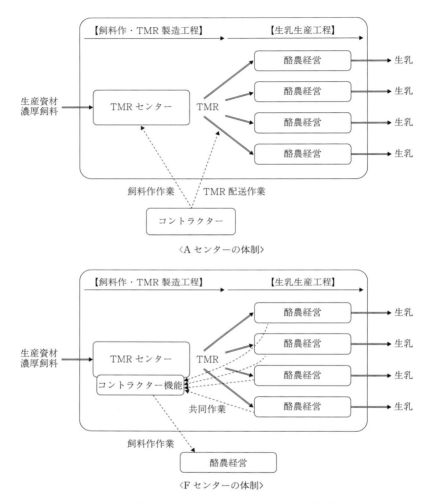

図 6-1 酪農経営と TMR センター間の機能的関係

注:図中の ──▶ は物財の取引関係, ……▶ は労働,サービスの関係を示す.

レージの貯蔵,及び TMR 製造配送に関わる機械施設は TMR センターが保有する.

一方,自給飼料生産・TMR 製造及び TMR 配送に関しては,両体制で異

表 6-4 自給飼料生産・TMR 製造・配送工程における生産要素の提供主体

区分			A センター	F センター
工程	生産要素	具体的内容		
自給飼料生産	飼料作用機械	自走式 FH，モアコン，プランタ，他	TMR センター	TMR センター
	サイレージ貯蔵施設	バンカーサイロ	〃	〃
	労働	飼料生産作業労働	コントラクター(労働提供)共同経営，二世代経営	TMR センター（従業員）構成酪農経営（出役）
TMR 製造配送	機械施設	ミキサー，ダンプ	TMR センター	TMR センター
	労働	ミキシング，配送労働	コントラクター	TMR センター（従業員）

出典：全道 TMR センター調査（2010 年）．
注：「自走式 FH」はフォーレージハーベスタ，「モアコン」はモアコンディショナーを表す．

なる主体間関係が見られる（表 6-4）．特に，労働の提供関係に関して，A センターでは，それらの作業は，コントラクター，及び共同経営・2 世代経営からの一時的雇用によって担われる．より詳細には，年間を通したルーティン作業となる TMR 製造・配送は，すべてコントラクターに委託される．一方，季節作業となる飼料収穫調製作業は，コントラクターのみでは組作業に必要な労働力数を確保できないため，一部を構成酪農経営が担う．ただし，ここでの労働提供は，共同経営 3 経営から各 1 人，家族経営のうち 2 世代経営 2 経営から各 1 人に限定されており，労働制約が強い単世代経営からの出役はなされない．また，コントラクターは，基本的に A センターの所有する機械装備を用い，自らの機械装備を必要としない．この点で，三者間体制におけるコントラクターと同様の性格を持つが，単純な労働提供では利幅が薄いため，他に本業を持ち受託を副業とするコントラクターの形成がみられる[7]．一方 F センターでは，自給飼料生産・TMR 製造・配送工程のすべてが構成酪農経営からの出役と TMR センターが雇用する従業員により担われる．酪農経営からの出役は，構成農家のすべての男性労働力が対象となり，調査時点（2009 年）の 1 人当たり年間出役日数は平均 204 日，1800 時間に

達する.酪農経営の出役は,①TMRセンター利用における酪農経営の実質的な費用負担削減,②作業の季節的繁閑への柔軟な対応,及び③体制への帰属意識強化が目的とされる.

(5) 経済的関係

上述のように,TMRセンター体制では,体制全体での包括的経済性確保が求められ,TMRセンター運営に要した支出($RE/Year$)を当該年のTMRの利用量($\Sigma q/Year$)で除すことで,TMR単価(P)が決定される[8].すなわち,次式が成立する.

$$P = RE/Year \div \Sigma q/Year \cdots\cdots\cdots\cdots\cdots\cdots\cdots\cdots\cdots\cdots\cdots (式1)$$

ここで,生乳生産量は「生乳生産量=経産牛頭数×経産牛1頭当たり乳量」であり,また,TMR利用量(Σq)は経産牛頭数と比例するとみられることから,生乳生産量はTMR利用量(Σq)と相関を持つと見なすことができる.このため,まず,両体制の経済的状況の指標として,TMR単価の水準と,体制全体の生乳生産量を確認する(表6-5).

ここでは次のことがわかる.第1に,両体制間では,設立当初からTMR単価に差があり,Fセンターではより高い水準にある.また,設立後,2009年までに,両センターともTMR単価は低下するが,下げ幅はAセンターのほうが大きく,体制間で格差は拡大している.第2に,TMR単価の格差拡大は,生乳生産量の増加幅,すなわちTMR利用量の増加幅の違いにより説明される.Aセンターでは,TMRセンター設立前年の2004年から2009年にかけて,構成酪農経営の生乳生産量は4,802tから9,705tへ倍増した.一方,Fセンターでは,TMRセンター設立前年の2003年から2009年にかけて,構成酪農経営の生乳生産量は4,266tから6,283tへ,1.5倍の伸びにとどまる.ここでは,Fセンターの生乳生産量は当初計画の7,200tに達せず,この結果,TMR単価は当初計画の20.0円/kgを上回る水準で高止まりしている.このように,Fセンターの構成酪農経営は,Aセンターより高

表 6-5　生乳生産量と TMR 単価

センター名		A	F
生乳生産量 (t)	①TMR 供給前年	4,802	4,266
	②2009 年	9,705	6,283
	③当初の計画値	9,342	7,200
生乳生産量の計画達成率 (②/③)		1.04	0.87
TMR 単価 (円/kg)	④設立当初	20.0	23.0
	⑤2009 年	18.8	22.0
	⑥当初の計画値	x	20.0

出典：全道 TMR センター調査（2010 年）．
注：1）「生乳生産量」は，構成経営の合計値．「TMR 供給前年」は，A センターは 2004 年，F センターは 2003 年．
　　2）x は不明．

いTMR単価に直面し，より重い経済的負担を強いられる状況にあるとみられる．通常，TMR（現物）単価[9]は，20円/kgを上回ると酪農経営の負担は重いといわれるが，Aセンターはこの水準を下回り，Fセンターは上回る状況にある．

　次に，経済面における主体間関係を確認する．表6-6，6-7に両TMRセンターの収支状況を取引先ごとに示した．なお，ここでは，体制間の比較を可能とするため，収支額を，それぞれのセンターの年間TMR販売量で除し，TMR 1kg当たりで示している．

　ここでは，以下のことがわかる．第1に，TMRセンターに内部留保される額は，TMR 1kg当たりでAセンターで0.9円，Fセンターで3.1円と後者が大きい．この一因として，FセンターはTMRセンターを融資により設立したため，負債償還圧が高く，減価償却費や利益計上のもとで内部留保をはかり，資金繰りを安定させる必要があったとみられる．ただし，費用合計から内部留保分を控除した額は，Aセンターで18.1円，Fセンターで20.7円であり，Fセンターがより高い水準にある．第2に，Aセンターでは，共同経営のTMR利用量の大きさを反映し，共同経営がTMRセンターの経済性を支える構造がみられる．すなわち，共同経営は，TMR 1kg当たり差し引き12.1円を負担するのに対し，家族経営は4.9円にとどまる．第3に，

表 6-6　A センターの収入・費用・利益
（販売 TMR 1kg 当たり）

（単位：円/kg）

			合計	取引先区分					
				体制内部			外部		
				TMRセンター（内部留保）	構成酪農経営（家族経営）	構成酪農経営（共同経営）	コントラクター	外部の酪農経営	JA 等
収入	TMR 販売		18.8		5.5	13.3			
	その他		0.3						0.3
	収入合計（①）		19.1		5.5	13.3			0.3
費用	直接費	飼料費	12.7						12.7
		その他直接費	1.6						1.6
		直接費計	14.3	0.0	0.0	0.0	0.0	0.0	14.3
	間接費	原料草	0.8		0.3	0.4		0.1	
		役員報酬	0.1		0.0	0.1			
		外注加工費	1.0		0.1	0.2	0.7		
		機械賃借料	0.7		0.1	0.5			
		減価償却費	0.8	0.8					
		その他管理費	1.3						1.3
		間接費計	4.7	0.8	0.6	1.2	0.7	0.1	1.3
	費用合計（②）		19.0	0.8	0.6	1.2	0.7	0.1	15.6
利益（③）			0.1	0.1					
差引（①－②－③）			0.0	−0.9	4.9	12.1	−0.7	−0.1	−15.3

出典：全道 TMR センター調査（2010 年）。

表 6-7　F センターの収入・費用・利益
（販売 TMR 1kg 当たり）

（単位：円/kg）

			合計	取引先区分					
				体制内部			外部		
				TMRセンター（内部留保）	構成酪農経営（家族経営）	TMRセンター（従業員）	コントラクター	外部の酪農経営	JA 等
収入	TMR 販売		22.8		20.7			1.3	
	受託作業		1.5					1.5	
	その他		1.7						1.7
	収入合計（①）		25.1		20.7			2.7	1.7
費用	直接費	飼料費	10.8						10.8
		その他直接費	2.0						2.0
		直接費計	12.7						12.7
	間接費	原料草	1.3		1.3				
		役員報酬	0.4		0.4				
		給料・手当	2.8		2.0	0.8			
		賃料料金	0.1				0.1		
		リース料	1.1		0.0				1.1
		減価償却費	1.8	1.8					
		その他管理費	3.6						3.6
		間接費計	11.1	1.8	3.7	0.8	0.1	0.0	4.7
	費用合計（②）		23.8	1.8	3.7	0.8	0.1		17.4
利益（③）			1.3	1.3					
差引（①－②－③）			0.0	−3.1	17.0	−0.8	−0.1	2.7	−15.7

出典：全道 TMR センター調査（2010 年）。

第6章　TMRセンター体制における主体間関係の枠組み　　195

　他方，Fセンターでは，構成経営のみではTMRセンターの経済性を支えきれない状況がうかがえる．Fセンターでは，構成酪農経営（家族経営）は，TMR 1kg当たり17.0円の負担を負うが，これだけではTMRセンターの経済性は支えきれず，作業受託やTMR外販を介して体制外の酪農経営が2.7円を負担する状況にある．第4に，同時に，Fセンターでは，相対的に高いTMR単価水準に対し，構成酪農経営の出役により価値を酪農経営に移転し，実質的な負担を引き下げる必要性が生じたといえる．ただし，構成酪農経営に還元される給料・手当（家族経営負担分のTMR 1kg当たり2.0円）と原料草代（同1.3円）を費用合計から控除すると20.5円となるが，この額は，依然としてAセンターの費用合計19.0円を上回る水準にある．

　このように，Aセンター体制では，自給飼料生産をベースにしたTMR製造規模と乳牛頭数規模のバランスがはかられることでTMR単価の引き下げが実現されたが[10]，Fセンターでは，TMR製造規模に対し乳牛頭数規模が過小となり，TMR単価が高止まりするもとで，体制外部へのTMR販売や作業受注によるTMRセンターの収入拡大のほか，酪農経営の負担軽減のための出役がみられる．

(6)　コントロール機能の形成

　Aセンター体制とFセンター体制で大きく異なる点は，Fセンターでは，TMRセンター，特にTMRセンター役員による，体制全体のコントロール機能の形成がみられることである．こうした動向は，Aセンターでは必ずしも明瞭ではない．

　こうした違いは，体制のマネジメント機能に代替する共通戦略形成と組織的デザイン・インのメカニズムが，多頭化に関して，Aセンターでは有効に機能したのに対し，Fセンターでは十分機能しなかったことに起因する．すなわち，Aセンター体制では，TMRの買い手は共同経営が寡占状態にあり，自らの増頭によるTMR単価の引き下げ効果が見込まれるもとで，増頭へのモチベーションが出現しやすい状態にあった．さらに，共同経営は，

より多くの酪農経営の存続をはかることが地域的な営農条件確保のうえで重要との意識を有したとともに，従業員雇用とフリーストール牛舎利用のもとで，増頭に伴う労働や施設面での制約が小さいことが，多頭化につながったといえる．これに対し，Fセンター体制では，すべての酪農経営が繋ぎ牛舎を用いるため，増頭には新たな労働負担や投資を伴い，また，いずれの酪農経営もTMR利用量全体に対するシェアは小さく，自らの増頭によるTMR単価の引き下げを見込みにくいことから，増頭へのモチベーションは簡単には生じにくい状況にあった．

このように，Aセンター体制では，共同経営間でデザイン・インが進むもとでTMR単価が低下したが，Fセンター体制では，酪農経営の多頭化の滞りがTMR単価の高止まりにつながった．このため，Fセンター体制では，相対的に高いTMR単価のもとでの個々の酪農経営の経済的安定化，さらには，酪農経営の多頭化によるTMR利用量拡大とTMR単価の引き下げが喫緊の課題となったといえる．Fセンター体制では，こうした体制全体の課題について，TMRセンター役員による対応がみられる．すなわち，役員は，自らの酪農経営の経済的安定化と，TMRセンターの持続安定化の，同時解決を迫られたといえる．

実際の，TMRセンター役員と，個々の酪農経営との関わりについて確認しておく（表6-8）．Aセンター体制，Fセンター体制ともに，①個々の酪農経営に対するTMRセンター役員の役割や権限は明示的でなく，TMRセンター役員のボランタリィな取り組みとしての性格を持つ，②酪農経営への関与のしかたは，個々の酪農経営の情報収集と対処によるという点で共通する．ただし，Aセンター体制では，こうした対応は，TMR利用に伴い繁殖等に問題が生じた場合の実態把握と，TMRセンター自身のTMRの成分設計へのフィードバックに限定されるのに対し，Fセンター体制では，経常的に個々の酪農経営の技術的・経済的データが集積され，技術研修会の開催や，問題ある経営に対して，JAや農業改良普及センターへの技術・経営指導の要請などがみられる．すなわち，TMRセンター役員の，個々の酪農経営へ

表 6-8　TMR センターによる酪農経営への関与の状況

センター名	A	F
関 与 主 体	代表取締役（社長）及び役員	代表取締役（社長）
関 与 の 頻 度	継起的（多くはない）	経常的
関 与 の 局 面	TMR 利用の技術面（繁殖への影響等）	TMR 利用の技術面（飼養管理法）・経営的・経済的側面（経済的不振）
集積される情報	酪農経営個々の技術情報（繁殖情報等）*	酪農経営個々の①生乳生産に関する情報（乳検データ等），②経営的・経済的情報*
情報共有の範囲	役員間	代表取締役のみ
対 応 方 向	TMR の組成検討（TMR 組成と繁殖の関係性のチェック）	①安価な TMR メニューの開発，②JA 等への技術対策の要請，③酪農経営における立会検討の実施（年 2〜3 回）
備　　　　考		技術指導は，JA 等を介して行う

出典：全道 TMR センター調査（2010 年）．
注：* は，個々の酪農経営の合意を前提とする．

の介入の程度は，F センター体制でより強いといえる．

(7) 課題と展開方向

A センター体制で課題として指摘されることは，a-1. TMR 設計の統一に伴って生じた，一部の経営における経産牛 1 頭当たり乳量低下への対処，a-2. 機械施設更新のための TMR センターの自己資本蓄積促進，a-3. 下請けコントラクターにおける従業員の安定確保という，デザイン・インのもとで生じた非効率性の改善や，体制維持のための内部・外部の条件形成に関する事項である（表 6-9）．この前提には，A センター体制では，多頭化へのデザイン・インのもとで，TMR 単価は計画値を下回る低い水準にあることがある．一方，F センター体制では，多頭化への不十分なデザイン・インと TMR 単価の高止まりに対し，b-1. 多頭化促進と TMR 単価の引き下げによる所得改善，b-2. 酪農経営の長時間にわたる出役負担の軽減，及び b-3. TMR センターの自己資本蓄積促進が指摘され，酪農経営，TMR センター双方の経済性改善が課題となる．A センター体制の課題は，a-2. を除けば，

表 6-9 TMR センター体制の課題

	センター名	A	F
酪農経営	経済面	—	b-1. 多頭化促進と TMR 単価引き下げによる所得改善
	技術面	a-1. TMR 設計の統一による,従前と比較した 1 頭当たり乳量低下への対策	—
	労働面	—	b-2. TMR センターへの出役負担の軽減（外部労働力に依存した,TMR センターのコントラクター機能の確立）
TMR センター	経済面	a-2. 機械施設の更新に向けた自己資本蓄積促進	a-2. と同様
体制の外部条件		a-3. コントラクターにおける従業員安定確保	—

出典：全道 TMR センター調査（2010 年）．

　基本的に F センター体制にみられる課題をクリアした次の段階におけるものであり，F センターは，A センター以上に対処に向けた強い圧力のもとにあるといえる．

　体制が持つ展開の方向について，F センター体制の動向に注目すると，酪農経営経済の不安定な状況や，酪農経営からの TMR 単価引き下げの圧力に対し，TMR センターによる独自の取り組みの出現がみられる．具体的には，①出役時間削減に向けた従業員を中心とした作業体制構築，② TMR センターにおける哺育・育成牧場の併設と預託誘導の動きである．①②は，労働面，施設面での酪農経営の増頭の余地拡大を目的とし，また②の哺育・育成牧場の併設は，体制外部の酪農経営の預託をも行うもので，TMR センターの余剰農地や余剰 TMR を活かした収益向上策としての側面をもあわせ持つといえる．

5. 考察：経済的格差の形成要因とTMRセンター体制の展開方向

(1) 酪農経営の構成とデザイン・インの関係

　TMRセンター間で経済性に格差が生じる要因は，第1に，TMR利用量の当初計画値の達成度の違いにある．ここでの違いは，酪農経営側の，乳牛飼養統合化の程度の差に起因するといえる．酪農経営とTMRセンターが，数的には多対1の関係をとるため，多くの乳牛，すなわちTMR利用量の多くが特定の酪農経営に集中するほど，言い換えると，少数の酪農経営によるTMR利用量のシェアが高いほど，多頭化へのデザイン・インが進展しやすい．大規模経営群が高い乳牛シェアを持つもとで，TMR利用量の増加とTMR単価の引き下げによる自らの経済性向上を勘案し，増頭へのモチベーションを高めることが可能となるためである．一方，乳牛が多くの中小規模経営に分散して飼養される場合，これらの経営は，繋ぎ牛舎を用いるもとで，増頭に際しての施設・労働面の制約が強いと同時に，自らの増頭がTMR単価に及ぼす影響は不明瞭で，多頭化へのデザイン・インのモチベーションは形成されにくい恐れがある．

(2) 酪農経営の構成と体制デザインの関係

　第2に，酪農経営の構成に規定された体制デザインの違い，すなわち労働を体制外からの外給に依存するか，酪農経営の出役に依存するかの違いによっても，TMRセンター間で経済性に差が生じるといえる．大規模経営を中心とするTMRセンター体制では，TMRセンターの作業は，民間企業への委託など，体制外からの労働外給を前提としてデザインされる．ここでは，「労働外給化による労働編成の再編と増頭」という大規模経営の構造需要へのニーズが体制の基本的デザインとなり，また，このもとで想定される安価なTMR単価が，中小規模経営を含めてのデザインの決定を許容するといえる．一方，中小規模経営を中心とするTMRセンター体制では，TMRセ

ンターの労働は，酪農経営の出役を中心にデザインされる．その場合でも，TMRセンター設立は，多頭化による経済性確保を前提に設計される（本章第4節第5項参照）．しかし，こうした設計は，しばしば酪農経営間の十分な理解浸透を伴わず，実際には，中小規模経営における多頭化に向けた労働や施設面での制約のもとで，増頭による経済性確保よりも「外部化に伴うTMR飼養への転換と高泌乳化，このもとでの経済性確保」への期待が高まる．ここでは，「外部化に伴うコスト増を，多頭化ではなく，労働内給により実質的に低減する」体制がデザインされる．

こうした体制デザインの違い，特に労働内給タイプの選択は，一方で，増頭とTMR利用量拡大に制約的に作用し，TMR単価が高止まりするリスクを高める．すなわち，労働内給は，短期的には酪農経営の実質的な費用負担を引き下げるが，長期的には増頭によるTMR単価の引き下げに抑制的に働くといえる．

(3) 経済的安定化に向けた体制の展開方向

TMRセンター体制の展開は，次の共通する方向のもとで理解される．

すなわち，体制外からの労働外給化の方向，及び少数の大規模酪農経営における乳牛シェアの拡大，すなわち飼養管理工程の実質的統合の方向である．酪農経営とTMRセンターが，数的に多対1の構造をとるもとで，構造需要へのニーズを持つ大規模経営が乳牛のシェアを高め，また一方で，労働外給により多頭化の条件が整うことで，計画に則したTMR供給量確保の確実性が高まる．この究極の形態は，酪農経営が単一の共同経営となり，単一のTMRセンターとの間で体制が構成される場合に実現されるであろう．ただし，実際の展開プロセスは，現時点で，大規模経営を中心に体制が構成される場合と，多数の中小規模経営で構成される場合で異なるとみられる．前者は，大規模経営のデザイン・インのもとで体制が共通戦略に即して展開しやすい．大規模経営は，増頭へのデザイン・インのモチベーションを持ちやすいためである．こうした体制のもとでは，体制に参画する中小規模経営

は，安価なTMRのユーザーに留まり，強いデザイン・インは求められないとみられる．後者では，TMRセンターが体制全体のマネジメント機能を発揮し，①酪農経営の技術的・経済的安定化の誘導，ひいては共同経営化の誘導と，②哺育・育成牧場設立等の，TMRセンターへのさらなる機能統合の両面から，乳牛飼養の統合・大規模化が展開するとみられる．後者の目的は，酪農経営への施設・労働面での多頭化条件の提供と同時に，TMR，あるいはTMRセンターで生産される粗飼料の供給量と需要量のバランシングにあり，最終的形態として，TMRセンター自らによる乳牛飼養も想定されよう．

6. 結論：TMRセンター体制の構造と展開の理解

TMRセンター体制では，委託主体である複数の酪農経営に対し，単一の受託主体としてTMRセンターが対応する構造がとられる．ここでは，通常いわれるような，製品販売を行う組み立て企業に適合する方向で部品供給企業のデザイン・インが進展するのではなく，受託主体に適合する方向で委託主体のデザイン・インが求められるという，逆転した関係がみられる．特に委託主体が中小規模経営で構成される場合，デザイン・インは不確実となり，全体の経済性を低める恐れが強まる．TMRセンター体制は，体制全体の包括的経済性のもとに運営されるため，TMR需要量の不足によるTMRセンターの実質的赤字分は，TMR単価を介して酪農経営により負担される．ここでは，TMRセンターの当面の事業継続は担保されたとしても，長期的には酪農経営，TMRセンター双方が経済的に不安定化するリスクが生じる．

TMRセンター体制が全体の経済性を高めるために効果的な手法は，少数の酪農経営がTMRセンターとの取引において寡占状態を形成し，自身に対する経済効果を勘案した上で多頭化に向けた積極的デザイン・インを行うことである．ここでは，以下のように整理できる．

① 体制の安定化は，分散する委託主体の統合度を高め，営農条件形成を管理機能に積極的に位置づける経営・経営群を創出し，デザイン・インの不確実性を減らすことで導かれる．

ここでは，共通戦略形成とデザイン・インは，マネジメント機能に代替する，体制全体のコントロールメカニズムとして機能する．
一方，共通戦略形成とデザイン・インが効果的に機能しない場合，新たに体制全体のマネジメント機能の形成が不可避となる．ここでは，次の動きが生じるといえる．

② デザイン・インが進展せず体制が不安定な場合，TMRセンターは，体制全体のマネジメント機能を担うようになる．ここでは，酪農経営の技術的・経済的安定化や多頭化誘導のほか，体制全体の生産効率向上に向けて，哺育・育成の受託などTMRセンターへの機能集積の動きが生じる．

①②のもとで，最終的には，少数の大規模酪農経営と，TMRセンターによる営農体制の出現が展望される．ただし，こうした体制は，家族経営の維持展開という，TMRセンター体制構築当初の目的から逸脱する恐れを伴うようにも思われる．

注
1) 北海道農政部調べ．
2) 北海道TMRセンター連絡協議会 (2012)，岡田 (2013) 等を参照．
3) 近年は，納税をはじめとした責任の明確化の観点から，機械利用組合も法人化される状況にある．
4) 正確には，TMRセンターの事後的な，年度頭初に遡っての料金改定は税務上問題があるとみられるため，翌年度のTMR価格に反映させるなどの対応がとられる．
5) 経理上は，多くの場合，個々の酪農経営が生産資材を購入し，TMRセンターに原料草を販売するという処理がなされる．

6) 経理上は，生産された牧草を TMR センターが購入する形がとられる．
7) こうした業態は，本書全体の定義からいえば，自らの機械を用いて受託作業を担う「コントラクター」ではなく，「民間企業」にあてはまるものである．
8) 実際には，年間支出（$RE/Year$）及び TMR 利用量（$\Sigma\, q/Year$）それぞれの予測のもとで，当該年の TMR 単価が決定される場合が多い．
9) 水分率により栄養価が変動するため，正確には乾物当たりの単価を用いることが望ましいが，事後的に乾物量（水分率）を把握することが困難だったため，ここでは現物当たりの単価を用いている．
10) さらにコントラクター等外部主体への経済効果（TMR 1kg 当たり 0.7 円）がみられる．

第7章
TMR センター体制における酪農経営間の経済性格差の形成要因

1. 背景と本章の目的

　北海道では，乳価低落や配合飼料価格上昇等，2000年代の経済条件悪化のもとで，ユニークな酪農生産構造の展開がみられる．自給飼料生産や給与飼料製造の拠点としてのTMRセンターの設立と，このもとでの酪農経営の飼養管理への特化である．こうしたTMRセンター体制の構築は，2000年代，特に2004年以降に集中し，営農条件や自給飼料構成等の差異によらず北海道内各地で進んだ．2012年時点で51センターが稼働し，北海道の酪農経営の8.6％強がTMRセンター体制のもとで営農する．今日計画中のTMRセンターも多数あり，TMRセンター化の動きは当面続くとみられる．
　研究面では，TMRセンター体制のもとでの酪農経営展開について議論されてきた．荒木（2006a）は，TMRセンター体制を農場制へのステップとして積極的に位置づけるが，同時に，TMRセンター化に伴う所得効果は酪農経営間でばらつきがみられることも示している．こうした酪農経営の経済性のばらつきは，実際のTMRセンター運営に際しても問題視されている（北海道TMRセンター連絡協議会 2012）．こうしたことは，TMRセンター体制のもとで酪農経営がどのような行動をとり，どのような経済性に直面するかは十分に明確ではなく，今日のセンター化の動きは，必ずしも楽観視できないことを意味しよう．
　ところで，TMRセンターのもとでの酪農経営の行動や経済性は，同時に

酪農経営の営農条件となる TMR 単価の規定要因でもある点に留意が必要である．TMR センターのもとでは，給与飼料形態の TMR への統一（以下，モジュール化）と，個々の酪農経営における TMR 購入量の独自決定（以下，プラットフォーム構造）が行われる．酪農経営はモジュール化への適応を求められるが，プラットフォーム構造のもとで TMR 需要量に影響する頭数規模に関して個々の裁量に任されている．同時に，未発達な体制外部の TMR 市場や，TMR 需要量が不確実なプラットフォーム構造のもとで，TMR センターが経済的に安定するしくみとして酪農経営間で TMR センターの年間支出を負担する包括的経済性がとられる．ここでは基本的に「$RE/Year \div \Sigma q/Year \leq p$（ただし，$RE/Year$：TMR センターの年間支出額，$\Sigma q/Year$：酪農経営の年間 TMR 需要量総計，$p$：TMR 単価）」の関係があり[1]，TMR 単価は酪農経営間の TMR 需要量総計に左右される．すなわち，酪農経営の行動や経済性は，経営個々の問題にとどまらず，TMR センターを構成する酪農経営全体にも影響する恐れがある．

　本章では，TMR センター化のもとで酪農経営個々の間に経済性の差が生じる要因を解明する．このもとで，酪農経営の経済的安定化に向けた TMR センター体制運営について考察する．

2. 検討方法と事例

　本章では，検討対象を 2010 年前後の道東・道北地方の草地酪農地帯にある，経産牛 40〜100 頭程度を飼養する中小規模酪農経営を中心に構成される TMR センターとする．これは，第 1 に，多くの TMR センターは中小規模経営を中心に構成され，それらの動向が TMR センターの帰趨を握るとみられるためである．北海道 TMR センター連絡協議会（2012）によれば，繋ぎ牛舎を利用する酪農経営（そのほとんどが中小規模経営とみられる）は，TMR センターを構成する酪農経営の 70.9% を占める．第 2 に，中小規模経営と経産牛 100 頭以上の大規模経営とでは TMR センター化に伴う影響

第7章　TMRセンター体制における酪農経営間の経済性格差の形成要因　　207

の程度が異なり，中小規模経営はより大きな影響を受けやすいとみられるためである．これは，1つに，TMRセンター化に伴う飼養管理方式の再編の有無により，フリーストール牛舎を利用する大規模経営は従前からTMR給与を行うのに対し，中小規模経営では個別分離給与からTMR給与への転換が生じ，新たな機械・施設導入や技術習得が不可欠となることによる．2つ目として，経済条件変動への適応力の格差であり，大規模経営が用いるフリーストール牛舎は一定範囲で新たな投資をせず増頭が可能であるのに対し，中小規模経営が用いる繋ぎ牛舎は飼養頭数が牛床数で規定され，増頭には増床が必要となることによる．すなわち，経済条件変動に対して，中小規模経営は増頭による適応力がより小さく，より不安定化しやすい主体といえる．

　事例とするTMRセンターは次のように選定した．

　すなわち，①TMR供給開始後5年以上が経過し，酪農経営の変化がトレースできるとみられる14センターを抽出，さらに②①のうち，中規模経営を中心に構成される12センターを抽出した．③②の飼料収穫調製作業を酪農経営の出役のもとで行う9センターと，センター従業員やコントラクターが行う3センターのうち，ここでは前者から調査協力の得られた2センター（Sセンター，Tセンター）を選定した．ここで，酪農経営の出役を伴うセンターを事例に選んだのは，中小規模経営は大規模経営に比べて費用負担能力が低いため，実質的な負担引き下げのため，出役制をとることが多いことによる．

　本章では，TMRセンターのもとで酪農経営の経済性格差が生じる要因として，酪農経営個々の生産要素の状況の差に起因した経営行動の差異に着目する．ここでは，まず，TMRセンターの構成酪農経営を，生乳生産量を増加させた経営群とそうではない経営群にグループ化し，生乳生産量の変化がどのような経営行動のもとで生じているかを確認する．次に，両グループにおける，TMRセンター化前後の各生産要素の状況の変化，及び経済性の変化を明らかにする．これにより経営行動と生産要素の関係，経営行動と経済性の関係を検討する．分析は，両センター体制について行ったが，ほぼ同様

の結果がみられたため，ここではAセンターについて詳細を記述し，Bセンターは結論を示すにとどめる．分析期間はTMRセンター稼働前年から2009年までである．

3. 事例分析

(1) 両センターの概況

SセンターとTセンターの概況を表7-1に示す．それぞれ，酪農経営1戸当たり経産牛頭数は70.9頭，65.0頭，同飼料畑面積は56.9ha，66.7haと近似し，こうした値は中小規模経営を中心とし飼料収穫調製作業を酪農経営の出役のもとで行う他の7センターの平均とも同等の水準にある．また，Sセ

表7-1 検討対象センターの概要

		Sセンター	Tセンター	他7センター平均
構成酪農経営戸数	総数	8	9	8
	経産牛頭数別 60頭未満	1	2	―
	60～79頭	2	3	―
	80～99頭	3	4	―
	100頭以上（頭）	2	0	―
戸当たり経産牛頭数（頭）		70.9	65.0	67.7
戸当たり飼料畑面積（ha）		56.9	66.7	58.0
戸当たり施設投資額（千円）		11,815	10,267	13,372
従業員数（人）	事務職員	2	2	0.7
	作業担当	0	5	2.3
作業担当者	自給飼料生産	構成員	構成員＋従業員	構成員（＋従業員）
	TMR製造配送	外部委託	従業員	従業員（＋構成員，または外部委託）

出典：TMRセンター抽出調査（2010-11年）．
注：1）他7センターは，道内で2005年以前にTMR供給を開始した自給飼料依存型センターのうち，戸当たり経産牛頭数が100頭未満で，飼料収穫調製作業を基本的に構成酪農経営の出役による場合．
2）S，Tセンターの「経産牛頭数別構成酪農経営数」はセンターへの参画時点．「従業員数」，「作業担当者」は2009年．他は北海道立農業試験場・畜産試験場・北海道農政部農村振興局農村計画課（2008）「北海道における自給飼料主体TMRセンター供給システムの設立運営マニュアル」による．
3）従業員数には構成員を含まない．構成員には後継者を含む．

表7-2　TMRセンターの経済状況とTMR・サイレージ単価

(単位：千円, %)

	年	2003	2004	2005	2006	2007	2008	2009
Sセンター	当期純利益	105	131	19	236	1,461	1,826	1,571
	総資本	174,812	168,254	157,826	146,475	159,238	157,527	135,895
	サイレージ単価指数(名目)	100.0	88.9	90.7	95.9	97.7	91.6	95.9
	サイレージ単価指数(実質)	100.0	97.1	104.3	110.7	82.2	93.5	119.6
Tセンター	当期純利益	—	—	−5,933	3,321	2,939	667	12,913
	総資本	—	—	210,877	197,253	194,300	185,172	169,268
	TMR単価指数(名目)	—	—	100.0	100.0	100.0	100.0	100.0
	TMR単価指数(実質)	—	—	100.0	106.6	101.3	104.0	106.9

出典：TMRセンター抽出調査（2010-11年）．
注：TMR単価の推移を示す指数として，Sセンターはサイレージ単価指数（2003年＝100）を，Tセンターは TMRkg当たり単価指数(2005年＝100)を示した．また，それぞれの指数では，「名目」(各年の単価÷初年の単価×100)，「実質」(前年の総資本維持に必要となる単価÷初年の単価×100)の双方を示した．

ンターでは作業担当従業員はおらず，自給飼料生産は酪農経営の出役により，またTMR製造配送は委託されるのに対し，Tセンターでは作業担当従業員が5名おり，自給飼料生産は酪農経営の出役と従業員に，TMR製造配送は従業員によるという違いがある．こうしたTMRセンターでの労働編成の違いは，作業委託先の有無といった地域状況の差異による．

　ここで，酪農経営への影響要因としてTMR単価水準を確認すると，Sセンターでは日乳量35kgメニューで現物22.5円/kg前後，Tセンターでは全体平均で現物22.6円/kg（ともに2008年）であり，これは他のセンターと同程度であるが，通常TMRを経営内で内給する場合の費用17円/kg程度を上回る水準とみられる[2]．また，TMRセンターの経済状況とTMR単価の推移をあわせ見ると（表7-2），両センターともに設立後TMR単価（Sセンターではサイレージ単価で表記）は維持ないし低下するが，一方で両センターともに総資本の減少傾向が見られ，安価すぎるTMR単価設定が総資本の減少を引き起こしている恐れがある．そこで，総資本を減少させないTMR単価（Sセンターはサイレージ単価）を，総資本維持に必要な単価水準として試算すると，Sセンターは年により，Tセンターは毎年，実際より高い単価設定が必要なことがわかる．ここでは，酪農経営は，TMRセンター化のもとで所得維持確保への強い圧力を受ける状況にあるといえる．

(2) Sセンターの事例

1) 生乳生産状況

各経営の年間生乳生産量は，TMRセンター化前の2001年は377〜614tに対し2009年は440〜1,063tと，TMRセンター化のもとでばらつきが拡大する（表7-3，ただし大規模経営のA-8fsを除く）．これは，TMRセンター化後，繋ぎ牛舎でのほぼ上限となる800t水準を超えて倍以上に生乳生産量を伸ばした経営群（A-1(fs)，A-3）と，生乳生産量の伸びが小さい，もしくは減少した経営群（A-2fb，A-4〜A-8fs）があることによる．

TMRセンター化のもとでの経産牛頭数と経産牛1頭当たり乳量の推移を確認すると，生乳生産量の伸びの小さい経営群では経産牛頭数は横ばいないし10頭程度の増頭にとどまり，経産牛1頭当たり乳量はTMRセンター化後1万1,000kgまで高まるが，その後移行前と同等あるいはそれ以下の水準に低下する（表7-4）．一方，生乳生産量の伸びの大きい経営群では，移行前に比べ35頭以上の多頭化がみられ，経産牛1頭当たり乳量も1万kg弱へ上昇傾向を示す．すなわち，TMRセンター化のもとで，多頭化の動きが弱く，急速な高泌乳化とその後の乳量低下が生じた経営群（A-2fb，A-4

表7-3 センター化前後の生乳生産量

経営番号	年間生乳生産量（t）		
	2001年	2009年	2009/10年
A-1(fs)	377	872	2.3
A-2fb	(383)	440	1.1
A-3	468	1,063	2.3
A-4	506	577	1.1
A-5	603	754	1.3
A-6	620	545	0.9
A-7	614	765	1.2
A-8fs	1,115	1,325	1.2

出典：TMRセンター抽出調査（2010-11年）．
注：1) 経営番号末尾の記号は搾乳牛舎形態を示す．fbはフリーバーン，fsはフリーストール，(fs)はセンター化後フリーストール化，記号なしは繋ぎ牛舎．
　　2) A-2fbは2003年に新規就農．同経営の年間生乳生産量（2001年）は2003年の値を示す．

表7-4 経産牛頭数及び経産牛1頭当たり乳量の
推移 (2001-09年)

(単位:頭, kg/頭)

グループ		経営番号	設立後の年数								伸び率
			(前年)	1	2	3	4	5	6	7	8	
経産牛頭数	a	A-2fb	―	―	40	41	50	48	43	52	48	―
		A-7	69	59	55	58	60	54	54	60	66	0.96
		A-5	69	70	68	66	68	76	76	79	81	1.17
		A-6	62	53	59	65	61	56	67	75	79	1.27
		A-4	60	62	54	59	67	74	71	75	84	1.40
	b	A-1(fs)	52	55	47	48	61	86	92	90	92	1.77
		A-3	64	80	74	72	85	97	101	111	108	1.69
		A-8fs	118	127	126	124	126	111	119	130	129	1.09
	aグループ平均		65	61	55	58	61	62	62	68	72	1.10
	bグループ平均		78	87	82	81	91	98	104	110	110	1.41
経産牛1頭当たり乳量	a	A-2fb	―	―	9,580	10,633	8,950	8,814	9,993	8,450	9,171	―
		A-7	8,981	9,568	10,272	10,680	9,591	9,508	10,041	8,653	8,255	0.92
		A-5	8,903	9,399	10,757	11,012	10,353	9,228	9,218	9,209	9,441	1.06
		A-6	9,728	11,349	9,772	9,688	11,196	11,248	9,316	8,069	9,547	0.98
		A-4	8,433	9,367	10,998	10,515	9,620	7,490	7,377	7,927	6,870	0.81
	b	A-1(fs)	7,248	7,212	8,736	9,028	7,431	8,097	8,316	9,466	9,474	1.31
		A-3	7,307	6,748	8,443	8,943	9,477	9,220	9,394	8,836	9,844	1.35
		A-8fs	9,452	9,247	10,065	10,275	10,296	10,252	9,766	10,313	10,270	1.09
	aグループ平均		9,011	9,921	10,276	10,506	9,942	9,257	9,189	8,462	8,657	0.96
	bグループ平均		8,002	7,736	9,081	9,416	9,068	9,190	9,159	9,538	9,863	1.23

出典:TMRセンター抽出調査 (2010-11年).
注:1) 経営番号については,表7-3注1)を参照.
 2) グループaは急速な高泌乳化とその後乳量低下した経営群.グループbは多頭化と高泌乳化を並進した経営群.
 3) 「伸び率」は,設立8年目÷設立前年で算出.

~A-7)と,多頭化と高泌乳化を並進させた経営群(A-1(fs), A-3)がみられる.以下では,前者をaグループ,後者をbグループとする.なお,A-8fsは,2009年時点ではA-1(fs),A-3と生乳生産量,経産牛頭数,経産牛1頭当たり乳量が接近してきており,差し障りのない範囲でbグループに含めて検討を行う.

2) 生産要素と経済性の状況
❶労働力
 すべての酪農経営でTMRセンター化の前後は雇用はない.TMRセンタ

表 7-5 労働力の状況

グループ	経営番号	家族労働力数（人）		うちセンター従事者数(人) 2009年	年間センター従事延べ日数（日）	年間飼養管理労働可能日数（人日）
		2001年	2009年			
a	A-2fb	—	3	2	57	843
	A-7	2	3	2	131	769
	A-5	3	2	1	39	561
	A-6	2	3	2	118	782
	A-4	4	4	1	78	1,122
b	A-1(fs)	2	4	1	110	1,090
	A-3	3	3	2	125	775
	A-8fs	5	4	2	134	1,066
aグループ平均		2.8	3.0	1.6	85	815
bグループ平均		3.3	3.7	1.7	123	977

出典：TMRセンター抽出調査（2010-11年）．
注：1）「経営番号」については表7-3注1）を，グループa，bについては表7-4注2）を参照．
  2）雇用労働力は，すべての経営で2001，2009年ともになし．
  3）「年間飼養管理労働可能日数」は次式で算出．
   家族労働力数（2009年）×300日－年間センター従事延べ日数

一化後（2009年）の家族労働力数は，aグループ平均3.0人に対し，bグループの平均は3.7人と後者が多い（表7-5）．また，TMRセンターへの出役状況をみると，出役は基本的に男性労働力全員が対象となるため，それぞれの経営のTMRセンター従事者数や年間TMRセンター従事延べ日数は必ずしも経産牛頭数に比例しない．この結果，表7-5で，年間の就労日数を300日と仮定したときの出役を除く経営内での労働可能日数を試算すると，aグループで平均815日，bグループで平均977日とbグループが多い傾向にある．すなわち，飼養管理への労働供給力は，bグループでより大きい．

ところで，TMRセンター化は，酪農経営の就労構造に変化を引き起こしている．すなわち，①男性は，後継者を中心に1人年間60日程度の出役が発生する．この際，センターでは集約された広い農地を対象に効率的作業が必要なこと，あるいは賃金支払いの公平性確保が必要なことから，出勤から帰宅までの連続した作業従事が求められる．ここでは，従前の共同作業時のように，作業中に中抜けして獣医師対応を行う，場合によって共同作業を中

表7-6 搾乳牛舎の整備状況

(単位:床)

グループ	経営番号	年	内容	増床規模	牛床数 2001年	牛床数 2009年	付帯施設・設備整備
aグループ	A-2fb	2002年	新築(フリーバーン)	—	—	50	乾乳舎新築
	A-7	2001年	増床	12	45	57	
	A-5	2001年 2002年	〃 〃	2 4	58	64	給餌施設の設置
	A-6	2002年	〃	14	63	77	育成舎新築,ストックヤード設置
	A-4	2005年	〃	12	60	72	育成舎設置(乾草庫の改修,バンカーサイロの転用による)
bグループ	A-1(fs)	2005年	新築(フリーストール)	75	46	121	
	A-3	2004年	新築(繋ぎ牛舎)	26	62	88	搾乳牛舎改修(給水器増設,天井嵩上げ),育成舎設置(旧搾乳牛舎の転用による)
	A-8fs	2006年	増床(搾乳ロボット用)	27	125	152	搾乳ロボットの導入 育成舎の新築
aグループ平均				11	57	68	
bグループ平均				43	78	120	

出典:TMRセンター抽出調査(2010-11年).
注:1)「経営番号」については表7-3の注1)を,グループa,bは,表7-4注2)参照.
  2) その他の施設整備として,糞尿処理施設の整備が全経営でなされている.

止し牛舎作業を行う等の柔軟な対応は難しい.②女性は,飼料収穫調製作業への従事が不要となった.しかし,男性が不在の期間は,TMR化に伴って増加した日中の飼養管理労働(残食を減らすための掃き寄せ作業,疾病・事故への対応や予防措置の実施,悪化しがちな繁殖への対応等)をこなす必要が生じた.このため,特に男性が少ない経営では,女性労働の長時間化や精神的負担の増加が指摘される.こうした状況のグループ間での差異は明確ではないが,出役に伴う労働配置の硬直性が高まることから,以前の共同作業時以上に経営間のあつれきを増大させる恐れがあるとみられる.

❷ 施設

TMRセンター化のもとで,すべての酪農経営で施設投資が生じた(表

7-6). 投資対象は, ①TMR受け入れ態勢の整備（ストックヤードの整備，自動給餌機の導入，給水施設整備等), ②搾乳牛舎の増改築や新築, ③育成舎・乾乳舎の拡大である. このうち, ①TMR受け入れ態勢の整備は, TMRセンター設立に際して計画的に実施されたものである. 一方, ②搾乳牛舎の増改築・新築と, ③育成舎・乾乳舎の拡大は, すべての酪農経営でTMRセンター化後に事後的に生じ, しかし経営間でその程度にばらつきがある. まず, 搾乳牛舎の増改築・新築をみると, ａグループではすべての経営で平均11床の増床がなされたのに対し, ｂグループではA-1(fs), A-3の2経営ともに牛舎が新築され（うち1経営はフリーストール化), それぞれ75床, 26床が増床された. すなわち, ｂグループでは増床幅がより大きい. また, 育成舎・乾乳舎の拡大は, ａグループで3経営, ｂグループで2経営でみられる. これは, 搾乳牛の増頭に伴って育成牛・乾乳牛が増加し, 収容能力の不足が生じたことによる. 他方では, 育成牛・乾乳牛用スペースを搾乳牛用に転用したため, 新たに育成舎・乾乳舎を整備した経営も存在する. TMRセンター化に伴う牛舎施設への投資額は, ａグループで平均1,327万4,000円（最少707万5,000～最大2,850万円), ｂグループの2001年に繋ぎ牛舎を用いていた経営で平均7,600万5,000円（6,204万7,000～8,996万4,000円）と格差がみられる.

❸ 機械

TMRセンター化のもとで, すべての酪農経営で所有機械構成の変化が生じたが, グループ間での差異は明瞭ではない. 共通する状況は, ①トラクター台数の減少, ②飼料収穫調製用機械・糞尿処理機械の非保有化, ③TMR給餌用機械の新規導入（ストックヤードからの積み込み用機械や給餌作業用機械等）である.

❹ 草地所有と利用

Sセンターは, 酪農経営が個々に保有する草地の管理作業を受託し, また収穫された牧草を一括購入する. 移行前の草地面積は全体で369ha, 経産牛1頭当たり0.75haであり, 多頭化を想定すれば草地は不足するとみられた.

表7-7 草地の状況

グループ	経営番号	草地面積 (ha)				増減	経産牛1頭当たり草地面積 (ha)		
		2001年		2009年			2001年	2009年	増減
		面積	うち放牧地	面積	うち放牧地				
a	A-2fb	—	—	7	—	7	-	0.15	0.15
	A-7	43	7	43	7	0	0.62	0.65	0.03
	A-5	46	—	56	—	10	0.74	0.71	-0.03
	A-6	51	—	72	—	21	0.74	0.89	0.15
	A-4	40	—	72	7	32	0.67	0.86	0.19
b	A-1(fs)	50	2	50	2	0	0.96	0.54	-0.42
	A-3	49	3	87	—	38	0.77	0.81	0.04
	A-8fs	90	30	90	25	0	0.76	0.70	-0.07
aグループ平均		45.0	7.0	50.0	7.0	14.0	0.69	0.65	0.10
bグループ平均		63.0	11.7	75.7	13.5	12.7	0.83	0.68	-0.15

出典：TMRセンター抽出調査（2010-11年）．
注：1)「経営番号」については表7-3の注1)を，グループa，bについては，表7-4注2)を参照．
　　2) 採草・放牧兼用地はすべての経営でみられない．

　このため，移行後今日までに108haの拡大がみられる（表7-7）．
　草地面積拡大とグループの関係には明瞭な傾向はみられない．農地購入は，対象農地に隣接する酪農経営が行うことが基本となり，この結果，多頭化・高泌乳化が停滞的であったaグループ（特にA-4～A-6）でも農地調達がみられ，一方多頭化・高泌乳化が進んだbグループでも3経営中2経営は農地を拡大していない．農地購入時の1経営当たりの投資額は600～1,300万円と推計され，あとでみるようにaグループでは個々の経営の投資余力に影響した場合があるとみられる．
　土地利用の動向を確認すると，TMRセンター化に伴い放牧状況に変化がみられる場合がある．bグループのA-8fsでは，移行前から運動目的で時間制限放牧がなされるが，他の酪農経営は移行前は舎飼いである．このうち，aグループのA-4では，移行後の2009年より搾乳牛の放牧を開始している．これは，TMR化に伴う飼料費の負担増に対し，TMR利用量を削減する手段として採用されたものである．

3) 経済状況の変化

移行前後の収支状況の変化をみると，グループ間の違いが明瞭である（図7-1）．aグループでは，経営費の上昇に対し粗収入（経営費＋所得）の伸びは小さく，このため所得はすべての経営で減少した．一方，bグループでは，経営費は大きく上昇するが，それを上回って粗収入が増加し，所得は若干減少（A-1fs），もしくは増加した．

経産牛1頭当たりの経済性をみると，aグループでは，TMRセンター化に伴い経営費は656千円/頭から778千円/頭に増加するが，粗収入は813千円/頭から841千円/頭への伸びにとどまり，両者の差である所得は157千円/頭から63千円/頭へと大きく減少した（図7-2）．費用増加のほとんどは飼料費であり，ほかに養畜共済費，水道光熱費も増大した．肥料生産資材費，減価償却費は減少するが，その差は些少である．一方，bグループでは，センター化に伴い経営費はやはり524千円/頭から775千円/頭へと増加するが，同時に粗収入も737千円/頭から898千円/頭に増加し，所得は213千円/頭から123千円/頭に減少するが，減少幅はaグループより小さい．ここでも費用増加のほとんどは飼料費であり，他に養畜共済費，水道光熱費も増加する．肥料生産資材費は減少するが，その差は些少である．このように，aグループでは，センター化に伴い飼料費を中心に経営費は増加したが，粗収入の伸びは少なく，また多頭化も限定的であったため経済性は低迷した．一方，bグループでは，飼料費を中心とした経営費の増加と同時に，高泌乳化に伴う粗収入の上昇が生じ，1頭当たり所得の減少幅はより小さい．さらに，増頭が進められたことが所得の維持拡大につながっている．

(3) Tセンターの事例

Tセンターでも，Sセンターと同様の状況が確認される（表7-8）．Tセンターは繋ぎ牛舎を利用する酪農経営9戸からなり，これらをa'グループ（2009年の生乳生産量800t未満）6経営とb'グループ（同800t以上）3経営に区分する．センター化後の増頭幅，及び2009年の経産牛1頭当たり乳

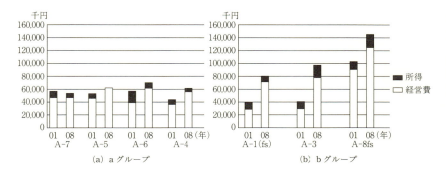

図7-1 TMRセンター化前後の各経営の経済性（2001，2008年）

出典：TMRセンター抽出調査（2010-11年）．
注：各経営で2001年がセンター化前，2008年がセンター化後．

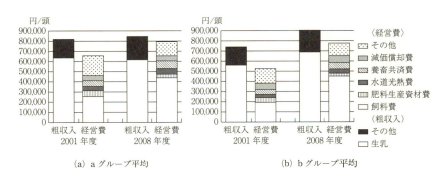

図7-2 経産牛1頭当たり経済性の変化（2001，2008年度）

出典：TMRセンター抽出調査（2010-11年）．

量ともにa'＜b'の関係がある．a'グループの多くは，センター化後2年目の2005年に乳量水準のピークがあり，その後乳量水準の低下がみられる．すなわち，b'グループは多頭化と高泌乳化を並進させたが，a'グループはその程度がより低い．すべての経営で外部からの雇用はなく，家族労働力数はa'＜b'であり，b'グループはすべて2世代であるが，a'グループは3経営が単世代である．男性労働力は通年センター作業に従事し，日中の飼養管

表7-8 Tセンターの状況 (2003, 2009年)

グループ名	a′			b′		
経 産 牛 頭 数 (頭)	54.6	→	60.8	72.0	→	89.8
経産牛1頭当たり乳量 (kg/頭)	8,335	→	9,694	8,574	→	10,053
家 族 労 働 力 数 (人)	3.0	→	3.2	3.7	→	4.3
センター化後の年間労働可能日数 (人日) (出 役 控 除 後)		706			903	
牛 床 数 (床)	51.8	→	68.2	68.0	→	86.0
牛 床 充 足 率 (%)	107.7	→	92.5	117.4	→	105.9
センター化後の施設投資額 (千円) (糞尿処理施設を除く)		38,052			48,710	
草 地 面 積 (ha)	51.5	→	57.5	75.3	→	75.3
経産牛1頭当たり粗収入 (千円/頭)	707	→	922	740	→	965
経産牛1頭当たり所得 (千円/頭)	244	→	119	241	→	149

出典:TMRセンター抽出調査 (2010-11年).
注:1) a′グループは生乳生産量 (2009年) 800t未満の経営,b′グループは同800t以上の経営.
2) 数値は,センター化前 (2003年) →センター化後 (2009年) である.

理は女性労働力を中心に担われる.牛舎の増新築はa′グループの後継者の確定できない2経営以外のすべての経営でみられる.ただし,a′グループでは,センター化後,牛床充足率が低く推移する経営があり,繁殖成績の悪化等の技術的問題が生じている.草地の拡大は購入農地の隣接経営によることが基本となり,このため既存負債の多い経営でも購入するケースがみられる.経産牛1頭当たり所得は飼料費の増大により低下するが,その水準は経産牛1頭当たり乳量水準の違いを反映してa′<b′の関係にある.センター化後の所得はa′グループはすべての経営で減少したが,b′グループは多頭化とも相まって3経営中2経営で増加した.

(4) 事例の整理:経営行動の分化

事例分析から,TMRセンター化のもとで,高泌乳化を急速に進める,または高泌乳化と多頭化を並進するという異なる経営行動がみられ,そのもとで所得の変化にも差異があることが明らかとなった.すなわち,①TMR単価22円/kg水準のもとでは,移行前に比べて経産牛1頭当たり飼料費は増加し,所得確保には高泌乳化が不可欠となっていた.②TMRセンター化

直後に高泌乳化する酪農経営と，多頭化と高泌乳化を並進する酪農経営がみられた．③高泌乳化のみ行う酪農経営では，TMRセンター化後，1～2年以内に経産牛1頭当たり乳量を急速に高める傾向がみられた．しかし，ここでは疾病や繁殖成績の悪化等が生じ，その後の乳量水準は低下する場合が多かった．このため，移行後の年間生乳生産量は安定せず，所得の低迷がみられた．④高泌乳化と多頭化を並進する経営では，経産牛1頭当たり乳量は数年かけてゆるやかに上昇する傾向がみられた．また移行数年後でも経産牛1頭当たり乳量は9,000～1万kg程度であった．増頭とも相まって生乳生産量は安定して増加し，所得向上がみられた．

4. 考察

(1) TMR単価水準への適応力の経営間格差

以上の分析から，酪農経営間の経済性のばらつきは経営行動の違いによるものであること，酪農経営行動の違いが生じる要因として，給与飼料価格水準の変動，特にTMR単価水準への適応力の経営間格差の存在を指摘できる．こうした経営間格差は，①労働供給力の差異，②投資力の差異（資金調達力の差異，及び後継者の有無と経営持続性に起因した投資リスクの差異），及びそれらのもとでどの程度の多頭化が実現し得るかに規定されるとみられる．事例では，b(b')グループは，a(a')グループよりも労働供給力や投資力が大きく，この結果，大幅な増頭を実現し，そのもとで時間をかけて高泌乳化を進めることが可能であった．これに対し，a(a')グループでは労働供給力や投資力の限界から多頭化が制約され，TMR単価上昇に対し短期間で高泌乳化を進めることが唯一の対応策となった．ここでは，急速な高泌乳化に対し，飼養管理技術の高度化の遅れによる生産性低下のリスクが高まり，実際，次の段階では経産牛1頭当たり乳量水準の低下に起因した所得低迷が顕著にみられた．また，こうしたTMR単価水準への適応力の経営間格差は，TMRセンター化に際して飼養管理技術の転換を必要とし，また増頭へ

の施設の弾力性が乏しい中小規模経営で生じやすいとみられる．

(2) 経済性確保に向けたTMRセンター体制の運営方向

TMRセンター化に伴う酪農生産構造のもとでは，酪農経営は次の営農条件に直面する．①TMR単価は完全な所与ではなく，総体としてのTMR購入量により規定される．②しかし，TMR単価水準が高いときには酪農経営行動の分化が生じ，増頭によるTMR購入量拡大は進みにくくなる．③このため，酪農経営は自らの所得低迷のリスクや，有利なTMR単価を実現できず，所得拡大が制約されるリスクにさらされる．

こうしたことは，酪農経営がプラットフォーム構造のもとで，経営としての独立性を保つことがTMRセンター化の急速な進展の前提となったが，一方で，個々の酪農経営の自由な意思決定のもとでは，TMR単価引き下げの前提となる増頭とTMR需要量拡大が進展しないというジレンマが生じやすいことを意味する．こうした状況からの脱却には，増頭とTMR需要量拡大に向けた酪農経営間の共通戦略の形成や，労働供給力や投資力格差の緩和に向けた酪農経営間の連携・協調行動，あるいはそうした格差を前提としたTMRセンター体制運営の見直しが必要とみられる．ここでは，単純には，酪農経営とTMRセンター全体の包括的なマネジメント機能の形成による組織化強化の方向が展望されるが，その具体的なありかたや，妥当性の評価については，追って終章で検討したい．

注
1) 年間支出額やTMR需要量は事後的に把握されるため，実態としては，それらの推計のもとでTMR単価が決定される場合が多い．
2) TMRの経営内内給時の費用は，実例の多い120頭給与を例にとると，原料代16円/kg（牧草6.5円/kg×40kg/頭＝260円/頭，配合飼料58円/kg×10kg/頭＝580円/頭），機械費0.68円/kg（ミキサー500万円，トラクター250万円，7年償却，燃料・油脂代・その他0.2円/kg），労賃0.25円/kg（1人×1時間/日×1,500円）で，約16.9円と試算される．

第8章
受委託マネジメント主体形成下における飼料作外部化の特質

1. 本章の目的

　本章，及び次章では，第3~7章でみてきた「組織型」に代わり，新たに「クラブ型」について検討しよう．その類型については序章第3節第2項でもふれたが，組織型とは，複数の酪農経営と受託主体を含んだグループ全体で，あたかも1つの大規模経営然とした体制を構築し，主体間で資源配置や機能分担を徹底するものであった．特に，受託主体は，しばしば酪農経営間で設立されるという特徴があった．一方，クラブ型とは，酪農経営，コントラクター，及び両者間の調整を行うマネジメント主体で構成され，マネジメント主体により，受委託に関する情報の集積と利活用システムが構築・管理されるもとで，酪農経営にとって確実な委託を実現する体制と捉えることができる．

　北海道では，こうしたクラブ型の事例は，ほとんどみられない．この理由を次のように考えることができる．1つに，北海道では，コントラクターの自生的展開に乏しく，地域にコントラクターが存在しないか，点在するにとどまるためである．ここでは，改めて調整を要するほどの，あるいは調整により効率性を高められるような量の情報やその偏在がないとみられる．2つ目として，酪農経営は，共同で設立した単一の受託主体に作業を委託する場合が多く，酪農経営と受託主体との包括的経済性のもとで，酪農経営は受託主体の効率的稼働や経済性確保に向けて，特定の作業方法での全面積の継続

委託などの組織的対応を強める[1]．こうした組織的対応のもとでは，酪農経営集団と受託主体は実質的に1対1の関係をとり，改めてマネジメント主体を介在させる必要性が生じない．3つ目として，クラブ型の体制自体がいかなるものか，あるいはマネジメント主体が実際にいかなる機能を果たすのか，その概念自体が明確となっていないことによろう[2]．

本章で扱うのは，北海道の土地利用型酪農において，1990年代以降に出現した，おそらく唯一のクラブ型の事例である．ここでの体制は，クラブ型を代表する，欧州諸国を中心に展開するマシナリィリング（MR）に範をとったもので，酪農経営，コントラクターのほか，実質的なマネジメント主体の形成がみられる．ただし，事例では，体制を構成するコントラクターは単一であること，マネジメント機能は一部の酪農経営により担われ，専任のマネジャーの配置はみられないことなど，次章で扱うイギリス（UK）のMRの事例とは異なる状況もみられる．

以上を前提として，本章では，北海道の事例を素材に，日本におけるクラブ型のもとでの受委託の実態を把握しよう．さらに，クラブ型の体制が有する特質を，組織型の事例との比較のもとで分析しよう．このもとで，クラブ型の体制の持つ特徴とその展開条件を考察する．

2. 分析方法

本章では，次の分析方法をとる．まず，北海道におけるクラブ型とみられる事例を対象に，その構造，体制コントロールのメカニズム，体制のもとでの酪農経営とコントラクターの行動，体制の有する課題の4点を整理する．次に，当該事例を，第4章で扱ったコントラクター体制の事例と比較分析し，本事例の特徴を把握する．最後に，これらのもとで，クラブ型の体制の持つ特質と北海道における展開条件を考察する．

3. C会の事例

(1) 概況

本章の検討対象はC会である．C会は，1997年に，十勝地方のA町で，酪農経営の有志により設立された．A町は畑作地帯にあり，酪農経営は少数派であると同時に，1990年代初頭には，飼料作受委託を指向する経営は酪農経営の一部にとどまり，必ずしも酪農経営全体の動きとはなっていなかった．ここでは，農協や役場による支援はなされにくい状況がある[3]．C会の設立は，例えばTMRセンター体制にしばしばみられるような補助事業導入を契機とするものではなく，飼料作外部化を必要とした酪農経営間の主体的行動によるという特徴を持つ．

C会設立の経緯について表8-1に示した．すなわち，A町では，1992-93年までD社が，1994年以降Y社が飼料収穫調製作業の受託を行ったが，いずれも採算を得られず，D社は1993年で受託を中止し，Y社は1996年末で受託中止を表明した．このため，農業改良普及センターの呼びかけのもとで，飼料収穫調製作業の委託を必要とした酪農経営5経営を中心に新たな受委託体制が検討され，C会の設立とY社の受託継続が導かれた．

表8-1 C会設立に至る経緯

年	事　項
1992	農機販売会社D社がA町で飼料収穫調製作業受託開始．
1993	D社が受託事業を中止．
1994	Y社が，農機販売会社からフォーレージハーベスタを購入し，A町で飼料収穫調製作業の受託を開始．酪農経営間で，Y社に対する「協力会」を設置．
1995	Y社が，1996年をもち受託を中止することを表明．酪農経営と関係機関の有志で，飼料収穫調製作業体制のありかたの検討委員会を設置．
1997	酪農経営の有志でC会を設立．Y社は事業中止を撤回し，受託を継続．

出典：実態調査（2004-06年）．

表 8-2 C 会の会員数及び委託面積の推移

年	1997	1998	1999	2000	2001	2002	2003	2004	伸び率
正 会 員 数	14	x	17	19	21	25	27	34	2.4
賛 助 会 員 数	1	1	1	1	1	1	1	1	1.0
委託面積 牧草1番草収穫調製	287	x	317	321	454	447	522	x	1.8
(ha)　コーン収穫調製	99	x	142	150	175	243	299	x	3.0

出典：実態調査（2004-06年）．
注：伸び率は，正会員数及び賛助会員数は2004年の数値を1997年の数値で，委託面積は2003年の数値を1997年の数値で割ったもの．
　　xは不明．

C会設立の目的は，酪農経営とコントラクター間の，飼料作作業受委託取引に関わる関係を調整し，コントラクターが一定の経済性を確保し得る条件を提供することでその退出を回避すること，このもとで受委託の継続をはかり，酪農経営の受委託へ依存した展開を可能とすることにある．こうした受委託のマネジメントは，欧州を中心に展開するMRに範をとったもので，C会は，自らが飼料作機械等を保有したり，直接作業を担うことはなく，あくまでコントロールに特化している．

C会は，設立後，受委託の持続安定化に成功してきた（表8-2）．酪農経営からなる正会員の数は当初の14経営（1997年）から34経営（2004年）となり，2004年にはA町の酪農経営の39%を占めるに至った．また，牧草（1番草）及びコーン収穫調製面積は，それぞれ1997年の1.8倍，3.0倍へと拡大した．このもとでC会の賛助会員であるY社は，C会唯一のコントラクターとして受託事業を継続してきた．

(2)　構造

C会は，法人格を持たない任意組織として設立され，設立時の1997年には，正会員である酪農経営14経営と，賛助会員であるY社1社で構成された．ここで正会員と賛助会員の違いは総会での議決権の有無にあり，正会員は年1回開催される総会での議決権を持つが，賛助会員であるY社は持たない．すなわち，C会は基本的には酪農経営間の組織として位置づけられる．

役員は正会員の中から互選され,会長1名,副会長1名,マネジャー1名,監事2名からなる.

C会の構造面での特徴として,第1に会員制がある.正会員となるためには,①30万円を預託金として納めること,②責任面積として一定面積(牧草サイレージ収穫調製作業10ha,コーンサイレージ収穫調製作業10ha,その他の作業5haのいずれか)の5年間継続した委託が課せられる.継続した委託がなされないときは,預託金の没収や違約金の課金がなされる.ただし,ほとんどの酪農経営は20ha以上の飼料畑を有しており,またその他の作業には,耕起作業や堆肥散布も含まれるので,ここでの参入条件は必ずしも飼料作全面積の委託を念頭に置くものではない.すなわち,一定の制約はあるが,酪農経営は,個々に,C会への参入・退出や,当該年の委託作業の種類や面積を判断できる.

また,第2に,正会員は,役員としてC会を運営する酪農経営群(受委託体制をコントロールする経営という意味で「リーダー経営」とする)と,役員とはならず,C会を介して受委託を行う経営群(リーダー経営により形成された条件を利用して受委託を行う経営という意味で「フォロワー経営」とする)に二分されることがある(表8-3).

ここで,役員となるリーダー経営は必ずしも固定的ではなく,逆に,設立当初の役員間では,役員が長期に固定されることは必ずしも好ましくないと考えられていた.しかし,実際には,役員の多くは検討委員会のメンバーであり,1997年から2004年の間にフォロワー経営からリーダー経営に性格を転じた経営は2経営にとどまり,4経営は設立時点から役員を継続して務めている.一方,リーダー的性格を弱めフォロワー経営に性格を転じた経営も1経営ある.また,リーダー経営はフォロワー経営よりも委託面積が大きい傾向にあり,前者は委託面積の確保や受委託の安定化に対してより協調的スタンスをとっている可能性がある.

第3に,組織性の低さがある.酪農経営が正会員になることで得るのは,Y社への作業委託の機会である.言い換えると,酪農経営が得るのは,C会

表8-3 リーダー経営とフォロワー経営の状況（2003年）

			数値
リーダー経営数			6
（うちフォロワーからリーダーに転じた経営数）			2
フォロワー経営数			28
（うちリーダーからフォロワーに転じた経営数）			1
委託1経営当たり委託面積（ha）	牧草（1番草）収穫調製	リーダー経営	48.4
		フォロワー経営	25.5
	コーン収穫調製	リーダー経営	24.3
		フォロワー経営	15.5

出典：実態調査（2004-06年）．

を介した受委託市場への参入権であり，ここでは，自らコントラクターを探すことなく，安定した取引機会の確保が可能となる．ここで，C会への参入・退出や，当該年の作業委託の有無，あるいは個々の作業の委託面積について，酪農経営は，経営間で合意形成をはかることはない．ここでは，規則を遵守するか，違約金を払うかを含めて，すべての判断を酪農経営が個々に行う．すなわち，C会への加入は酪農経営の組織的行動を前提としない．

(3) 受委託の安定化

C会では，どのように受委託の安定化がはかられるのか．ここでは，受委託安定化の手段として，①規則による制御，②役員による調整の2つがみられる．

1）規則による制御

C会における作業委託は，規則により，一定の制約を受ける．この内容は，上述した①5年間の委託継続（不履行時には預託金の没収），②責任面積以上の委託（不履行時には，違約金の課金）のほか，③収穫調製作業時の統一された作業編成の受容がある（表8-4）．①②は，受委託量の変動を回避する措置である．また，③は，例えば牧草収穫調製作業では，モアコンディシ

表 8-4　規則による委託行動の制御と効果（相対受委託との比較）

規則の内容	想定される効果	相対受委託時の対応
①5年間の委託継続 ②責任面積以上の委託 ③統一された作業編成の受容	委託面積の年次間変動の抑制 委託面積確保の安定性向上 一定の作業能率の実現，コントラクターの飼料品質に対する責任の軽減	相対委託ではこうした制約はなし 〃 一部の相対受委託では，委託側を組み入れて作業編成

ョナーによる刈り取り作業，自走式フォーレージハーベスタによる収穫作業，及びダンプ2台の運搬をY社が担当し，酪農経営は追加的に必要なダンプの調達とショベルによる踏圧を分担することとされる[4]（図8-1）．こうしたことは，Y社が，飼料品質への影響が少なく作業能率の発揮が可能な作業を分担するとともに，飼料品質への影響が生じる作業は酪農経営が担う（あるいは酪農経営の判断でH運輸に委託する）ことで，Y社における，一定の作業能率実現と，品質に対する責任の軽減を両立するための措置といえよう．

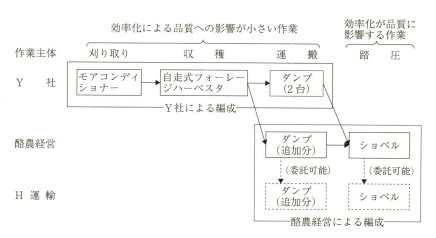

図 8-1　牧草収穫調製作業時の作業編成

出典：実態調査（2004-06年）．

表 8-5 役員による受委託主体間の関係調整機能

区　分		機能保持の理由・目的	方　法	相対受委託における状況
①委託面積と料金の調整	委託面積のとりまとめと，Y社との料金交渉	料金交渉力強化，料金の安定化	委託面積とりまとめと，Y社との一元的交渉	受託主体が料金設定（個々の委託主体の料金交渉力は弱い）
	委託面積維持（短期）	とりまとめ以後の委託面積減少回避，それによる作業料金変動の回避	委託面積とりまとめから作業開始時点までの，C会会員以外からの委託確保	対応なし（豊凶変動等による委託面積の変動が発生）
	委託面積拡大（長期）	委託面積の拡大と，受託主体との料金交渉力の強化	新たな会員の獲得	受託主体がマーケティング
②作業実施条件の調整	作業順番調整	作業の過度な集中排除，作業適期における日々の作業量の均一化	酪農経営の希望と，全体の効率を勘案のもとで決定	受託主体では調整困難，作業遅延によるキャンセル発生の原因
	大型機械に適した圃場作業条件の整備誘導	作業能率向上，適期における円滑な作業実施	酪農経営に対し，圃場の不陸均しや圃場取り付け道路の整備等を要請	対応困難（委託主体における費用負担のメリットが少ない）
③サイレージ品質の向上対策	サイレージ品質の評価・分析と技術対策誘導	サイレージ品質の向上による酪農経営側の不満解消と受委託の安定化	酪農経営，Y社，関連機関の立ち会いによる，冬期におけるサイレージの開封調査・分析	対応なし（作業と品質の因果関係が把握しにくい）

出典：実態調査（2004-06年）．

2) 役員による調整

役員による調整として，①委託面積と料金の調整，②作業実施条件の調整，③サイレージ品質の向上対策がみられる（表8-5）．

❶ 委託面積と料金の調整

役員は，酪農経営とY社の間に介在し，受委託面積と料金の決定に関わる．このプロセスは図8-2に示される．

ⓐ　C会は3月下旬（図中の$t1$）に当該年の酪農経営の委託面積をとりまとめる（面積I）．面積Iは，C会がY社に約束する最低限の委託面積として扱われ，このもとで役員とY社間で当該年の料金が決定され，酪農経営には4月上旬（$t2$）に公表される．また，面積Iは，Y社が当該年の事業計画を組み立てる基礎となる．ここでは，次式が成立する．

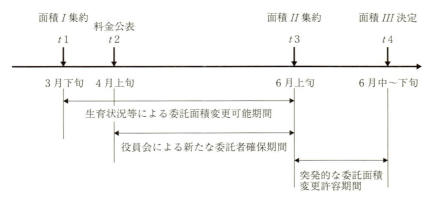

図 8-2 受委託面積と料金決定のプロセス（牧草1番草収穫調製作業）
出典：実態調査（2004-06年）．

$R = TI/I$

$I = \Sigma\ q1i$

 R：料金単価

 TI：Y社の期待収入（$t1$時点）

 $I(\Sigma\ q1i)$：会員の委託希望面積（$t1$時点）

ⓑ 実際には，酪農経営は3月下旬に委託面積を決定できない．サイレージのバラ流通は一般にはなされないため，豊作，すなわち単位面積当たり高収量が予測される年には委託面積を縮小し，残りの面積は自家作業で乾草調製を行う等の対応がとられる．このため，酪農経営にとり，委託面積を決定する重要なタイミングは，牧草1番草の場合，作業直前の6月上旬（$t3$）となり，この時点で役員により再度委託面積の集約がなされ，Y社に伝達される（面積 II）．

 $II = \Sigma\ q3i$

  $II(\Sigma\ q3i)$：会員の委託希望面積（$t3$時点）

ⓒ 面積 I と II のギャップは，C会とY社との関係を不安定化させる原因となりかねない．このため，役員は，$t2$ から $t3$ の間に，会員以外の

酪農経営を訪問し，C会への参加を勧誘する．これにより，委託面積が面積 I を下回らないようにする（面積 III）．すなわち，ここでは，作業可能な範囲で受託面積が増えることで，Y社は，当初（$t1$）想定した収入（TI）を超える収入（TI'）を実現できる．

$III = \Sigma\ q2i + \Sigma\ q3i > \Sigma\ q1i$

$TI' = III \times R = TI + \alpha$

$\alpha \geqq 0$

　　　III：会員の委託希望面積（$t3$ 時点）
　　　$\Sigma\ q2i$：会員以外からの委託面積
　　　TI'：Y社の期待収入（$t3$ 時点）
　　　α：TI 時点から追加されたY社の収入

ⓓ　フォロワー経営の中には，$t3$ 以後，実際に作業が行われる $t4$ までの間に委託面積を変更する場合がある．しかし，そうした面積変更量は大きくなく，かつ面積 III が面積 I を上回るもとで，特段のペナルティーなく面積変更が許容されている．

以上のことは，受委託安定化の一因は，役員による，会員以外の酪農経営へのマーケティングと受託面積拡大にあることを意味する．このもとで，Y社の収入確保と，酪農経営の柔軟な委託面積決定の両立が可能となっている．実際に，C会とY社間で設定される料金水準は，年ごとに変化は見られず，一定に保たれてきた．これは，委託面積が年を追って増加傾向にあることによるといえる．

❷ 作業実施条件の調整

役員は，受託作業能率の確保と適期作業実施に向けて，酪農経営間の作業実施条件を調整する．

第1に，役員は，作業が特定日に集中せず，また圃場間の移動を少なくし連続して作業が進行するように，酪農経営間の作業順番を調整する．こうした調整は，個々の酪農経営の要望をふまえつつ，各経営の位置関係，及び作

物の生育状況を勘案し，例えば牧草（1番草）収穫調製作業であれば前掲図8-2の $t3$ のタイミングで決定される．

　第2に，役員は，酪農経営に対し，圃場の不陸均し，大型機械に見合った圃場取り付け道路の整備，障害物の除去あるいはマーキング，サイロの整備等を要請する．すなわち，作業条件の社会化を進める．ここでの経費は個々の酪農経営の負担となるが，作業条件整備の取り組みは進展してきたという．この理由として，役員による全体的視点に立った取り組みの必要性の啓発と，酪農経営の長期的経済性を優先した判断を指摘できる．すなわち，役員は「自分本位な行動ではなく，後ろがつかえないようにすること」が全体の作業能率を高め受委託を安定化させるとし，個々の酪農経営に対し，協調的な行動を促している．さらに，規則により最低5年間の委託継続が求められること，あるいは料金が時間単価で設定されることもあわせて，酪農経営は当該年の負担引き下げよりも，長期的なコスト引き下げを念頭に置いた判断をとることが促されている．

　これらの点は，相対受委託であればコントラクターによるマーケティングの範疇と思われる．ただし，コントラクターとの取引のもとでは，酪農経営は他の酪農経営の行動や，コントラクターの受託継続を確約できず，個別・短期的行動が優先されやすい．こうした全体的・長期的判断は，役員が，全体の作業能率の確保や委託機会の継続確保を保証するもとで可能となるとみられる．

❸ サイレージ品質の向上対策

　サイレージの品質は生乳生産効率を左右するため，良質サイレージの確保は，酪農経営が受委託に依存するうえでの必要条件となる．役員は，サイレージの品質向上に向けて，酪農経営とY社間での情報交換の場を設けている．具体的には，役員は，酪農経営，Y社，農業改良普及員の参加のもとで冬期に酪農経営を巡回し，サイレージ品質の評価（切断長，品質，栄養価等の評価）を1999年から3年間実施している．このもとで，理想的な作業時期や作業方法，あるいは高水分調製となった場合の蟻酸添加による対応と

その場合の費用負担方法について，酪農経営とY社間で合意形成が進んできた．すなわち，酪農経営とY社間での共同学習の機会を設定することで，技術改良が実現すると同時に，意見の食い違いが緩和されたといえる．

3）酪農経営及びY社の動向
❶ 酪農経営の動向

C会設立後，C会に加入する酪農経営数と委託面積は増加している（前掲表8-2）．また，年を追って，1経営当たりの委託面積は増加しており，委託への依存度は強まる傾向にある．例えば，牧草1番草収穫調製作業において，委託開始後の経過年数別の平均委託面積をみると，リーダー経営で委託1年目の36.0haに対し7年目は59.3haへ，フォロワー経営で委託1年目の22.3haに対し7年目で30.8haへと，年数を経るに従い委託面積は増加する傾向にある（表8-6）．ただし，同時に，委託状況は酪農経営間で単様ではなく濃淡がある（表8-7）．すなわち，2003年に飼料収穫調製作業を委託した18経営中，全面積を委託するのは11経営（61.1%）と過半数を占め，うち6経営は，従来の機械共同作業組織からの脱退や共同作業の解体のもとでの，すなわち飼料収穫調製用作業機を持たない酪農経営による，不可逆的動きとみられる．一方，18経営中7経営は，委託を飼料作面積の一部にとどめるが，ここでは例えば組作業が必要な牧草，コーンの細切サイレージ収穫調製作業をY社にまかせ，自らはロールベーラを新たに購入し，ロールサイレージ調製や乾草調製を行う等の行動がみられ，また，労働を担う家族の病気・怪我等による緊急避難的委託もみられる．

❷ Y社の属性と動向

Y社は社長及び従業員2人からなる小規模なコントラクターである．Y社社長は，従前は酪農経営者であったが，立地的制約から農場の規模拡大が困難だったため，妻に酪農経営をまかせ，農機販売会社（D社）で受託作業のオペレータとして就業した後，D社の機械を引き継いで自らが設立したY社での受託をはじめた．現在は，妻と息子が酪農経営を担い，社長がコ

表 8-6　委託開始後年数別の牧草（1番草）収穫調製委託面積
(単位：ha)

		委託開始後年数						
		1年目	2年目	3年目	4年目	5年目	6年目	7年目
リーダー経営	平均	36.0	x	40.3	32.4	40.6	49.3	59.3
	最大	75.0	x	67.5	50.0	73.0	65.0	65.0
	最小	9.0	x	16.0	16.0	16.0	19.0	53.0
	標準偏差	25.9	x	21.5	15.5	23.6	20.8	6.0
フォロワー経営	平均	22.3	x	23.2	24.2	25.8	30.8	30.8
	最大	46.0	x	41.0	50.0	50.0	50.0	50.0
	最小	5.0	x	2.0	5.0	5.0	15.0	15.0
	標準偏差	13.6	x	14.4	15.6	17.7	15.2	15.2
集計経営数	リーダー経営	5	x	4	5	5	4	3
	フォロワー経営	12	x	10	7	6	4	4

出典：実態調査（2004-06年）．
注：1997-2003年に委託を行った経営を対象に委託開始年を1年目として，委託開始後の年数ごとの数値を集計した．C会設立後2年目の1998年のデータ欠損のため，委託開始後2年目の集計経営数が少ないことから同年の数値は不明（x）とした．
　なお，2003年に委託を行った12経営（同年に委託を開始した2経営を除く）のうち，2003年の委託面積÷委託初年の面積の値が1.0以上は8経営，0.90以上1.0未満は2経営，0.80以上0.90未満は2経営であるが，0.80以上0.90未満の2経営は委託開始年から牧草46ha，75haの広い面積を委託し，基本的には委託を拡大した経営が多い．

表 8-7　酪農経営の飼料収穫調製作業の委託状況

	飼料収穫調製作業を全面積委託する経営				飼料収穫調製作業の一部を委託する経営			
	新規就農	従前は自家作業	従前は共同作業	計	自家作業の補完として委託	共同作業の補完として委託	（家族労働力の病気・けが等への対応）	計
該当経営数	1	4	6	11	3	2	2	7

出典：実態調査（2004-06年）．
注：2003年のC会会員のうち，委託を行わなかった6経営，収穫調製作業を委託しない10経営を除いた18経営について整理した．

ントラクターを別会社として経営するが，実質的には，酪農とコントラクターの複合経営（家族経営）である．ここでは，受託事業継続の経済的基準は，「従業員の賃金を含めすべての経費を差し引いた後，手元に（所得として）200万円残ること」とされ，必ずしも企業として利潤形成を追求するものではない．また，従業員は季節雇で，従前から農作業や農産物の集荷等，農業

表 8-8 Y社における自走式フォーレージハーベスタの更新状況

導入年	機　種	規　格	収穫調製受託面積(ha)		備　　考
			牧草(1番草)	コーン	
1994	メンゲル	不明	104	135	
1995	クラース840	360PS	不明	不明	ロータリーヘッダ未対応機種
(1997)					(C会設立)
1997	クラース880	480PS	287	99	ロータリーヘッダ対応機種
2002	クラース890	503PS	447	243	〃
2005	クラース900	600PS	522	299	〃

出典：実態調査（2004-06年）．
注：1994年の収穫調製受託面積は不明のため，D社の1993年の値で代用した．同じく，2005年の値はY社の2003年の値で代用した．

関係の業務に就労していた．

　Y社は，C会のもとで経済性を高めてきた．Y社の年間経費は，C会設立当初の1997年でおよそ3,000万円，2003年で5,000万円程度という．同時に，Y社がC会を介して得る受託収入は，経費と同等以上の水準を実現してきたとされる．Y社の売上高に占めるC会の割合は1997年の85％から2004年の96％へと上昇しており，C会を介した受託量の拡大がそのままY社の経済規模の拡大につながったといえる．C会のもとで経済的安定性が高まると同時に，年を追った作業量拡大が見込まれることで，Y社では自走式フォーレージハーベスタをはじめとして，積極的な機械更新を進める状況がみられる（表8-8）．

4）役員の動向と課題

　C会の設立後，年を経るなかで，役員には新たな2つの動きがみられる．

　第1に，役員は，単なる受委託の安定化に向けた調整にとどまらず，受委託の拡大に向けて，より戦略的な取り組みを進める動きが生じている．この代表例が，コーンの不耕起播種作業の導入であり，役員間の共同出資により付属機を含めて600万円の機械投資がなされ[5]，Y社へリースするもとで，2003年より受委託が開始されている．ここでのねらいは，コーンの春作業

(耕起-整地-播種)を簡略化するもとで,Y社の受託面積の拡大と,酪農経営の費用負担の軽減を同時にはかることにある.2004年には11経営137haの作業が実施された.こうしたことは,役員は,単純な受委託サービスにとどまらず,技術革新という状況の変化に対し,各主体の経済性向上に向けて,長期的な機械の保有と利用関係の形成を率先して誘導したといえる.

第2に,一方では,会員数の拡大や受委託量の増加のもとで,役員による調整が困難化してきたことである.C会設立当初は,従前からD社に委託を行い,一緒に「協力会」を組織していた,いわば気心が知れた酪農経営が会員の中心であった.しかし,会員数の増加に伴い,役員と会員1人ひとりとの意思疎通が難しくなりつつあり,従前から行われてきた,役員が会員の経営状況を把握しそれに見合った委託を促すといった対応が難しくなりつつある.また,受委託量の増加に伴う受託能力強化の必要性により,役員は,2003年以降,Y社1社では適期作業は困難と判断し,過剰分について,コントラクターK社へ委託することとした.こうしたコントラクター2社体制の採用は,受託能力拡大と同時に,1社体制に比べて受託中止や一方的な料金値上げのリスクを引き下げる手段と考えられたことによる.しかし,2社体制のもとでは,①利用機械や作業方法の違いに起因して酪農経営から不満やクレームが生じ,役員の調整の手間が増大したとともに,②K社の参入に対しY社は危機感を強め,自らのリスク分散のため外部のコントラクターG社と連携して他町での受託事業を画策する動きが生じた.すなわち,コントラクターのコントロールはより難しさを増した.実際には,役員の年間報酬は低く,こうした調整作業は実質的にボランタリィな活動とみることができるが,一方で酪農経営数,コントラクター数,あるいは受委託量の拡大のもとで,より高度なコントロールが必要な状況に直面したといえる.

4. 事例分析：構造及びコントロールメカニズムの特質

　C会は，これまで扱った組織型の事例と構造的にどのように違うのだろうか．また，体制の安定化に向けて，どのようなコントロールメカニズムがみられるだろうか．ここでは，C会と，組織型の事例との比較分析により，これらの点を確認しよう．さらにそこから，C会の体制を概念化して把握・整理しよう．比較対象とする組織型の事例は，C会と同じく十勝地方で展開した，コントラクター体制の枠組みを持つAセンターである．Aセンターの詳細については，第4章を参照されたい．

(1)　構造面における特質

　AセンターとC会の体制を比較すると，次の違いがみられる（表8-9）．すなわち，①Aセンターは，もともと共同作業を行う，狭い範囲の酪農経営で設立されたのに対し，C会は，飼料作作業委託を指向する町内一円の酪農経営が参画する．②体制に参画する酪農経営とコントラクターは，Aセンターでは固定的だが[6]，C会ではともに増加傾向にある．③Aセンターでは，酪農経営間の出資によりコントラクターが設立され，その経済性を酪農経営間で支える構造がとられるが，Cセンターでは，酪農経営とコントラクター間に出資関係はなく，コントラクターは独自に経済性を確保する．④C会では，Aセンターにはみられない飼料作受委託のマネジメント主体の形成がみられる．

　こうしたことは，C会は，組織型とは異なる構造を持つことを意味する．すなわち，Aセンターのみならず他の事例を含む組織型では，特定地区における，地縁的関係や資本関係を持つ固定的メンバーで体制が構成されるのに対し，C会では，より広域において，主体間の地縁性が弱く資本的関係のないもとで，受委託を指向する主体間で体制が構成され，さらに酪農経営やコントラクター数は拡大のベクトルを持つ．

表8-9　構造面の比較

		Aセンター	C会
範囲と境界	空間的範囲	特定地区に限定	町内全域
	境界	固定 （酪農経営，コントラクターは固定）	変動 （酪農経営個々の判断による参入・退出）
構成主体		酪農経営（委託主体） コントラクターAセンター（受託主体）	酪農経営（委託主体） コントラクターY社（受託主体） C会役員（マネジメント主体）
主体間の関係	酪農経営間相互の関係	地縁性を前提 （共同作業体制を母体）	地縁性は薄く機能的関係 （作業委託機会の確保を目的）
	コントラクターと酪農経営間の関係	酪農経営間の共同設立と包括的経済性のもとで，コントラクターのリスクを分散負担	出資やリスク負担の関係はない
	マネジメント主体と酪農経営の関係	—	マネジメント主体は酪農経営（リーダー経営）で構成

　ところで，こうした構造上の特質に関して，体制のもとでの酪農経営の行動にも違いがみられる．すなわち，C会では，酪農経営個々の意思決定による多様な委託行動がみられる．1つに，C会では，必ずしもすべての酪農経営が委託を継続せず，委託の休止や再開もみられる（表8-10）．2つ目として，単一年で見ると，酪農経営によって，飼料収穫調製作業の全面委託，部分委託，あるいは委託しない等の多様な委託状況があり（前掲表8-7），時系列的には，同じ酪農経営でも年により委託面積を変化させる状況がみられる．こうしたことは，Aセンターでは，酪農経営の参入・退出は新規参入や離農時に限られること，また，すべての酪農経営が，体制構築時点から，収穫調製作業全面積を継続して委託することと対照的である．

　以上から，C会で注目される構造上の特質として，酪農経営個々の意思決定を前提とした体制であることを指摘できよう．ここでは，次の2つの特徴がみられる．

　第1に，C会は，構造需要だけでなく，調整需要，あるいは緊急避難的な委託需要を有する酪農経営の参画がみられる．このことは，Aセンターが，すべての酪農経営が飼料収穫調製作業の全面的・継続的委託を前提とするこ

表 8-10　C 会会員の年次別状況

年	1997	1999	2000	2001	2002	2003
当該年に新規に加入	12	4	2	2	4	3
前年から継続委託	-	11	13	14	16	20
当該年に委託を再開	-	-	0	2	0	0
当該年に委託を休止	-	1	2	1	2	0
委託休止を継続	-	-	1	1	2	4
計	12	16	18	20	24	27

出典：実態調査（2004-06年）．

とと異なる．この点で，C会は，より多様な委託需要に柔軟に対応する構造を持つといえる．

　第2に，C会は，酪農経営とコントラクター間の分権化を必ずしも前提とせず，画一的な分業化の動きを伴わないことである．このことは，Aセンターでは，酪農経営とコントラクター間の明確な機能分化と，受委託作業に関する設計・管理機能のコントラクターへの外部化，すなわち分業化がなされることと異なる．C会でも，一部の酪農経営は飼料作の全面委託による構造需要を有するが，ここでの構造需要は，コントラクターへの確実な委託機会により充足され，酪農経営からコントラクターへの設計・管理機能の外部化を伴わないといえる．すなわち，場合によっては委託を中止し，自ら飼料収穫調製作業を行う自由を有する．

(2)　コントロールメカニズムにおける特質

　次に，C会における，体制の安定化に向けたコントロールメカニズムの特質を，Aセンターとの比較のもとで把握する．ここでは次のような特徴がみられる（表8-11）．

① 体制の安定化に向けたコントロールには，両体制ともに，a.コントラクターの経済性改善，b.受委託料金水準の抑制，c.主体間のコンフリクト調整の3局面がみられる．また，a.コントラクターの経済性改

表8-11 体制のコントロール

		Aセンター	C会
コントロールの目的		コントラクターの経済性改善と受委託料金引き下げ	コントラクターの経済的安定化と受託継続
コントロール主体		共通戦略形成と協調行動による	マネジメント主体（C会役員）
a. コントラクターの経済性改善	a-1. 受委託面積の安定確保	組織的デザイン・イン（全面積の継続委託）	マーケティング（外延的委託者拡大）
	a-2. 作業効率化の条件形成	組織的デザイン・イン（作業体制の統一や作業受け入れ条件整備）	規則（作業体制の統一や作業順番の一元的調整），及びマーケティング（作業受入条件の整備）
b. 受委託料金水準の抑制		資源リンケージシステム（体制内の労働力・機械の計画的配置と利用）	マーケティング（面積確保を前提とした交渉）
c. 主体間のコンフリクト調整		酪農経営間のコンフリクトへの対応（共同経営による積極的な負担の引き受けによる調整）	酪農経営とコントラクター間のコンフリクトへの対応（酪農経営，コントラクターの直接参加による学習会の企画開催による調整）

善は，a-1. 受委託面積の安定確保，及び適期作業面積拡大や作業コスト節約に向けた a-2. 作業効率化の条件形成による．

② a. コントラクターの経済性改善に関して，a-1. 受委託面積の安定確保は，Aセンターでは，組織的デザイン・インのもとでの，設立時からの構成全経営の全面積委託による．一方，C会では，委託中止や委託面積を縮小する酪農経営の存在を前提に，役員のマーケティングと新たな酪農経営の参画誘導による．また，a-2. 作業効率化の条件形成は，両体制ともに，作業実施体制の統一や圃場条件整備等がみられるが，Aセンターでは，それらが酪農経営間の合意形成と協調行動（組織的デザイン・イン）としてなされるのに対し，C会では，規則及び役員のマーケティングに対する個々の酪農経営の判断に基づく．

③ b. 受委託料金の抑制（安定化）は，Aセンターでは，資源リンケージシステムによる，酪農経営とコントラクター間の労働力や機械の効率的配置・利用体制の構築と，それによるコスト低減や外部受託の拡大を

源泉とする．一方，C会では，一定の委託面積確保を前提とした，役員のコントラクターに対するマーケティング（交渉）による．

④　c. 主体間のコンフリクト調整は，体制間で，コンフリクトが生じやすい主体の組み合わせと，対策・手段に違いがみられる．Aセンターでは，コントラクターは酪農経営間で設立されるため，コンフリクトは酪農経営間で体制の運営を巡って生じやすく，この緩和手段として構造需要を有し，受委託を不可欠とする共同経営の率先した負担の引き受けがみられる．一方，C会では，受委託体制は酪農経営相互の関係を前提とせず，コンフリクトは，酪農経営とコントラクター間で飼料品質を巡って生じやすく，この緩和手段として，役員による酪農経営とコントラクター間の共同学習の機会設定がみられる．

以上のことは，C会のコントロールメカニズムは，Aセンターのような共通戦略の形成と組織的デザイン・インや資源リンケージシステムといった酪農経営間の合意形成を手段とするものではなく，C会参入の前提となる規則と，役員のマーケティングによることを意味する．ここでは，C会のコントロールメカニズムの有する特質として，次を指摘できよう．

第1に，規則の制定と同時に，マーケティングをコントロールの手段とすることである．役員によるマネジメント主体は，①酪農経営からの委託需要の集積と作業受け入れ体制の整備・誘導，②委託需要量に基づくマーケティングとコントラクターからの安定した価格設定の引き出し，③外部の酪農経営に向けたマーケティングと，新たな委託需要獲得によるコントラクターの受託量確保，さらに④酪農経営，コントラクター双方の参画による共同学習の機会設定とコンフリクト調整を行う．ここで役員が行うことは，単なる仲介ではなく，不確実性を伴う情報に確かさを付与し，意図的にコントラクターや酪農経営の行動を導くことであり，情報を媒介とした経営行動の誘導といえよう．このように，C会で，体制のコントロールがマーケティングを手段としてなされることは，組織型では，同様のコントロールが，共通戦略形

第8章　受委託マネジメント主体形成下における飼料作外部化の特質　　241

成と組織的デザイン・インという，組織的な経営行動変革を手段とすることと対照的である．

　第2に，主体の個別性を前提としたメカニズムであることである．酪農経営は，C会への参画，あるいは当該年の委託の有無や委託面積を個々に判断する．ここで，主体個々に判断を行うことは，多様な委託需要を持つ酪農経営が体制に参画する前提となるといえる．こうしたことは，組織型では，酪農経営間の合意形成と画一的行動が要請され，個々の自在な意思決定は制約されることと対照的である．

　第3に，こうしたコントロールメカニズムのもとで，体制の外延的拡大の動きが生じることである．個々の判断への依存のもとで，酪農経営の委託行動には不確実性が生じる．ここで，コントラクターへの安定した委託面積の確保には，新たな酪農経営の参画・誘導が必要となる．また，コントラクター1社のもとでは，対象とする受託作業や作業方式が限定されるとともに，突発的な受託中止などの懸念も伴うことから，コントラクターの複数化が早晩課題になったとみられる．このように，コントロールのもとで，酪農経営，コントラクターともに増加の方向が生じることは，組織型では，固定的メンバーを前提としたコントロールメカニズムがとられることと異なる．

(3) 体制及びコントロールメカニズムの選択要因

　C会では，なぜ，こうした独特の体制とコントロールメカニズムが出現したのか．組織型の体制やコントロールメカニズムは，なぜ採用されなかったのか．

　この要因を考えるため，まず，Aセンターをはじめとした組織型の体制の選択要因を整理する．ここでは，①地縁的で固定的な酪農経営で構成されること，このもとで自らの利得に走るといった機会主義的行動が抑制されること[7]，②コントラクターが酪農経営間の共同設立により，機会主義的行動をとる懸念がないこと，③酪農経営とコントラクターを一体とした包括的経済性がとられるもとで，酪農経営においてコントラクターの経済性改善への

インセンティブが共通して形成されること，すなわち協調的行動がとられやすいこと，及び④体制をリードしその安定化に向けて率先して負担を引き受けるリーダー経営が存在することを指摘できよう．

これに対し，C会の事例では，ⓐ体制はより広域で地縁性が弱いこと，ここでは機会主義的行動も想定されること，ⓑ自らの利益を追求するコントラクターを受託主体とすること，ここではコントラクターの機会主義的行動が前提となること，すなわち，ⓒそれぞれの主体は独自の経済性を追求する主体として行動することを指摘できる．表現を変えると，C会のように，より広域に展開することを前提に，民間のコントラクターに依存して展開をはかるもとでは，酪農経営間相互や，酪農経営とコントラクター間の関係性は弱く，それぞれの機会主義的行動を排除できない．このため，「機会主義的行動を前提としない組織的デザイン・インには逆にリスクが生じ，組織的対応を伴わずに体制を構築する必要が生じる」といえる．一方，C会の体制の構築を可能とした十分条件として，構造需要を持ち，安定した受委託体制を必要とする大規模経営の役員がマネジメント機能を果たしたこと（これは組織型の④に相当しよう），及び，労働力や機械を保有するコントラクターが存在し，新たな投資なくコントラクターの展開条件を整えることで受委託体制を構築し得たことを指摘できる．

(4) 体制の概念的把握

これまでの分析に基づき，C会の体制を図8-3のように概念的に整理した．その特徴を以下のように整理できる．

① C会は，酪農経営，コントラクター，マネジメント主体の三者で構成される．
　①-1 酪農経営は，委託を指向する，多様な委託需要を持つ，異なる規模の酪農経営で構成される．
　①-2 コントラクターは，自ら労働力や機械を装備し，独自の利益を追

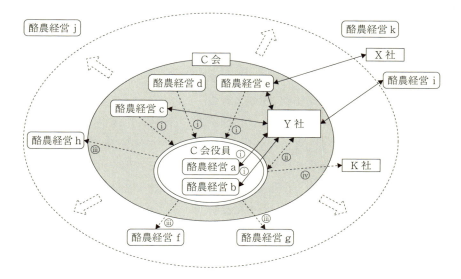

図 8-3　C 会の体制（概念図）

注：図中の楕円（実線）は C 会を，Y 社，K 社，X 社はコントラクターを示す．また，──▶ は受委託に関する情報の流れ，◀──▶ は受委託関係，⇨ は C 会拡大の方向を表す．
①C 会は，酪農経営 a〜e，Y 社，及び C 会役員で構成される．
②C 会の役員の機能は，情報のマネジメントである．図中では，ⅰ)酪農経営の当該年の委託面積のとりまとめ，ⅱ)Y 社との面積と料金の交渉，ⅲ)外部の酪農経営 f, g, h へのマーケティングがなされる．さらに，ⅳ)Y 社の受託能力の不足に対し，外部のコントラクター K 社の参入を促す．
③酪農経営 a, b は構造需要を持ち，役員を積極的に担うリーダー経営群であり，酪農経営 c, d, e は，そのもとで受委託を行うフォロワー経営群である．酪農経営は規則以外の制約を受けず，酪農経営 d は，当該年の委託を休止し，また酪農経営 e は，外部のコントラクター X 社とも受委託関係にある．

求する民間の請負業者である．

①-3　マネジメント主体は，構造需要を持ち受委託を不可欠とする大規模酪農経営により担われる．ただしマネジメント主体は，機能的には把握されるが，組織的体制は明確ではなく，安定性に課題を持つとみられる．

②　C 会を構成する主体間の地縁性は弱く，体制の範囲は組織型より広域にわたる．

③　体制は，規則と同時に，役員のマーケティングによりコントロールさ

れる．

　③-1　役員は，酪農経営から委託需要を集積し，コントラクターの受託継続と安定した価格設定を導く．

　③-2　C会のもとでは，酪農経営やコントラクターは，確実な受委託の情報（機会）を得ることができる．このもとで，各主体は，体制へ（から）の参画・離脱を含めて，個々の行動を決定する．特に，酪農経営は，それぞれの状況にあわせた自在な判断が可能となる．

④　確実な情報の提供と，個々の主体の独自の判断を両立するため，マネジメント主体は，新たな酪農経営の参画を促し，受委託の情報量を増やす．すなわち，体制には，外延的に拡大する動きが出現する．

　④-1　受託面積の拡大は，新たなコントラクターの参入の必要性を高める．コントラクター数の増加は，受託作業や作業方式の多様化につながることで，規則による制約を弱め，酪農経営の参入をより容易とする可能性を有する．

5. 考察：クラブ型の特徴と展開条件

(1) クラブ型の特徴
1) 情報空間としての体制

序章では，クラブ型の体制を「特定された参画主体のもとで，酪農経営や受託主体個々の受委託に関する情報を集積・創出し，体制に参画した主体のみが利用できるクラブ財として資源化する体制」とした．ここでの，クラブ型の体制を規定する要因は，ⓐ外部との境界の存在，及びⓑ情報のクラブ財としての利用であり，さらにⓒ個々の意思決定による体制へ（から）の参入・退出と，ⓓ個々の意思決定による情報資源の利用を加えることができよう．

このことは，例えば，旅行クラブに入会する場合を想定するとイメージしやすい．旅行クラブは，会費を払って会員となることではじめて参加が可能

第 8 章　受委託マネジメント主体形成下における飼料作外部化の特質　　245

となり，会員以外は利用できないという点で外部との境界を持つ．会員には，事務局から毎月ツアー情報が送られ，ツアーに参加したい場合に利用できる．言い換えると，ツアー情報は，会員のみが利用できるクラブ財である．ここでは，ツアーに参加するかしないか，あるいはどのツアーに参加するかは，会員個々の意思による．また，旅行クラブをやめるには，会費を払わなければよい．この点も誰からも制約されない．

　以上のことは，クラブ型の体制とは，外部とは隔てられた一種の情報空間であり，個々の主体は，体制に参画することで，体制内部でのみ流通する情報を利用する機会を得ることを意味する．簡明に述べると，クラブ型の体制への参画とは，そのもとで「新たな意思決定の機会を得ること」であり，豊富化された情報のもとで，相対関係をより容易に形成すること，言い換えれば，取引コストを低下させることといえよう．

　本章で検討した C 会は，クラブ型の体制といえる．すなわち，C 会は，ⓘ会員制をとり，外部から区別される．また，ⓘⓘ体制内では，当該年の作業料金などの委託に関する情報が得られるが，ここでの情報は，基本的には，体制に参画する酪農経営のみが利用できるという意味でクラブ財である．さらに，ⓘⓘⓘC 会への参加や退会は，規則上の制約をふまえて酪農経営が個々に決定し，ⓘⓥ当該年における作業委託の有無や面積も，個々の経営の判断でなされる．C 会に参画することで得られるのは，Y 社に対する作業委託の機会である．

　では，コントラクターにとって，C 会は，はたして，クラブ型としての特質を持つのかという疑問が残る．Y 社にとって，C 会への参画は，C 会からの要請に基づく．また，C 会では，1997 年の設立後 2002 年までは Y 社のみに委託を行い，Y 社のみでは受託作業が難しくなった 2003 年に，はじめて，C 会役員から K 社に対し受託を要請している．ここでは，個々のコントラクターの判断による参入・退出や，酪農経営の個々の委託情報に基づいた受託の判断はみられず，C 会の役員により一定面積のまとまった受託が要請される．すなわち，コントラクターにとってはクラブ型とは言いがたい．実は，

こうした状況は，地域にコントラクターが少ないことに起因した，体制の未熟さとみることができる．すなわち，体制に参加する酪農経営が委託先を失いかねないほどコントラクターが少なく，かつコントラクターの経済的基盤が確立しにくい状況のもとで，C会における受委託の安定化には，より多くのコントラクターの参画を促すよりも，コントラクターを限定し，特定のコントラクターに経済的安定化の条件を付与するほうが効果的となることによる．

同時に，このような体制の未熟さに起因したコントラクター数の制限は，体制における次の状況と関わる．すなわち，コントラクターが限られる場合，受委託の対象作業や作業方式は限定・固定化せざるを得ない．例えば，牧草収穫調製作業であれば，自走式フォーレージハーベスタによる細切サイレージ調製のみ受委託対象とする，といった状況である．ここでは，規則により，様々な委託ニーズを特定の形態に限定する必要が生じ，酪農経営の参入のハードルはより高いものとなる．

以上から，クラブ型の体制が持つ第1の特徴として次を示すことができる．

① クラブ型の体制とは，「確実な委託機会の確保を可能とする情報空間」を意味する．委託需要に対しコントラクターが稀少かつ経済的に不安定な場合，すなわち，コントラクターの自生的展開条件が十分整わないとき，逆に体制に参画するコントラクター数を制限し，コントラクターの経済的安定化を図る必要が生じる．ここでは，受託作業や方法は限定・画一化され，酪農経営の参入ハードルは高まるなど，体制の未熟さを伴う．

2) 自律分散性と非組織性

クラブ型の体制にみられる第2の特徴は，体制に参画する主体の自律分散性であり，組織型の組織的デザイン・インのような一定の組織化の動きを伴わないことにある．酪農経営は，提示された委託条件に対し，委託するかし

ないか，委託面積をどの程度にするかを個々に判断する．すなわち，ここでは，組織型にみられるような，全面積の継続的委託や，当該作業や飼料作全体の管理機能の統合・外部化の動きはみられない．

　ここで，委託に際して，付帯的に発生する酪農経営行動の制約を逆制御と捉えてみる．逆制御とは，本来の目的を達成するために必要となる，直接的対価以外の負荷であり，当然こうした負荷が少ないほど，酪農経営の自由度は高いといえよう．組織型の事例では，受託主体の展開条件確保に向けて，共通戦略形成とデザイン・インを基本とする酪農経営行動の制約，すなわち逆制御が生じる．例えば，すべての酪農経営における，全面積の継続的委託とそこでの飼料調製形態への飼養管理方式の適合化，あるいは多頭化による費用負担能力の形成である．ここでの逆制御は，酪農経営間の合意形成のもとで，それに反することは基本的には許容されず，強い組織性を帯びることを特徴とする．一方，クラブ型でも，委託は，規則の遵守という逆制御を伴う．例えば，Ｃ会では，ⓐ預託金の前納，ⓑ責任面積の５年間継続した委託，ⓒ収穫調製形態のサイレージへの統一や作業編成の統一等がみられる．ここでの逆制御は，組織型と比較し，全面積の継続委託を求めない点で制約の程度が低いと同時に，規則に対する判断は酪農経営個々の意思に依存することを特徴とする．すなわち，規則に従わずに違約金を納めるといった，いわば機会主義的行動が許容される．言い換えれば，酪農経営にとって，規則は，自らの行動の判断基準として作用し，そこでの行動はあくまで個々の意思決定に基づくといえる．

　以上から，第２の特徴として，次を示すことができよう．

② 　クラブ型では，組織型における共通戦略形成とデザイン・インのような，委託に際する経営行動の組織性を伴った制御のメカニズムを持たない．ここでは，体制の安定化に向けて，酪農経営行動を制御する手段は規則に代替される．規則のもとでの意思決定は，酪農経営個々において独立してなされ，より柔軟な行動が許容される．

3) 情報マネジメントの存在

　第3の特徴は，クラブ型では，情報マネジメントという新たな職能が出現することである．旅行クラブの例では，ツアー情報を発行する事務局がこれにあたる．事務局は，ⓐホテルに対し，宿泊者数の確保を前提により安価な料金設定を交渉し，一方でⓑ安価な宿泊情報を提供することで消費者の利用を促す．ここで，消費者がより多様な旅行の機会を得，またホテルがより確実に宿泊客を得るためには，より多くの消費者やホテルが旅行クラブに参画する必要があり，このため事務局はⓒ非会員である消費者やホテルの参画を促す．また，ホテルから提供される情報が妥当かどうか，事務局自らの確認とともに，消費者によるホテルのランキングや「口コミ」などを流通させ，ⓓ情報の確かさを高めることで，消費者とホテルの間の取引に関するコンフリクトを引き下げる．ⓐⓑは，価格と取引量の均衡を図るための短期的なマーケティング，ⓒは外延的拡大による長期的な体制安定化に向けたマーケティング，ⓓは取引に際しての不確実性の低減のためのマーケティングであり，事務局は，体制の安定化に向けて，こうした情報マネジメントを担うといえる．

　C会では，役員が，こうした情報マネジメントを担う．すなわち，役員は，ⅰ委託面積の提示のもとでコントラクターの受託継続や料金設定を引き出し，ⅱ当該料金のもとで酪農経営の委託行動を促す．さらに，体制の安定化に向けて，ⅲ酪農経営の新たな参画を促し，また，取引の確実性の向上とコンフリクト低減に向けて，ⅳ酪農経営，コントラクター双方の参画のもとでサイレージ品質に関する共同学習会をひらく．こうした体制の安定化に向けた情報のマネジメントは，旅行クラブの場合以上に重要性を帯びるといえるかもしれない．

　それは第1に，農作業を取引の対象とするもとで，酪農経営において委託行動の不確実性が生じるためである．例えば，豊作等で生産量が必要量を上回る場合，酪農経営は，不必要な費用の削減のため，当初計画した委託面積を縮小する[8]．ここでは，不確実な行動を認めないことは，酪農経営の経済

的損失につながるといえる．こうした委託行動の不確実性は，長期的にも，家族状況の変動と委託ニーズの変化のもとで立ち現れるといえよう．こうした酪農経営の委託行動の不確実性を，コントラクターの不利益としないためには，マーケティングによる追加的な委託面積確保が，重要な意味を持とう．

第2に，受託作業の結果としてのサイレージの品質に対し，コントラクターは責任を負いきれないためである．サイレージ品質は作業終了後，一定の発酵期間を経て開封後に明らかとなるが，ここでの品質の劣化には，踏圧を中心とするコントラクターの作業のみでなく，作業の際の飼料の水分率や天候条件，添加剤使用の有無，あるいはサイロにおける密封状態等，様々な要因が影響する．このため，品質に関するコンフリクトの緩和に向けて，酪農経営とコントラクター双方の参画による共同学習会の開催が意味を持ち，さらに，粗悪なサイレージが生産された場合に，役員は，その原因を特定し，仲裁する機能も求められるとみられる．

以上から，次の特徴を指摘できよう．

③ クラブ型では，情報マネジメント機能が，体制の安定化に重要な役割を果たす．特に農作業受委託の場合，情報マネジメント機能の水準と体制の安定性はトレードオフとなりやすく，情報マネジメントが，単に静態的な受委託情報の仲介にとどまれば，受委託者間のコンフリクトの増大と，体制参画への誘因の低下が生じ，体制は不安定化する．

(2) クラブ型の展開条件

これまでの検討から，北海道の土地利用型酪農において，クラブ型の受委託体制の構築と酪農経営の柔軟な委託機会の創出のためには，次の2つが条件となるとみられる．

第1に，労働力や機械を保有し独自の利益を追求するコントラクターの，地域における層としての形成，すなわち，自生的なコントラクターの展開条件の創出である．これは，1つに，受託主体が政策的な資本支援を前提に特

定の酪農経営間で組織され，包括的経済性がとられる場合，受託主体の経済的不安定化は受委託料金の上昇を介してただちに酪農経営の経済的リスクとなるため，受委託の安定化に向けて組織型の体制が選択されやすいことによる．組織型のもとでは，クラブ型のような，酪農経営個々の意思決定による柔軟な委託は許容されにくい．また，2つ目として，コントラクターが地域に単一・少数であれば，受託作業や作業方式が限られ，酪農経営の委託に際しての自由度が制約されるからである．C会の事例では，当初はコントラクターは1社であり，受託作業方式が制限される状況にあった．ここでは，酪農経営の委託の自由度を高めるには，複数の，異なる受託機能を持つコントラクターが存在することが必要となる．また，体制を構成するコントラクターは，自らのマーケティング能力に制約があり，体制参画の誘因を形成しやすい小規模コントラクターが中心となることが想定されよう．

第2に，体制におけるマネジメント機能の形成である．マネジメント機能の良否は，体制のもとでの受委託の確実性に関わり，体制の安定性を直接左右する．特に，体制が拡大の方向を持つもとでは，より多くの情報を的確にコントロールし，酪農経営やコントラクターの安定した行動を導く必要が生じる．C会では，マネジメント機能の形成は萌芽的段階にあり，そのための組織体制は未確立とみられる．ここでは，情報マネジメントは，継続した受委託を必要とするリーダー経営の，ボランタリィな行動としてなされたが，酪農経営数の拡大やコントラクターの複数化がはかられるもとで，そうした対応には限界が生じたとみられる．

以上から，次の特徴を指摘できる．

④　北海道の土地利用型酪農において，クラブ型の受委託体制を構築するには，ⓐ自生的な展開条件確保によるコントラクター数の増加と，ⓑ情報マネジメントを担う専任のマネジャーの配置が条件となる．

6. 結語

　本章では，北海道十勝地方のC会における事例を素材に，我が国におけるクラブ型の体制の特徴と展開条件を検討した．

　クラブ型の体制の特徴として，①体制が，酪農経営の確実な委託機会の確保が可能となる情報空間として構築されていること[9]，②そこでは，酪農経営間の組織性を伴った制御のメカニズムは見られず，酪農経営個々の判断のもとで，参入・退出を含め，多様な委託行動が可能であること，③体制の安定化には，体制における情報マネジメント機能が重要な役割を果たし，当該機能が不十分であれば体制が不安定化するリスクが高まるとみられることの3点を指摘した．こうした酪農経営個々の意思決定による委託の柔軟性や，それを支える情報マネジメントによるコントロールメカニズムは，組織型では，酪農経営やコントラクターの斉一的行動が，共通戦略形成と組織的デザイン・インや資源リンケージシステムといった組織性の強いコントロールメカニズムのもとで導かれることと対照的である．

　また，こうした酪農経営個々の判断による多様な委託行動を許容するクラブ型の体制が求められる場合の展開条件として，ⓐ自生的展開条件の確保によるコントラクター数の増加，及びⓑ情報マネジメントを担うマネジャーの配置を指摘した．北海道の土地利用型酪農ではクラブ型の体制はほとんどみられない．こうしたことは，これまで制度的支援措置のもとで，受託主体の多くが酪農経営間の共同設立という形をとり，そこでは包括的経済性を前提に，受託主体の安定化に向けて組織型の体制が構築されることによろう．本章で取り扱ったクラブ型の事例のように，コントラクターの展開が不十分であれば，受委託対象は特定の作業や作業方式に限定され，規則による酪農の委託行動の制約が生じ，クラブ型としては未成熟な段階とならざるを得ないといえる．

注

1) 受委託体制が独立した主体間で構成されることを前提とすると，権限関係を前提とした「組織的対応」という表現は不適切かもしれない．ここでは，「共通戦略の理解による協調行動」，すなわち組織的デザイン・インを意味する．
2) クラブ型を代表するマシナリィリング（マシーネンリング）に関しては，日本ではいわゆる「農業機械銀行」として紹介され，設立が取り組まれてきた経緯がある．しかし，北海道における農業機械銀行の多くは，受委託のマネジメント主体ではなく，自ら機械を装備した受託組織として設立された．
3) 体制構築の際の農業改良普及センター等の関与状況に関しては，岡田・前田（2004）を参照．
4) 酪農経営は，必要に応じてA町内のH運輸に運搬や踏圧を委託することができる．
5) ここでの投資はC会とは別個になされたものである．
6) Aセンターでは，参画する農業経営数の増加がみられるが，これは，受委託の中核となる酪農経営の参加ではなく，澱粉廃液散布作業に関わる畑作経営等の参画が要請されたことによる．第4章第2節第2項参照．
7) 地縁性のもとでは悪い評判を回避するために協調的行動が選択されやすい．
8) 特に，酪農経営が調整需要を持ち，委託費用を抑えようとする場合，そうした行動がとられやすい．
9) この意味で，第2章で定義した，確実な受委託を可能とする組織化空間の一形態である．

第9章
イギリスのコントラクター及び
マシナリィリング体制の存立形態

1. 本章の目的

　本章では，クラブ型の農作業受委託が展開するイギリス（UK）における，コントラクター及びマシナリィリング（MR）の存立形態について検討する．UKでは，産業革命後19世紀からコントラクターが存在するが，特にEC加盟（1973年）以降，農産物価格の低下と農業経営の規模拡大のもとでコントラクターの展開が進んだといわれる．こうした状況は，北海道における酪農経営の規模拡大に伴った飼料作外部化ともある意味で共通するといえよう．しかし，コントラクターの形態に着目すると，UKでは，北海道にはみられない，土地を持たないこと以外外見的には農業経営と大差のないコントラクターが層として存在する．こうしたコントラクターは，いったいどのような主体であるのか．また，UKでは，受委託の調整機能を果たすMRは1987年にはじめて設立されるが，これはMRが1958年に誕生したドイツよりも30年ほど遅く，いわば後発ともいえる．しかし，その後，MRの設立が急速に進展し，1990年代前半には主要農業地帯はMRでカバーされる状況にある．なぜ，このような動きが生じたのか．そもそもMRとはどのような構造を持ち，どのように運営されているのか．UKの動向は，北海道の土地利用型酪農とどのように違うのか．これらについて検討していこう．

2. 検討の前提

　本章での検討は，多くの制約のもとでなされている．ここでは，限られた局面から導かれた見解となることもあり得る．このため，はじめに，本章が前提とした事項を，留意点として整理しておく．

　第1は，UKにおけるコントラクターやMRは，1980年代以降，様相を変えてきている点である．すなわち，どの時点をとりあげるかによって，描写される状況は変化しよう．これまで，UKにおけるコントラクターやMRについて，1994，1999，2014年の3回の調査機会を得ているが，この間，特にMRは，その状況を変化させてきている．1994年時点では，MRの主たる業務は，機械への過剰投資回避を目的とした農作業受委託の地域的調整であった．2014年時点でも，農作業受委託の調整は，MRの中核的業務といえる．ただし，1999年時点では，MRが，行政組織から環境保全事業を受託しコントラクターに割り振ったり，離農者の再訓練など農村の人材育成へ取り組むなど，事業領域の拡大がみられた．さらに2014年には，複数の事務所を構え大型化したMRも存在し，また，別会社を設立しエネルギービジネスを仕掛けるなど，さらに多様な動きがみられた．

　こうした理解のもとで，本章では，MRの展開当初の1994年時点での調査結果を扱う．この理由は，MRの体制構築段階における状況を確認できること，及び事業構成が単純であるため，クラブ型の体制の骨格を把握しやすいことによる．なお，本章は岡田（1996b）を加筆修正したもので，第3，4節では，1994年時点での表記をそのまま残している．例えば，「これまで」「今後」は，1994年時点からみた「これまで」「今後」を意味する．また為替レートも，当時の1ポンド＝160円で換算している．

　第2は，本章の検討は，限られた情報のもとでなされている点である．すなわち，次の制約のもとに検討を行っている．1つは，UKにおける農作業受委託の先行研究が，必ずしも多く存在しないことである．UKでは，農作

業受委託やコントラクターが必ずしも主たる研究対象とされてきておらず，また統計資料等の公表データからの把握も容易ではない状況がある．こうしたことに関しては，調査時に，大学の研究者や実務担当者に対する聞き取りを行い情報を補完することで対応している[1]．2つ目は，調査対象とした事例数の制約である．これについては，典型・代表的事例を，コントラクターに関しては全英コントラクター協会（National Association of Agricultural Contractors；NAAC），MRに関しては，MRの設立を率先して誘導した農業団体SAOS（Scottish Agricultural Organization Society）に選択を依頼することで対応した．しかし，いずれにしても，限られた情報のもとでの検討であることに留意する必要がある．

　第3は，本章では，コントラクターやMRの成立前提となる，社会的・制度的背景や文化的背景を捨象している点である．あるいは，酪農経営を含めた農業経営の存立構造も，直接的には扱っていない．こうしたことは，本書がその研究目的を，あくまで受委託体制の構造とコントロール機能の解明に置くことによる．すなわち，本章では，UKでは，コントラクターはどのような属性の主体であるのか，MRはどのような構造をもち，そのもとで受委託はどのようにコントロールされているのかに限定して検討する．こうした背景の捨象は，同時に，ここでの検討結果をただちに北海道の土地利用型酪農に当てはめることには慎重となるべきことを意味する．

　以下，本章の構成は次の通りである．はじめに，先行研究と聞き取り調査から，UKにおける農作業受委託の概況を確認し，そのもとで，代表的コントラクターの事例調査からコントラクターの存立状況を把握・整理しよう．次に，UKで最初に設立されたMRの実態調査から，設立前後の経緯，構造，運営のメカニズム，課題等を把握し，MRの構造とコントロール面にみられる特質について整理しよう．

3. 農作業受委託とコントラクターの存立状況

(1) コントラクターの出現

UK におけるコントラクターの出現は 19 世紀まで遡る[2]。しかし，農業生産において農作業受委託が重要となるのは，第二次世界大戦後，特に 1973 年の EC 加盟以降とされる[3]。UK では，EC の共通農業政策のもとで，農産物価格低落と生産抑制により農家経済状況は著しく悪化し（農業後退；recession），このもとで生じた次の状況が農作業受委託の展開を促したとされる[4]。第 1 に，農業労働力の減少を背景に農業機械は大型化・精密化・高額化したが，農業所得の減少，および 10% を超える高い借入金利子率のもとで，個別経営において必要なすべての機械に対する投資が困難化したことによる[5,6]。第 2 に，農場規模拡大や部門構成の単純化のもとで労働の時期的繁閑が激化し，また一方で労働コスト低減の必要性が増大したため，年雇等経常的雇用に代替する一時的な労働需要が発生したことである[7]。第 3 に，農業所得低下に対し，新たな収入源として遊休労働力・遊休機械を用いた受託事業への多角化がなされたことである[8]。ここで，農作業受委託の拡大状況を確認するため，1980-92 年の農業経営の変動費に占める委託費の割合をみると，穀作中心経営においても，酪農経営においても顕著な上昇がみられ，1992 年において酪農経営の変動費の 1 割弱を委託費が占める（表 9-1）。

(2) コントラクターの現状
1) 概況
❶ 分類及び数

UK のコントラクターは，広義に「報酬を対価として，農作業受委託（agricultural contracting，または farm contracting）を行う組織や個人」と定義される[9]。さらに，コントラクターは次の 4 つに区分される.

表 9-1 変動費に占める委託費の割合（1980-92 年）

(ポンド/ha, %)

年	150ha 以下の穀作中心経営			50ha 超の酪農経営		
	変動費		変動費に占める委託費の割合	変動費		変動費に占める委託費の割合
	総額	うち委託費		総額	うち委託費	
1980	193.1	9.7	5.0	574.9	29.8	5.2
1981	209.7	9.8	4.7	673.1	28.9	4.3
1982	217.9	15.1	6.9	738.7	31.1	4.2
1983	273.6	24.0	8.8	780.2	32.9	4.2
1984	284.1	32.7	11.5	673.2	33.2	4.9
1985	276.5	33.3	12.0	655.4	30.4	4.6
1986	259.3	28.2	10.9	635.4	33.6	5.3
1987	274.5	24.3	8.9	629.1	44.0	7.0
1988	269.2	34.4	12.8	638.2	49.2	7.7
1989	318.6	51.3	16.1	739.9	65.5	8.9
1990	289.8	44.9	15.5	758.9	61.2	8.1
1991	336.2	67.1	20.0	807.6	81.1	10.0
1992	315.3	64.6	20.5	820.3	78.1	9.5

出典：Agricultural and Food Investigation Team, *Farm Business Data,* University of Reading（各年版）．から作成．

　①受託企業（contracting companies）
　②自営受託業者（contractors self-employed）
　③自営受託・農業兼業者（contractor farmers, farmer contractors）
　④その他（農協や機械共同所有組織による受託等）[10]

　①は，販売目的で農薬散布を受託する農薬会社や馬鈴薯の燻蒸作業を専門に受託する会社等で，専用機械により特定作業に限り受託を行う．企業数はごく少数で，受託規模，従事者数は比較的大きいといわれるが，詳細な調査はみられない．コントラクターの圧倒的多数は，②ないし③とみられる[11]．近年，農業者の受託事業への進出が進んだが，同時にコントラクター専業者自身による「コントラクターの多くは，資源確保が可能であれば，農業者となることを望んでいる．低い農地価格の恩恵にあずかることや，シェア・ファーミング[12]の実現を望んでいる」[13]という指摘がある．このように，②③及び農業者のある部分は，双方向に転換をなし得る関係とみられる．

　UKにはコントラクターに関する信頼ある統計はなく，1990年頃のコン

トラクターの推計総数は文献により5千〜3万1千とばらつく[14]。これは，コントラクターと農業者の境界のあいまいさに起因すると思われる。また，近年の農作業受委託拡大のもとで，コントラクター数も増大しているとされる。これは，農業者の受託事業多角化や農家子弟の受託事業開業のほか，都市部の不況，就職難や農業・農村生活見直しの気運の中で，農業・農村に職を求める動きが一定程度あることによる[15]。

❷ 作業内容

コントラクターの作業内容は，1970年代以降大きく変化している。1968年には，全作業の3分の2は，排水や石灰散布など作物生育に直接関わらない特定の作業であり，特殊機械とそれに習熟した労働力による受託であった[16]（表9-2(a)）。このように受託が特殊作業となる理由は，次のように説明される。「農場の日々の仕事（day-to-day work）を受託するコントラクターは，農業者と同じ性能の機械を用い，1，2人体制による小規模なものである。農業者の委託は農繁期や緊急時に限られ，作業能力の低さから農繁期でも受託量は限られることから，コントラクターの財政面の改善は困難とならざるを得ない。結局，日々の仕事を受託するコントラクターは減少し，特殊作業を受託するものが増加する」[17]。

一方，1990年代には，薬剤散布，播種，耕起などの「作物栽培」や，コンバイン収穫，麦かん梱包などの「作物収穫」，あるいはサイレージ収穫調製を中心とした「飼料生産」など，作物生育に即した作業が受託の中心となる（表9-2(b)）。農業者の農業機械・労働コスト削減・外部委託の動向とあわせみれば，農業者の委託は一時的なものから継続したもの（regular base）へと変化し，作物生育工程における農業者とコントラクターの作業分担関係が形成されてきたことを示すと考えられる[18]。

また，1980年代のコントラクターによる受託で特筆される点に，農場全作業受委託（whole farm contracting）の増加がある[19]。農場全作業受委託は，必ずしも統一された概念ではないが，基本的には，農業者による作付計画のもとで，コントラクターがすべての作業を受託する[20]。農場全作業受託が行

表 9-2 受託作業の構成

(a) 1968 年

作業区分	構成割合(%)
耕　　　　　　起	5.0
播　種　・　整　地	2.5
肥　料　散　布	2.0
薬　剤　散　布	3.5
ベ ー リ ン グ	3.5
排　　　　　　水	60.0
堆　肥　散　布	7.5
石　灰　散　布	7.0
そ　　の　　他	9.0
合　　　　　計	100

(b) 1990/91 年

作業区分	受託主体別構成割合 (%)	
	農業者	専門家
作　物　栽　培	35	26
作　物　収　穫	19	15
他 の 作 物 作 業	6	6
飼　料　生　産	22	22
そ　　の　　他	14	31
非　　農　　業	4	—
合　　　　　計	100	100

出典：(a)は MAFF and Agricultural Development And Advisory Service (1972) "Machine Sharing in England and Wales; a Review of the Current Situation." (b)は J.Wright and R.Bennett (1993) *Agricultural Contracting in the United Kingdom*, University of Reading.

われるようになった要因として，農地価格の下落と農場売買の停滞，保険会社等非農業企業による農場所有の増加等が指摘される[21]．また，関係者間の共通認識として，農場全作業受委託と類似して，特定部門全作業受委託の拡大がある．これは，養畜経営における，飼養頭数拡大のもとでの飼料作部門委託等に示される．農場全作業受委託，特定部門全作業受委託の進展は，コントラクターが農場運営の実質的な主体となる動向を示すものと捉えられる．

❸ 経済性

コントラクターの経済性に関しては，統計等での把握は困難であった．受託を行う農業者1人当たりの受託による収入は，3,242ポンド（約52万円）とされる[22]．自営受託業者の収入に関する関係者間の認識は，社会的水準あるいはそれ以下であり，一般に農作業受託は収益性に富む事業ではないとされる．受委託量の増大のもとで，コントラクターの収入は増加傾向にあるという見解がある[23]．しかし，一方で農業者の受託事業進出は，農業と受託事

業における労働力・機械の共用が可能なことから,受託料金を引き下げ,自営受託業者の収入を減少させるといわれる[24].

2) 事例検討

本目では,先行研究をもとにしたUKにおけるコントラクターの概況整理,調査(1994年に1993年の状況を調査)に基づくコントラクターの実態把握,及びそれらに基づいたコントラクターの存立構造の検討を行う.調査はNAACより推薦を受けた事例から選択したイングランド,スコットランドの8コントラクターを対象としたが,本節では,開業間もないコントラクターを代表するA氏,NAACの前会長であり,UKでは最も成功したコントラクター経営者の一人であるB氏,農業経営からコントラクターへ転業した,農場全作業受託を行うC氏の3事例を紹介する.

❶ 事業参入初期のコントラクター:A氏の事例
【開業時の状況】

A氏は,イングランドとスコットランドの境界の畑作・酪農地帯で,コントラクターを自営する.A氏は農家の次男であり,以前は都市で運転手として働いたが,1989年に現在地に転居しコントラクターとして開業した.その理由は,かねてから就農希望を有したこと,及び運転手時代は週60～70時間の長時間労働を強いられ,子供の誕生を機にゆとりある生活を望んだことにある.また,農業経営ではなく,コントラクターを選択した理由は,農場購入の資金を得られないためという.

開業にあたり,資金その他の公的支援はなく,調達した機械類はトラクター1台(リースによる調達,年額5,500ポンド),プラウ1台(購入,1,800ポンド),及びベーラ1台(中古購入,900ポンド)にすぎない.

開業当初の所得は極めて低い.これは,第1に,受託量の少なさによる.A氏は農家への飛び込みセールスにより受託確保をはかったが,見知らぬコントラクターの利用は敬遠され,委託の多くは緊急時に限られたという.このため,開業初年度は,受委託を仲介するMRによる紹介及び知人の製

表9-3 A氏の機械装備状況と受託単価（1993年）

機械名	規格	購入年	購入価格（ポンド）	受託単価（ポンド）
トラクター	125PS	1992	27,000	10/時間
リバーシブルプラウ	20×4	1991	8,500	10.5/acre
ファロープレス	(プラウ用)	1990	2,500	1.5/acre
パワーハロー	4M	1991	x	8.5/acre
レベリングハロー	4M	1992	1,000	3.5/acre
グレンドリル（中古）	4M, 32列	1992	1,800	
サイレージ・トレーラー		1990	3,400	11.5/acre
トレーラー（中古）		1991	700	
グレイン・トレーラー		1993	2,850	11.5/acre
材木切断機	2バンド	1989	1,000	

出典：実態調査（1994年）．
注：xは不明．作業機の受託単価はトラクター本機が含まれる．
　　労働力のみによる受託単価は5.5ポンド/時間．

材業者からの材木切断下請けが収入の6割を超えた．第2に，所有機械が限られ，A氏自らの労働力のみの派遣が多く，料金単価が低いことによる．当初は，屋根の修理，穴掘り等の手作業や委託農家の機械を利用した作業が中心であり，これらの料金は開業当初で時間当たり3.5ポンド（約560円）にすぎなかった．

A氏は所得向上を目的に，開業後2～4年目に，銀行・金融業者からの借入（借入金総額1万5,000ポンド，約240万円）により，機械投資を進めた．また，作業に対する信頼が増し，継続して作業を委託する安定した顧客が増え，受託量・収入は徐々に増加してきた．

【現在の事業状況】

A氏は，労働力を雇用しておらず，農家への営業や作業受注，作業日程や作業方法の調整，作業遂行，料金回収等，すべての業務を独力で行う．現在，A氏が保有する機械装備と，それらによる作業単価を表9-3に示した．調査時点で，トラクターは1台，作業機は作物に限定されない汎用性の高いトレーラー，プラウ，ハロー等計9台にすぎない．

年間労働時間は，受託作業で1,277時間，営業等を含めても1,469時間と

表 9-4　A氏の年間労働時間（1993年）
（時間）

作　業　区　分	作業時間
耕 う ん 播 種	546.5
飼 料 収 穫	317.4
堆 肥 作 業	97.0
運 搬 ほ か	316.4
営業・機械整備	192.0
合　　計	1,469.3

出典：実態調査（1994年）．

1,500時間に達せず，低い水準にある（表9-4）．また，受託作業時間は月により変動し，4，11月は極端に作業が少ない（図9-1）．作業区分別では，「耕うん播種」は，最も年間作業時間が多く，3月の耕起整地や小麦，大麦播種，7～10月の牧草・穀類収穫後の耕起及び小麦，大麦播種が中心となる．「飼料収穫」は，2～3月の飼料用かぶの収穫および6～8月の牧草サイレージ収穫作業が中心となる．「堆肥作業」は堆肥運搬・散布で，他の作業の少ない12月～翌年2月に行われるが，時間的には短い．「運搬ほか」は，9，12月が馬鈴薯運搬作業，1月が製材作業であり，両者は企業の下請けによるもので必ずしも毎年はない．なお，1993年には，MRの仲介による作業は全作業の4割程度とされる．

経済状況では，年間収入2万2,200ポンド，支出1万7,700ポンド，所得

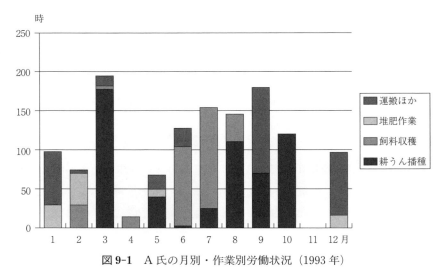

図 9-1　A氏の月別・作業別労働状況（1993年）

出典：実態調査（1994年）．

表 9-5　A 氏の収支状況（1993 年）

	項　　目	価額（ポンド）
収入	受　託　作　業	21,994
	木　材　販　売	220
	小　　計	22,214
支出	トラクタリース	6,240
	車両設備賃料車検	2,989
	燃　料　潤　滑　油	683
	減　価　償　却　費	2,722
	事　務　雑　費	1,143
	保　　険　　料	1,014
	銀行手数料委託料	1,075
	支　払　利　息	1,429
	税　　金　　等	384
	小　　計	17,679
所　得（収入 － 支出）		4,535

出典：実態調査（1994 年）．

表 9-6　A 氏の財産状況（1993 年末）

	項　　目	価額（ポンド）
資産	当　座　資　産	2,743
	農　業　用　機　械	13,269
	事　務　用　備　品	180
	乗　　用　　車	1,828
	小　　計	18,020
負債	賃　借　料　未　払　い	2,520
	金　融　会　社　負　債　残	761
	銀　　行　　会　　計	6,102
	資　金　リ　ー　ス	3,186
	税　　金　　会　　計	590
	小　　計	13,159
自　己　資　本		4,861

出典：実態調査（1994 年）．

4,500 ポンド，所得率 20.4％ である（表 9-5）．これは，運転手時代の年間所得額 1 万ポンドの半分以下の水準である．財産状況では，資産 1 万 8,000 ポンド，うち 73.8％（1 万 3,300 ポンド）が農業機械である．負債は 1 万 3,200 ポンドで，資本の 73.0％ を占める（表 9-6）．

❷ UK を代表する優秀なコントラクター：B 氏の事例

【事業展開の経緯】

　B 氏は，イングランド北西部の畑作地帯でコントラクターを自営する．B 氏は，1973 年にバックホーを購入し，排水等の土木作業を中心とするコントラクターを開業した．B 氏がコントラクターという職業を選択したのは，祖父が農業とコントラクターを兼業しており事業内容を知っていたこと，また機械作業が好きだったことによる．1975 年にコントラクターを自営していた叔父が亡くなったため，その事業も引き継いでいる．この際に，新たに 3 人を雇用し，限度額まで資金借入し，機械導入を行っている．B 氏は 1989 年に 200acre（約 81ha）の農地を購入するが，農業は片手間で農業者になるつもりはないとする．農地は空港敷地内で条件が悪いため，現在は小麦と

豆類を作付する．

　B氏の顧客は，当初は叔父から受け継いだ50人程度だったが，現在は約300人である．顧客拡大の要因は，よい仕事の提供により評判を得たことという．また，農業者の新規作物導入は，受託拡大の契機となったとする．例えば，1992-93年の養畜農家の飼料用コーン作付拡大のもとで，新たに30人から，播種作業701acre（約284ha），収穫作業750acre（約304ha）を受託している．

【現在の事業状況】

　B氏は，現在7名を雇用する．雇用者数は調査の10年前（1983年）の最多時で11名であったが，高い雇用労賃が経営を圧迫しがちなことから，大型機械導入による代替を進めた．労働者の年齢は40，50歳代であり，2人は調査3年前（1990年）に雇用，他の5人は10年以上の継続雇用である．

　主要機械は購入価額ベースで125万ポンド（約2億円）であり，B氏を含む作業従事者数を8人とすると，労働力1人当たり2,500万円となる．大型・高性能機械が中心であり，主要なものは，コンバイン，甜菜自走式収穫機，角形ベーラ，自走式フォーレージハーベスタ等である（表9-7）．従来，B氏の受託の中心はコンバインによる小麦，大麦収穫であったが，近年の営農条件悪化のもとで，主要な委託者であったコンバインを保有しない中小穀作中心経営の離農が進んだため，1993年にはコンバイン5台を売却した．これに代わる新たな受託の中心として甜菜収穫作業を見込んでおり，同年に自走式収穫機2台（1台当たり19万5,000ポンド）を購入している．

　受託は，コンバインによる麦類収穫，角形ベーラによる麦かんベーリング，自走式収穫機による甜菜収穫や牧草サイレージ収穫調製等，大型機械による作業が中心となる（表9-8）．また，年間作業はおよそ次の通りである．

　　　2月上旬〜3月中旬　　馬鈴薯の除れき・畝立て作業
　　　3月中旬〜5月下旬　　甜菜の播種作業
　　　4月下旬〜5月上旬　　コーン，小麦，大麦の播種作業
　　　5月下旬〜7月下旬　　牧草（1，2番草）サイレージ収穫調製作業

表9-7 B氏の機械装備状況と受託単価（1993年）

機械名	名称・型式・規格等	台数	購入価格（ポンド）	受託単価（ポンド）
トラクター	190PS, 100PS×4台 80PS, 70PS, 55PS	8	160,000	13.75/時間
フォークリフト		1	5,000	
バックホー（自走式）	JCB, HYMAC	2	35,000	14～16.75/時間
トレンチャ	MASTEN BROEK	1	19,000	
リバーシブルプラウ	5連, 4連	2	2,000	13.25/acre
コンビネーションドリル	ACCORD パワーハロー付	2	20,000	16.75/acre
甜菜用ドリル	12畦	3	30,000	10.00/acre
コーン用ドリル	ACCORD 6畦	2	20,000	10.25/acre
コンバイン	CLAAS・DOMINATOR88 CLAAS・DOMINATOR98	4	205,000	27.50/acre
甜菜自走式収穫機	VERVAET 6畦 17t積	2	390,000	65.00/acre*
グラスホッパー		2	20,000	7.50/acre
レーキ	CLAAS・LINER660	1	7,500	
角形ベーラ	ヘストン4*4*8	1	50,000	5.20/梱
ロールベーラ	3*2*7	3	75,000	1.5～1.9/梱
コンパクトベーラ	CLAAS・KARKANT	1	5,000	0.19/梱
牽引式フォーレージハーベスタ	FAHR FH900	3	36,000	
自走式フォーレージハーベスタ	CLAAS695 各ヘッダ付	1	110,000	**
トレーラー		10	40,000	5.50/acre
ヘッジカッター		2	20,000	14/時間

出典：実態調査（1994年）．
注：購入価額は，各機械の購入総額．表以外の機械として，スクエアプラウ，ローターベータ，カルチベータ，サブソイラ，ストーンムーバ各1台，バン3台等がある．
　　*トレーラーによる伴走を含む料金．
　**グラスサイレージ（自走式フォーレージハーベスタ＋トレーラー伴走3～4台）：34.00ポンド/acre．
　　コーンサイレージ（自走式フォーレージハーベスタ＋トレーラー伴走2～3台＋バックレーキ）：40～45.00ポンド/acre．

表9-8 B氏の主要作業の受託状況（1993年）

作業名	作業面積・時間
穀類播種	800acre
穀類収穫	1,300 〃
麦かんベーリング	4,000 〃
甜菜播種	1,800 〃
甜菜収穫	2,500 〃
馬鈴薯畝立て	400 〃
牧草サイレージ収穫調製	3,000 〃
コーンサイレージ収穫調製	750 〃
コーン播種	701 〃
牧草収穫	200 〃
ヘッジカッティング	1,200時間

出典：実態調査（1994年）．

7月中旬～8月中旬　　　小麦，大麦収穫と麦かんベーリング作業
　　　8月中旬～9月中旬　　　ヘッジ（生け垣）カッティング及び排水作業
　　　9月中旬～12月下旬　　コーンサイレージ収穫調製及び甜菜収穫作業

　B氏が受託にあたり留意することは，労働力が通年就業できるよう，作業受託量を調整することである．このため，労働力数にあわせて農繁期の作業受託量を制限し，一方で閑散期には馬鈴薯の除れき・畝立て作業等，能率が低く収益性のあがらない作業も受託する．年間で受託作業のない期間は1月の1ヶ月ほどで，この間は機械の保守整備にあてられる．

　B氏は，スプレーヤーによる防除・除草剤散布作業や馬鈴薯の播種から収穫に至る作業を受託しない．従来はスプレーヤー作業を受託したが，1980年代に機械が専用化（自走式低接地圧型，ハイクリアランス型等）・高額化したこと，農薬会社の受託事業進出が進んだこと，薬剤散布に関する資格取得が必要になったこと[25]，サイレージ収穫調製作業と作業時期が競合すること等により中止した．また馬鈴薯に関しては，作業と同時に種子供給から販売までを含めた契約栽培が一般的であり，単発の作業受託では需要確保が難しいことによる．

　1993年の収支状況では，収入46万1,440ポンド（7,383万円），支出35万5,340ポンド（5,679万円），所得10万6,100ポンド（1,704万円），所得率23.1%であった．ただし，コンバインの売却等による資産売却益ほかを差し引くと，所得は5万2,482ポンド（840万円）である．また，天候不順の1992年には，年間所得43万7,040ポンド（1,100万円，資産売却益他を除くと39万3,280ポンド（400万円））であり，年次間の変動が大きい．1993年の費用内訳では，機械建物関連費用（表9-9の「建物機械修理費賃借」と「減価償却費」）および雇用者労賃等，固定費的性格の強い項目が，それぞれ費用総額の57.2%，28.1%を占める．このことは，収入の変動が大きく所得に影響することを示している．財産状況をみると，1993年はじめの資産額は61万8,780ポンド（1億326万円）で，農業用機械はその56.9%を占める（表9-10）．負債額は，全資本の46.9%であった．

表 9-9　B氏の収支状況

項目		価額（ポンド）	
		1993年	1992年
収入	受託収入	407,824	393,279
	資産売却益他	53,612	43,758
	小計	461,436	437,037
支出	労賃	99,905	101,845
	建物機械修理費賃借	67,662	81,135
	減価償却費	135,681	129,184
	事務雑費	4,446	5,020
	保険料	6,403	5,881
	銀行手数料委託料	23,070	26,392
	地代	10,480	10,480
	支払利息	2,258	2,117
	税金等	3,235	3,659
	その他	2,202	2,932
	小計	355,342	368,645
所得（収入 − 支出）		106,094	68,392

出典：実態調査（1994年）.

表 9-10　B氏の財産状況（1993年はじめ）

項目		価額（ポンド）
資産	当座資産	175,446
	農業用機械	351,795
	設備・道具	75,384
	事務用備品	1,662
	乗用車	14,445
	投資資産	50
	小計	618,782
負債	未払い金	40,407
	税金引当金	19,558
	銀行当座借越	175,569
	ローン・分割払い残	24,400
	銀行長期借入	30,000
	小計	289,934
自己資本		328,848

出典：実態調査（1994年）.

❸ 農業経営から転業したコントラクター：C氏の事例

【事業展開の経緯】

　C氏は，農業後継者として1980年代に養豚経営を継承するが，1983年に農作業受託を開始し，1989年に自らの農場を売却，コントラクター専業に転じた．転業の理由は，養豚が好きではないこと，農場規模（当時70ha）が小さく，一方で受託作業量が増大し，受託専業化が所得増大に有利となったためであり，この契機となったのは農場全作業委託の要請である．受託開始当初はいかなる作業も受託したが，現在は農場全作業受託や耕種全作業受託の割合が多くを占める．

【事業の現状】

　C氏は，労働力5名を通年雇用する．雇用者は，55歳の離農者，50歳と37歳の農作業経験者，23歳の青年，及びC氏の21歳の長男である．ほかに農繁期に3名を臨時雇用するが，彼らは農業系の大学の学生，UKとニュ

―ジーランド間の移動就労者,家畜飼養を担当する女性である.C氏は,近年農作業の熟練労働力の雇用は難しくなっているとし,労働力の安定した確保には継続した雇用が必要であり,また今後はC氏自らによる雇用者の訓練も必要となろうとする.このほか,C氏の妻が経理を担当する.

機械装備は,麦作及び飼料作機械を体系的に取りそろえる(表9-11).受託開始当初は,需要量の予測が難しく,受託量拡大には機械の多台数保有が必要であったが,農場全作業受託への移行により機械の計画的調達・利用が可能になったとする.

C氏は,現在10農場と受委託契約し,このうち3農場は農場・耕種全作業受託,また2農場は耕種の大部分の作業を受託し,これら5農場からの受託が全受託量の75%を占める.農場・耕種全作業受託は次の方法でなされる.契約は各年であり,作付は委託者が決定する[26].種子,資材,燃料は委託者の負担で,C氏は作物の栽培と販売を行う.農場全作業受託の料金は,1acre当たり60~80ポンド(9,600~1万2,800円)である.受託料を差し引いた余剰は,委託者とC氏で等分される.なお,農場・耕種全作業委託の目的は,委託により他部門を拡大すること(耕種部門の委託と養羊部門や営林部門への専門化),及び離農による実質的な地主化である.1993年の3農場の委託面積は,1農場が800acre,他の2農場が約600acreである.800acreの事例の作付構成(1993年)を表9-12に示した.他の2農場の作付もほぼ同様である.また,C氏の作業別の受託状況を表9-13に示す.

C氏の1993年の経済状況は,収入18万6,820ポンド(2,989万円),支出16万4,400ポンド(2,630万円),所得2万2,420ポンド(359万円),所得率12.0%である.天候不順であった1992年においては,作物収量が低いことから受託収入は少なく,所得は1万8,679ポンド(299万円)である.1993年の資産は38万7,140ポンド(6,194万円),負債は26万6,670ポンド(4,276万円)で資産の68.9%を占める(表9-14,9-15).

表9-11　C氏の機械装備状況と受託単価（1993年）

区分	機械名	型式・規格	台数	受託単価（ポンド）
本　機	トラクター	150PS, 130PS×2台, 110PS, 100PS×2台, 90PS	7	
耕耘整地機械	プラウ	5連, 4連×2台	3	12.50/acre
	ファロープレス	1.6m×2台, 2.5m	3	
	チゼルプラウ	2.5m	1	
	パワーハロー	4m	1	9.00/acre
	ヘイハロー	3m	1	
	サブソイラ	3本	1	
	ケンブリッジローラ	6m	1	
	ローラ	3m	1	
播種機・施肥機	ドリル	4m	1	
	コンビネーションドリル	3m	2	12.5〜14.5acre
	コンバインドリル		1	8.50/acre
	肥料散布機		1	2.0〜4.0/acre
穀類収穫機	コンバイン	5.5m×2台, 4.8m×2台	4	24〜25/acre[1]
飼料用機械	モアコンディショナー	2.8m	1	
	ラッパ, パワーユニット		1	2.60/梱[2]
	ベールグラッパ		1	
	ベーラ		1	1.50/梱
	サイレージハンドラー		1	
	ベールスパイク		1	
飼料かぶ用機械	ドリル		1	
	ホー		1	
	ハーベスタ		1	
その他	スプレーヤー	250リットル	1	2.5〜3.5/acre
	トレーラー		7	18/時間

出典：実態調査（1994年）．
注：資産台帳による．ほかに簿外資産が多数ある．受託単価には燃料を含まない．
　1）穀類，なたねの単価．豆類は32.0ポンド/acre．
　2）梱包用のフィルム代を含む．

表 9-12 800acre の事例の全作業委託農場の作付構成（1993 年）

作　物	面　積 (acre)
春　小　麦	60
冬　小　麦	323
な　た　ね	107
え　ん　豆	55
か　ら　す　麦	50
馬　鈴　薯	83
休　閑　地	122

出典：実態調査（1994 年）．

表 9-13 C 氏の主要作業受託状況（1993 年）

作　業　名	作業面積・時間
耕うん（プラウ）	3,500 acre
整　　　地	3,500 〃
穀　類　播　種	3,000 〃
な　た　ね　播　種	500 〃
豆　類　播　種	400 〃
スプレーヤ作業	7,500 〃
施　　　肥	4,500 〃
収　　　穫	3,100 〃
麦かんベーリング	4,000 梱
牧　草　ベーリング	7,000 〃
運　搬　等	650 時間

出典：実態調査（1994 年）．

表 9-14 C 氏の収支状況

	項　目	価　額（ポンド）	
		1993 年	1992 年
収入	受　託　収　入	184,013	163,849
	資　産　売　却　益　他	2,803	34
	小　　　計	186,816	163,883
支出	労　　　賃	22,013	22,013
	建物機械修理費賃借	52,635	41,086
	減　価　償　却　費	40,590	38,963
	動　力　光　熱　費	9,655	12,119
	事　務　雑　費	3,122	2,750
	保　　険　　料	14,095	12,189
	銀行手数料委託料	13,382	7,703
	支　払　利　息	7,397	7,112
	税　　金　　等	1,088	820
	そ　の　他	419	449
	小　　　計	164,396	145,204
所　得（収入－支出）		22,420	18,679

出典：実態調査（1994 年）．

表 9-15 C 氏の財産状況（1993 年 11 月末）

	項　目	価　額（ポンド）
資産	当　座　資　産	80,254
	固　定　資　産	306,884
	小　　　計	387,138
負債	未　払　い　金	43,245
	リース未払い金	183,426
	ローン・分割払い残	40,000
	小　　　計	266,671
自　己　資　本		120,467

出典：実態調査（1994 年）．

(3) 検討：コントラクターの存立構造

UK のコントラクターは 19 世紀から存在し，近年，農業経営の規模拡大のもとで，新規参入がみられる．ここでは，こうしたコントラクターの自生的展開について，コントラクターの多数を占めるとされる自営農業受託業者，自営受託・農業兼業者を対象として整理しておく．

まず，想定される自営のコントラクターの展開経路を模式的に示した（図

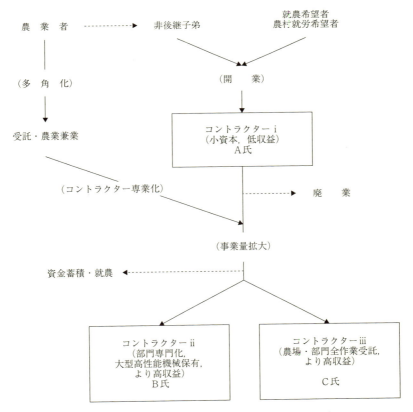

図 9-2　自営コントラクターの展開経路（想定図）

注：ジュリアン・パーク（レディング大学），リック・ボール（スタッフォードシア大学），ポール・カスタンス（ハーパー・アダムズ農業大学），リチャード・ドゥヴリュー-クック（NAAC）からの聞き取りをもとに作成．

9-2). ここでは，近年のコントラクターの増加は，2つの経路によるものとみている．

第1は，農業者の非後継子弟や就農希望者が独力で開業する場合（コントラクターi）で，①都市部での慢性的就職難，②農業・農村生活見直しと農業就業意向の増加，③低い農地流動性あるいは資金不足による農場取得困難等を参入要因とする．コントラクターi，すなわち開業後間もないコントラクターは，UKのコントラクターの多数を占めるとされるが，これらは限定された資本・機械装備のもとで，小規模に受託を行う経営群であり，収益性は低く，新たな参入の一方で多くは1～2年で廃業するといわれる[27]．

第2は，農業者が受託事業の多角化をはかる場合で，遊休化した機械，労動力の利用により所得向上を目指すものであり，近年の営農条件の悪化のもとで増大している．この場合，農業と受託事業のウェイトは様々で，C氏のように受託に専業化する事例もみられる．

コントラクターiや農業からの転業者は，委託者から高い評価を得るに従い次第に事業量を拡大し，雇用者数や機械投資を増やし，所得向上を実現するようになる（コントラクターii）．しかし，こうした事業展開を実現するコントラクターは，全体の一部にすぎないといわれる．例えば，NAAC会員であることは優秀なコントラクターの証とされるが，1990年のNAACの会員数はUK全体で200にすぎない[28]．

コントラクターiiは，受託内容により，次のような専門化がみられる[29]．

 general contractor（総合コントラクター）：
  主に耕種に関する多様な作業を受託
 specialist contractor（専門コントラクター）：
  スプレーヤ作業，種子消毒作業等，特定作業を受託
 amenity and industrial contractor（環境保全及び産業コントラクター）：
  行政組織等から除草等の環境整備を中心に受託

表 9-16　コントラクターの経済状態
(単位：ポンド，%)

	A 氏	B 氏	C 氏	農業経営
収　　　入（ a ）	22,214	461,434	186,816	130,600
所　　　得（ b ）	4,535	106,494	22,420	22,200
所　得　率（b/a）	20.4	23.1	12.0	17.0
資　　　産（ c ）	18,020	645,388	387,138	470,600
うち機械器具	13,269	427,179	245,830	47,400
負　　　債（ d ）	13,159	289,934	266,671	62,300
負　債　率（d/c）	73.0	44.9	68.9	13.2

注：「農業経営」は，イングランドの全経営形態の平均値で，Ministry of Agriculture, Fisheries and Food Scottish Office Agriculture and Fisheries Department, Department of Agriculture for Northern Ireland Welsh Office (1994) *Farm Incomes in the United Kingdom* 1992/3, HMSO. による．

　前項の B 氏は，general contractor の事例と位置づけられる．

　コントラクター iii は，農場・部門全作業受託を行うコントラクターであり，継続した受託と計画的投資のもとで作業遂行する点に特徴がある．コントラクター iii は，近年増加しているとされる．農業者とコントラクターの契約関係は一様ではないが，シェア・ファーミング的展開のもとで，緊密な関係が形成されつつあるといわれる．

　コントラクター i, ii, iii を代表する A, B, C 氏の経済状態を，イングランドの農業経営と対比した（表 9-16）．

　コントラクター i を代表する A 氏の経営においては，機械器具資産額は B, C 氏より大幅に少なく，農業経営の 3 分の 1 ほどにすぎない．事業は労働力のみの派遣が中心となり，受託量，収入ともに少なく，所得は農業経営の 5 分の 1 にすぎない．さらに資産額に対して負債の割合が大きく，今後，事業展開にいっそうの投資が必要なことを考慮すれば，きわめて困窮した経済状態といえる．事業の継続はもっぱら A 氏の意欲に依存していると思われ，妻の兼業や生活の緊縮のもとではじめて成立する経営といえよう．こうしたコントラクターが UK のコントラクターの多くを占めることは，注目しておく必要があろう．

　これに対し，コントラクター ii, iii の B, C 氏は展開の進んだ事例であり，

表9-16においては農業経営と同等，あるいはそれを上回る所得を得ている．しかし，B氏の経営状態を概観すると，需要獲得や効率的作業遂行のため大型・高性能機械を多台数保有し，機械器具資産額は農業経営の9倍に達する．所得は，資産売却等受託以外の収入を差し引くと5万2,482ポンド（840万円）と農業経営の2.4倍であり，投資効率の低さ（機械器具資産1ポンド当たりの所得は農業経営の0.46ポンドに対し，0.12ポンドにとどまる）や総額で農業経営の4.7倍に達する負債の返済を考慮に入れると，一概に農業経営と比較し優位とは言い切れないであろう．また，C氏においては，農場・部門全作業受委託により計画的機械投資と受託の実現をはかるものだが，一方で所得率は12%と低く，農業経営と同等の所得を得るのに3農場の農場・部門全作業受託（2000acre）をはじめ大面積を処理しなくてはならない．機械器具資産額は農業経営の5倍以上，負債額は4倍以上であり，所得に対する負債額はおよそ1200%（266,671÷22,420）に達する．すなわち，B，C氏においても，農業経営と比較し，必ずしも有利な経済状況とはいえないとみられる．

4. マシナリィリングの現状

(1) 概況と設立の経緯

UKのMRは，最も早いもので1987年の設立であり，調査時点で7年を経たにすぎない．しかし，MRはSAOSの積極的な誘導のもとで急速に広まり，1994年現在でスコットランドに13，イングランドに17，ウェールズに1の合計31が設立されている．スコットランドでは，今日，西北部の山岳地帯を除きすべての地域がMRによりカバーされている．

このように，UKではMRの急速な展開が見られるが，MRに関しての研究や評価は少ない．ここでは，スコットランド，イングランドにおける関連機関及びMRの調査をもとに，MRの組織体制と運営状況を中心に検討したい．

SAOS は，スコットランドの 115 の農協（1994 年現在）の連合組織で，農業経営や農村産業の競争力強化を目的に，新たな地域戦略の構築や農協・農業経営間組織の支援を業務とする[30]．SAOS の MR 設立は，次の背景・目的による．

スコットランドでは，1970 年代以降，農家の女性の他産業就業の進展や雇用労働力減少により個別経営の労働力は弱体化し[31]，これを補完するかたちで大型・高性能機械の導入が進み，機械コストは上昇した．しかし，同時に欧州共通農業政策下の農産物価格の抑制や生産制限により，生産物販売による収入拡大は困難化した．一方，既存のコントラクターは特定の顧客農家と結びついていたため，ここでの新たな委託需要形成に十分対応できず，特に委託規模が小さくコントラクターの支援を得にくい中小経営は不安定化した．このため，SAOS は，地域の営農基盤の再構築を目的に[32]，MR を構成員の出資による協同組合として設立し，構成員間の農作業受委託や他の資源・サービスの需給促進を図った．

MR の構想は，1980 年代はじめに，エディンバラ・アンド・イーストスコットランド農業大学（EESCA）[33]で農業普及の職にあった S. マッカイにより当時の西ドイツからもたらされたとされる．1985 年に MR 設立の取り組みが SAOS，EESCA，FFB（Food from Britain）[34]によりなされたが，農業者に十分浸透せず，具体的展開に至っていない．しかし，1985，1986 年の連続した凶作と経済状態の悪化により農業者の危機感が増大し，SAOS の誘導のもとで，1987 年に最初の MR が設立された．

SAOS は，組織内に MR 推進チームを編成し，MR 設立を次の手順で進めている．

① MR に関心を有する地域のリーダー農業者と設立に関する合意形成
② 地域の農業者，コントラクター，他の関係者を対象とした説明会の開催と MR 設立の合意形成，および MR の具体案策定のための代表者選抜
③ 代表者による具体案策定（組織体制，業務内容，出資方法等）

④ MR の設立会議開催
⑤ 継続した観察と支援

設立に要する期間は，およそ3ヶ月から1年とされる．

(2) BMR (Borders Machinery Ring Ltd.) の事例
❶ 概要

ここでは，1994年に行った調査をもとに，UKで最も早く設立され，他のMRのモデルとされたBorders Machinery Ring (BMR) の現状を整理する[35]．

BMRは，現在BMRのマネジャーであるD氏を中心として1987年に設立された．D氏は，従来兄弟とともに300acre（約121ha）の農場を経営し，同時に作業を受託するコントラクターであったが，農地拡大に失敗し農場の財務状況が悪化したことから，新たな収入源の確保が必要となった．このため，SAOSにより提唱されていたMR設立を有望なビジネスチャンスとして捉え，SAOSと連携しBMR設立をはかった．

BMRの設立は，先述のSAOSによる手順をほぼ踏襲している．すなわち，MR提唱者の講演会をはじめとした啓発活動，地域の農家・コントラクター・関連機関との合意形成，MR設立賛同者5名による委員会設置，委員会によるBMRの組織体制，事業内容，出資方法等の具体的設計を進めた．

表9-17 BMRの構成員数と売上高

年	構成員数	売上高(ポンド)
1987	83	156,976
1988	97	180,002
1989	109	189,711
1990	154	329,002
1991	194	509,174
1992	257	835,930
1993	281	1,287,245
1994	347	x

出典：実態調査（1994年）．
注：x は不明．

これらの準備段階にはほぼ1年を要し，1987年2月に，23人の農業者を構成員としBMRは設立された．

表9-17は，1987-94年のBMRの構成員数と年間の売上高の推移である．構成員数，売上高ともに増加しており，特に1990年以降事業は急速に拡大している．

❷ 組織構成

BMRの組織構成を表9-18に示した．構成員は，BMRの趣旨に賛同する出資者である．構成員には農業者，コントラクターだけでなく，資材販売業者，生産物集出荷業者，農業機械販売業者等の関連業者や他のMRが含まれ，構成比は農業者62.5％，コントラクター17.0％，それ以外が20.5％である．地域における農業者，コントラクターの加入率は年々上昇し，1994年で全農業者の15％，コントラクターの95％程度とされる．構成員は総会を組織し，事業案や予算・決算の承認，重要事項の審議承認を行う．

表9-18　BMRの構成（1994年）

区分		人数
構成員	農業者（養殖業者，受託事業兼業者を含む）	217
	コントラクター	59
	資材販売業者，農産物集出荷業者	29
	機械関連業者（機械販売業者，修理業者等）	16
	他の専門業者（不動産管理業者，コンサルタント，金融業者等）	10
	その他（ホテル，パブ，レストラン，レジャー産業）	8
	他のMR（MR自体が出資者）	8
	合計	347
理事	農業者	7
	コントラクター	1
	不動産管理業者	1
	農場運営士	1
	合計	10
運営者	マネジャー/セクレタリ	1
	アシスタント	1
	合計	2

出典：実態調査（1994年）．

理事は，BMRの戦略を決定し，事業運営の方針を定める．理事は，総会において投票により選出される．定員は10名で，農業者のほかコントラクター及び関連業者が含まれる．任期は3年であり，毎年定員の3分の1（3,4名）が改選される．

事業運営は，マネジャー（1人）とアシスタント（1人）による．マネジャーはBMRの中心となる職務であり，すべての業務の執行，及び事業計画案の策定を行う．マネジャーは理事と毎月例会を持ち，業務進捗状況の報告，事業運営上の課題や新たな事業案の検討を行う．マネジャー及びアシスタントは理事により採用され，待遇は事業収益を基礎として決定される．マネジ

ャーは1991年以降常勤,アシスタントは週20時間のパートタイム雇用であり,マネジャーの1994年の所得は約2万ポンド(320万円)である.

❸ 事業状況と運営

BMRの事業目的は,「農業者や関連業者などの構成員による同業者交流会であり,事務所と会計システムを共有しつつ,それぞれの労働力,機械,資材投入コストの合理化を促進し,また構成員相互の利益向上の新たな道を探るもの」である[36].このように,BMRの事業は,構成員間の機械利用統合にとどまらず,より広範な資源・サービスの需給調整と捉えられる.

BMRの事業は,2つに大別される.第1は,農作業受委託,機械レンタル,労働需給等の仲介業務で,有休資源や余剰資源の有効活用を促進し,地域的に規模・範囲の経済の実現をはかるものである.第2は,農業者の機械購入や生産資材購入の仲介業務で,需要集積により価格交渉力を強化し,低コストでの資源調達をはかる.すなわち,経済活動の統合による大量取引の経済性の実現である.

実際の資源・サービスの需給調整は,基本的には,①構成員情報のデータベース化,②データベースを用いての供給者紹介のプロセスにおいて実現される.

〈①構成員情報のデータベース化〉

構成員が申告した次の2点がコンピュータにデータベースとして登録される[37].

・経営概要(所在地,経営形態,作付構成,規模等)
・供給可能なサービス

〈②データベースを用いての供給者の紹介〉

例えばある構成員がコンバイン作業を必要とする場合,マネジャーは,需要者の所在地および需要内容でデータベースを検索する.需要者に近い順に7カ所のコンバイン作業供給可能者が表示され,これにより,マネジャーは需要者に供給可能者を紹介する.ただし,供給者の決定は,マネジャーではなく需要者自らが行い,また,契約内容および料金は需要者・供給者間で直

第9章　イギリスのコントラクター及びマシナリィリング体制の存立形態　279

接決定される．

　ここでの資源・サービス需給調整には，次の特徴がみられる．

　第1に，取引の確実性を高めるため，需要者に対して供給資源・サービスの細やかな情報が提供されている．供給資源・サービスは，21大区分596小区分に細分されて登録され（表9-19），小区分では保有する機械型式や作業方法に至る情報が提供される（表9-20）．

　第2に，マネジャーにより，受給する資源・サービスの「質」が管理される．マネジャーは，機械・資源の保有状況や作業能力，従前の作業状況等，供給者の情報を蓄積し，トラブルを起こす恐れのある供給者の紹介を中止する．このことは，取引の確実性を高めると同時に，安易な受託を抑制すると考えられる．また，マネジャーは，同様に圃場整備の状況等，需要者の受け入れ体制も監視し，トラブル発生時には責任の所在を裁定する．

　第3に，マネジャーは情報の提供を行うだけで，取引には介在しない．取引相手，取引内容，料金の決定は需要者・供給者間で直接なされる．マネジャーは，標準料金を設定するが[38]，これはガイドにすぎない．

　第4に，マネジャーは，構成員外との需給調整も行う．需給調整を構成員間にとどめるのは，情報の高度化による取引の確実性の向上，及び料金自動振替システムによる代金回収の負担とリスクの低減のためである[39]．これらが重要な問題とならない範囲で，マネジャーは全構成員の供給力を前提に外部との取引を調整する．例えば，行政機関からの道路除草，公共緑地の維持管理，除雪業務受託や，都市住民に対するファームインでの宿泊提供や農村観光の斡旋である．

　第5に，マネジャーは，情報提供により構成員の投資を誘導する．マネジャーは，構成員に対し，機械の購入先や購入価格情報だけでなく，構成員の経営状況に応じた投資を誘導する．例えば，所得の低い農業者に対し，特定作業の受託を前提としたより大型の機械調達の有利性を示すこと，また資金繰りの悪い経営に対し，機械購入に代わる委託の有利性を示すこと，さらには，今後の農村観光の需要増大を見込み，ファームインへの経営多角化を助

表 9-19 BMR の供給資源・サービス（大区分）

大区分	供給資源・サービスの内容	小区分数
BA	ベーリング及びベールハンドリング	27
CO	コンバイン収穫及び乾燥	22
CU	耕うん	20
DR	排水及び水利	25
DRI	播種関連	37
FEN	施柵，営林関連	29
FER	肥料，石灰，塊状ペレット散布	11
FR	果樹関係，園芸，造園	17
HA	牧草刈り取り，乾燥	6
HO	休暇，宿泊，レジャー，観光	43
LA	労働	12
LI	家畜関連	52
MA	資材，機械，燃料，潤滑油販売	36
MI	その他	20
MU	堆肥，スラリー，資材処理	23
PR	資産保全及び建築	36
RO	根菜，馬鈴薯作業	24
SI	サイレージ関連	40
SP	液剤散布，作物管理	22
TR	トラクター，トレーラー，運搬	56
WHO	部分／全農場委託，公共事業等	38

出典：BMR 資料（1994 年時点で使用していた BORDERS MACHINERY RING LTD. "MEMBER QUESTIONNAIRE"）から作成．

表 9-20 BMR の供給資源・サービス（小区分）

小区分	供給資源・サービスの内容
BA 001	ビックラウンドベーリング　4×4
BA 032	（同上＋サイレージ添加剤）
BA 003	ビッグラウンドベーリング　5×5
BA 004	ビッグラウンドベーリング　6×4
BA 046	ビッグラウンドベーラー　トワインタイプ
BA 047	ビッグラウンドベーラー　ネットタイプ
BA 048	ビッグラウンドベーラー　トワイン・ネット両用
BA 049	ビッグラウンドベーラー　中密度タイプ
BA 052	ビッグラウンドベーラー　高密度タイプ
BA 053	カッティングロールベーラ

出典：BMR 資料（1994 年時点で使用していた BORDERS MACHINERY RING LTD. "MEMBER QUESTIONNAIRE"）から作成．
注：大区分 BA の 27 小区分のうち 10 区分を例示した．

第9章　イギリスのコントラクター及びマシナリィリング体制の存立形態　　281

言することなどである．こうしたことから，マネジャーは，体制全体の統括的なコントロール機能を有するといえよう．

❹ 財務状況

　BMRの基本的な機能は構成員間の情報仲介にあり，BMRはコンピュータ以外の資産を持たず，事務所，自動車，電話，FAX等は賃借によっている．MR設立に際しては，FFB等から資金支援があり，BMRはコンピュータシステム導入費用及び設立後3年間のマネジャー給与の一部を補助金によっている．

　現在，BMRは，収入を主に次の2つから得ている．

　　①構成員の年会費：1人当たり60ポンド（1994年現在）
　　②取引の仲介手数料：農作業受委託においては取引価格の4%

　②は，次のように徴収される．取引価格が100ポンドの場合，需要者は取引価格に2%上乗せした102ポンドをマネジャーに支払う．また，マネジャーは取引価格から2%差し引いた98ポンドを供給者に支払う．BMRの収入は，差額の4ポンド（4%）となる．ただし，4%の手数料は，農作業受委託，機械レンタル，労働需給の場合であり，生産資材の購入においては，極低率の手数料が供給者にのみ賦課される．例えば，軽油1リットル当たりの手数料は2ペンスにすぎない．これは，農業者のコスト低減を優先するためである．

　1993年度の収支状況を見ると，収入の96%を占める「需要者への売上」126万ポンドは，そのまま「供給者への支払」126万ポンドとなるもので，BMRは支払いを仲介するにすぎない（表9-21）．実質的には，「需給手数料」及び「構成員年会費」により「BMR事業経費」が賄われる．また，BMRの事業経費内訳においては，マネジャー及びアシスタントに対する給料支払いが全体の4割強を占める（表9-22）．

❺ 受委託の動向と課題

　BMRの構成員数及び総売上高は一貫して増大し，また，構成員1人当たりの売上高は，1987年の1,891ポンドに対し1993年には4,581ポンドへと

表9-21 BMRの収支状況（1993年）

	項　目	価　額 (ポンド)
収入	需要者への売上	1,255,266
	需給手数料	31,979
	構成員年会費	14,050
	補助金	6,831
	その他	1,810
	小　計	1,309,936
支出	供給者への支払	1,257,364
	BMR事業経費	45,639
	小　計	1,303,003
所　得（収入－支出）		6,933

出典：実態調査（1994年）.

表9-22 BMRの事業経費内訳（1993年）

項　目	価　額 (ポンド)	構成比 (％)
給料支払い	19,809	43.4
車両走行費	4,736	10.4
電話代	2,716	
写真複写機費	1,069	13.7
コンピュータ費	1,583	
賃借料	889	
郵便・文具費	2,980	
印刷・広告費	1,478	17.9
事務費保険料他	3,708	
銀行手数料等	1,838	4.0
専門家賃料	2,177	4.8
協同組合費	1,707	3.7
銀行利子	949	2.1
合　計	45,639	100.0

出典：実態調査（1994年）.

急増している．すなわち，BMRが地域に定着してきたと捉えることができよう．

マネジャーによると，農家はBMRを次の目的で利用する．

第1に，農作業委託機会の確保であり，①農繁期や緊急時の対応，②コンバイン等大型機械を所有しないことによる機械コスト低減，③養畜農家の飼料作全面委託等，特定部門全作業委託による有利な経営展開の実現である．第2は，作業受託機会の拡大であり，①遊休機械・労働力の活用による所得増加，②大型機械導入による受託事業兼業化の実現である．これらのことは，BMRの情報提供により，農業経営はより収益的方向へ再編するチャンスを得ることを意味しよう．

また，コントラクターは，BMRを主に次の目的で利用する[40]．

第1に，取引機会の増大であり，①小規模コントラクターの受託量拡大と経営安定化の実現，大規模コントラクターの追加的収入機会確保，②BMRのもとでの，個々では不可能な行政機関からの道路除草の受託等である．第2は，BMRの代行による，安定した料金の回収である．

しかし，一方で，特定の受委託者間で取引が継続してなされるに従い，次第にBMRを介さず受委託者間の直接取引へと移行するケースがみられる．すなわち，BMRは，取引の費用・リスクを低下させるが，確実な受委託が見込まれるもとでは手数料の節約行動が現れ，MRからの離脱が進む．この点でBMRは，不安定化の要因を内包するといえる．

BMRの課題は，こうした不安定化要因のもとで，いかに安定した運営を行うかにある．このため，①構成員数の一層の拡大，②他のMRとの地域間ネットワーク形成と地域間需給調整体制の構築，③増加する構成員に対し，資源・サービスの質を維持管理するためのサブセンター設置やマネジャーの複数化，④構成員に対するコンサルタント機能の強化等が検討されている．

(3) MRの存立構造の検討

事例検討から，MRの有する特徴を次のように整理できよう．

① MRは，なんらかの権限により受委託をコントロールするのではなく，情報提供により構成員の受委託行動を誘導する．この意味で，MRは一種の情報システムである．

② マネジャーの情報提供による需給調整は，余剰労働・資源の有効活用に向けた短期的調整だけでなく，構成員の投資誘導と一方での投資抑制のもとで，双方の主体に有利な形で受委託の展開をはかるという，長期的調整の一面を有する．表現を変えれば，MRは，地域における新たな資源の結合関係構築を前提に，個別経営の資源配置転換を誘導する[41]．

③ 合理的行動をとる構成員は，MRを介して得た取引相手とMRを介さず直接契約をすることで，いっそうのコスト節約をはかろうとする．すなわち，MRは，自らの不安定化の要因を内包する．このため，マネジャーは，農業経営やコントラクターに対し，絶えずより有利な情報を提供することが求められる．

④ MRは，その情報収集・需給調整機能をマネジャーや理事に依存する．

すなわち，マネジャーや理事としていかなる人材を確保するかは，運営の良否と体制の安定性に直結する[42]．

また，UKでは，1980年代後半から1990年代前半にかけて，急速にMRの設立が進んだが，この要因は何か，さらに，SAOSはMRの設立誘導に際してどのようなことを重視したのか，整理しておく．

まず，1980年代後半以降MRの設立が急速に進んだ要因として，UKでは従前より農業経営とコントラクター間の受委託市場が形成されていた，すなわちコントラクターが存在しており，さらに受委託双方の情報の調整を行うことで受委託の効率化が見込まれたこと，及び，特にスコットランドでは，SAOSによるMR設立が誘導されたこと，すなわち農業経営の経済性の低さに対し，地域の営農基盤の再編をはかろうとする推進主体が存在したことを指摘できる．ここで，農業経営やコントラクターの体制参画の誘因は，①農業経営にとっての確実な委託機会の確保，②コントラクターにとっての追加的受託機会の確保や料金自動振替システムのもとでの確実な料金回収，及び③両者にとっての参画に際しての制約の低さや低い費用負担があろう．

では，SAOSは，MR体制の構築に際し，いかなる点をポイントとして重視したのか．SAOSが留意した点は，①マネジャーや理事の人材確保，及び②体制の範囲の設定の2点である．

SAOSは，設立に際し，有能なマネジャー及び理事の選定を重視する．MRが有効に機能するかしないかは，マネジャーや理事の能力に依存するため，企画力や，農業経営・コントラクターの行動誘導に向けたマーケティング力を持つマネジャーの選任[43]，及び，事業展開の的確な判断や適切に資本管理の行える理事の選任を重視する[44]．実際には，設立時点でのマネジャーや理事の選出は，SAOSの担当者による「一本釣り」により，人選には相応の時間を要する．

また，SAOSは，MRの設立に際しては，MRが同一地区に重複しない地域割りをとるとともに，その規模・範囲が小さくならないことに配慮する．

これは，構成員数が多いこと，多様な経営形態を含むこと，体制内で同一作業の適期幅をもたせることが，資源・サービスの取引機会の拡大やMRの経済性確保に有利になるためという．実際には，SAOSは，MR設立初期の年間必要経費を2万ポンド（320万円，マネジャーの人件費，コンピュータ関連費用，事務所維持費用等）と見積り，次式のように，構成員200人，事業取扱総額30万ポンド（4,800万円）を3年で実現し，黒字にすることを見込んで，その範囲をMRの適正範囲としている．

$$
\begin{array}{l}
\text{構成員 200 人 × 年会費 50 ポンド／人} \quad = 1.0 \text{ 万ポンド} \\
\text{事業取扱総額 30 万ポンド × 仲介手数料 4\%} = \underline{1.2 \text{ 万ポンド}} \\
\text{合　　　計} \quad\quad\quad\quad\quad\quad\quad\quad\quad\quad 2.2 \text{ 万ポンド}
\end{array}
$$

実態として，1つのMRのカバーする範囲は，東西，南北方向にそれぞれ50～100km程度であり，農家の密度が低ければその範囲はより大きくなる傾向にある．

5. 考察：コントラクターの自生的展開とMRの構造

(1) コントラクターの自生的展開

1) UKの状況とその分析

UKでは，コントラクターの多くは自営業者や農業との兼業であり，主体個々の受託事業への参入・退出双方の動きが見られると同時に，地域全体としてはコントラクターが層として存在するという特徴がある．これは，主体自らの受託事業への参入の動きが連続して生じるという意味で，「自生的展開」といえよう．

では，コントラクターの自生的展開はなぜ生じたのか．

第1に，UKではコントラクターが職業として確立していた，すなわち受委託市場が早期に形成されていたことがある．さらに，①1970年代以降の

農業経営の規模拡大のもとで受委託市場が拡大するとともに，委託ニーズが，特殊機械を用いた専門的作業から日々の農作業に移行したことで，資産調達や技術形成の面で参入が容易になったこと，②受託量を拡大する，あるいは部門受託や農場受託を展開することで一定の所得を実現するコントラクターの成功事例が存在すること，そして，第3節第2項のA氏の事例のように，③農村部でも他産業就労が可能であり，妻の兼業を前提に，低い所得水準でも事業参入・継続できる状況があったことが，自生的展開を促す一因となったといえる．

第2に，UKでは，コントラクターが新規就農の一段階に位置づけられることがある．すなわち，コントラクターは，実質的に土地を持たない農作業の担い手であり，土地の購入を前提としない分，財務面での参入のハードルが低い．ただし，同時に多くの場合，農業経営よりも経済性が低い状況にある[45]．ここでは，新たに農業経営を希望する者は，コントラクターとして参入し，資金蓄積をはかった上で，より安定した所得を求めて農業経営に転じる流れが出現するといえよう．関連して，こうしたコントラクターの事業継続に向けた経済性は，コントラクターの多くが自営業あるいは農業との兼業として，実質的に家族経営に近い形での小規模な事業体として存立するもとで，相対的に低い水準にあるとみられる．

2) 北海道の土地利用型酪農との比較

北海道の土地利用型酪農では，UKのようなコントラクターの自生的展開はみられない．この理由として，第1に，受委託市場が形成されていないこと，すなわちコントラクターがほとんど存在していないことがある．土地利用型酪農の展開する道東・道北では，気候条件の制約から農耕期間はおよそ4月末〜11月中旬に限定され，農業経営形態も酪農，もしくは酪農と畑作に限られるもとで，委託が特定時期の特定作業に集中し，年間を通じた作業受託が困難なこと，自走式フォーレージハーベスタ等の大型高性能機械の導入が，施策的支援のもとで農業経営間共同を前提に進められ，外部に向けた委

託需要形成を押しとどめたことがあろう．また，UKでみられる自営受託・農業兼業という形態が広く展開しないことについては，北海道の土地利用型酪農地帯では，離農に伴い安価な農地が提供されるもとで，受託事業との兼業よりも農地確保による規模拡大が優先される状況にあったためといえよう．

第2に，コントラクターが経済性を確保しにくいもとで，北海道では，コントラクターを新規就農の経路に位置づけることは難しいことがある．北海道では，農村における労働市場は発達しておらず，兼業が困難なもとで，受託事業専業で所得を得ることは容易ではない．ここでは，反対に，「飼料作作業の機械利用組合等への委託を前提とすることで，新規就農者が機械投資の節約や技術習得の負担回避をはかる動き」がみられる．すなわち，新規就農者は，受託主体ではなく，委託主体となる状況にある．

実際に，北海道の土地利用型酪農における1990年代以降のコントラクターの展開の多くは，農機販売会社等の副次部門としての参入や，公共事業の減少に直面した土建業者の労働調整手段等にとどまる．ここでは，コントラクターとしての成長方向は明確ではなく，コントラクターが飼料作部門受託や農場受託に展開するなど，酪農経営に転じる動きは不明瞭である．北海道では，自生的コントラクター，特に小規模な自営業としてのコントラクターの展開に向けた条件は整っていないといえる．

(2) マシナリィリングの構造

1) UKの状況とその分析

UKのMRは，クラブ型の構造を持つ．第8章では，クラブ型を規定する要因を，①外部との境界の存在，②情報のクラブ財としての利用，③個々の意思決定による体制へ（から）の参入・退出，④個々の意思決定による情報資源の利用としたが，これらはすべてMRにもあてはまるといえよう．すなわち，体制の内外が明確に区分され，会員のみが必要に応じた情報の利用が可能であり，MRへ（から）の参入・退出や，MRを介した受委託の有無やその内容は個々の主体の独自の判断による．MRにおいて，農業経営が

委託先を探すのに先んじて，コントラクターが委託者の紹介を受けることはできない．この点で，農業経営優先のシステムであり，農業経営は確実に委託先の紹介を受ける権利を持つ一方で，コントラクターは情報を提供される権利を持つといえる．

UKでこうしたクラブ型の体制を構築し得た要因は，ⓐ受委託市場の存在，ⓑマネジャーの存在，ⓒ推進主体としてのSAOSの存在にあろう．

ⓐ受委託市場の存在とは，従前よりUKでは受委託が展開しており，情報のコントロールのもとで，受委託双方のよりよい状況を創出できる状況にあったことである．特に，確実な委託先の確保を求める農業経営と同時に，独自のマーケティング力の弱い小規模コントラクターが多く存在したことは，新たな受託機会の獲得に向けてMR参画への誘因を形成しやすく，体制成立の前提となったとみられる．

ⓑマネジャーの存在とは，MRのもとで受委託をコントロールするマネジャーが特定の職能として位置づけられ，マネジャーを中心とするMRの体制がビジネスモデルとして構築されたことで，MRの継続した機能発揮が可能となったことである．すなわち，マネジャーが職業として認識されたことを意味する．ただし，ここでの体制は，マネジャーの個人的力量に依存したいわば属人性の強いシステムであり，この結果，実態として，構成員数が増加し事業の拡充が進む「良いリング」と，構成員数が伸び悩む「芳しくないリング」が存在する状況が生み出される．さらに，新たな事業に失敗することで，MRが破綻する事例もみられる．UKでは，MRは地域割りをとり，同一地域にMRが重複して存在することはないため，農業経営はMRを選択できず，MRのもとで作業委託を行う農業経営にとって，マネジャーの能力はリスク要因ともなり得る．ここでは，MRの展開には，マネジャー，あるいはマネジャーの活動をコントロールする理事の確保・育成のしくみや，MRの活動を外部から評価・制御する監査機能の形成等の補完システム構築が必要のように思われる．

ⓒ推進主体としてのSAOSの存在とは，MRの体制が，SAOSによって，

その必要性を前提に周到な準備のもとで構築されたことである．言い換えると，MRの展開は農業経営やコントラクター間での内発的展開としては，おそらく起こり得なかったであろうことである．SAOSや関連機関が，体制の枠組みの設定，体制構築への啓発活動，マネジャーの人材確保，情報システムの構築，当初の設備投資や人件費の支援等を行ったことが，MR展開の背景にある．このもとで，個々の農業経営やコントラクターは，経済面・経済以外の面の両方で大きな負担をすることなく，体制に参画することが可能な状況が創られたといえる．

2）北海道の土地利用型酪農における検討

北海道の土地利用型酪農では，MRのようなクラブ型の構造を持つ体制はほとんどみられない．この理由として，直接的には，UKでMRの構築の前提となった，ⓐ～ⓒを満たさないことがある．すなわち，ⓐ受委託市場形成の動きは弱く，特に，MRへの参画が想定される自営業を中心とした小規模コントラクターの展開が弱いこと，ⓑマネジャーの職能としての位置づけが不明瞭であり，マネジャーを中心とした運営体制のビジネスモデルが構築されていないこと，ⓒ受委託体制の率先した推進主体が存在しないことである．特にⓐの受委託市場が未発達であることが，クラブ型の体制が展開しにくい根本的要因となったといえる．このため，北海道の土地利用型酪農では，酪農経営の委託ニーズ形成に対し，受託機能形成の条件となる機械施設投資がまず重視され，機械施設の受け皿となる受託主体を組織し，受託機能維持に向けた経済的条件確保のため酪農経営間で協調行動をとるという，組織型のモデルが支配的となったといえる．また，ⓑマネジャーの位置づけに関して，第8章でとり上げたC会の事例では，マネジメント機能は，受委託体制を必要とする大規模酪農経営のボランタリズムに依拠してなされていた．ここでは，受委託のマネジメント機能を専門的職能として位置づけ，その活動に対し対価を支払うという意識は醸成されていないように思われる．

すでに述べたことであるが，クラブ型の体制が選択されにくいもう1つの

理由として，UK よりも寒冷な気候条件と農耕期間の短さ，及び農業経営形態の酪農，畑作への限定のもとで，委託ニーズが特定時期の特定作業に限定される傾向が強まること，すなわち，作業の時期や作業内容という点で，受委託が必ずしも多様性を持たないことがある．ここでは，例えば多くの酪農経営が毎年継続して飼料収穫調製作業を委託しようとする場合，酪農経営は MR を介して不特定のコントラクターと毎年契約するよりも，直接同じコントラクターと契約を続けようとするだろう．すなわち，クラブ型の体制は，地域に多様な形態の農業経営が存在し，様々な委託需要が単発で出現する場合に，より有効性が高まるように思われる．この意味では，クラブ型の体制は，固定的な構造需要よりも，調整需要に柔軟に対応する手段として位置づけられやすいとみられる．

6. 結語：北海道における飼料作外部化への示唆

本章では，UK のコントラクターの状況と MR の構造を把握した．UK では，農作業受委託市場が 19 世紀から形成され，コントラクターの自生的展開がみられる．ここでは，コントラクターは新規就農や農村就業の入り口として位置づけられ，コントラクターとしての成長や農業経営への道筋を持つことが新たな参入行動を促し，コントラクターの自生的展開につながるとみられた．また，UK では，1980 年代後半以降，MR の設立が急速に進んだ．MR は，マネジャーが受委託に関する情報を一元的に集積・コントロールすることで，農業経営の確実な委託を実現する情報システムといえる．ここでは，農業経営やコントラクターの MR への参入・退出や，農業経営の委託に際して，主体個々による柔軟な意思決定が可能となっていた．MR は，その機能発揮にあたり，マネジャーの能力に依存する属人的システムであり，SAOS という推進主体の誘導のもとで体制構築がなされていた．

MR のようなクラブ型の体制の，北海道の土地利用型酪農への適応についても考察を行った．北海道の土地利用型酪農では，受委託市場の展開が弱い

第9章　イギリスのコントラクター及びマシナリィリング体制の存立形態　　291

もとで委託ニーズが先行して出現し，受託機能形成とその安定化をはかる必要が生じた．ここでは，受託機能形成を前提として，情報資源を用いて受委託双方の行動を調整するクラブ型の体制よりも，受託機能形成に向けた機械施設投資と，その経済性確保に向けた，酪農経営間の協調行動を前提とする組織型が選択されやすい状況にあるとみられた．

　では，はたして，受委託の展開が先行する UK に学ぶところはないのだろうか．はたしてクラブ型の導入を検討する必要はないのだろうか．

　UK と北海道の差は，受託機能発揮のための資本形成が地域においてなされているか，いないかという段階差にあろう．北海道ではこうした資本形成が遅れ，急速に受託資本形成をはかるもとで，その安定化に向けて，UK ではみられない委託に伴う酪農経営の画一的形態・規模への動きが生じている．北海道で，受委託が多様な家族経営の存立前提として機能するためには，次の段階で，クラブ型における，柔軟で制約の少ない，酪農経営個々の意思決定を許容する受委託体制を，現在の組織型の体制にとり入れることも想定すべきではないのか．はたして具体的には，いかなる方向が考えられるのか？

　こうしたことについて，さらに終章で検討しよう．

注
1) コントラクターに関しては，ポール・カスタンス（ハーパー・アダムズ農業大学），リック・ボール（スタッフォードシア大学），ジュリアン・パーク（レディング大学），リチャード・ドゥリュー−クック（NACC），また，MR に関してはアレックス・J・テイラー（スコットランド農科大学），エドワード・レイニー・ブラウン（SAOS），全体的状況に関してはアンドリュー・アーリントン（レディング大学）らから聞き取りを行った（所属は1994年当時）．
2) NAAC は，1893年に設立されている．当時，蒸気式脱穀機，蒸気式プラウの普及により，コントラクターが増加したとされる（CEETTAR 1992，Grigg 1989参照）．
3) Ball (1987a) は，「Gasson (1974)，Cherrington (1981)，Cunningham (1981)，Lund et al. (1982) によれば，農作業受委託は戦後急速に増大している．Ball (1987b) で示したように，このような意見を裏付けるデータはほとんどない．しかし，間接的には，コントラクターの数及び農場におけるコントラクター利用

の程度は増大したことが示される.例えば,主要業界紙の *Farm Contractor* は,発行部数の動向から,コントラクターの数は1950年以降およそ1.5倍となり,1980年代後半では約6千と見積る.また,Errington (1986) によると,イギリス政府の指示による *Farm Management Survey* では,農場経営におけるコントラクターへの支出総額は増加している.こうした傾向は,本質的にはコントラクター利用の増大を反映するものであろう」と指摘する.また,Errington and Bennett (1994) は,「観察的証拠は少ないが,農作業受委託の重要性が増大してきているというのがUKにおける共通認識である.例えばイングランドの *Farm Business Survey* においては,1991年の受託料 (contract charges) は変動費用総額の8%を占めるが,この数値は10年前には4%に過ぎない」と述べる.

4) Errington and Bennett (1994) による.
5) Harrison and Tranter (1994) によると,1ポンドの所得に必要な資本額は1981年の7.5ポンドから1991年には11ポンドに増大し,また10%を上回る高い利子率のもとで農業経営の財務問題は深刻化した.機械コストを削減している,及び削減を計画している全英の農家の割合は,1986/87年調査でそれぞれ28.8%,15.6%,1990年調査で34.4%,13.3%であった.
6) UKでは,1955年以降,機械共同所有 (machinery syndicate) が存在する (Gardiner and Gill 1964).しかし,共同所有には,機械管理の不徹底や適期逸脱など,損失も多く,MAFF and Agricultural Development and Advisory Service (1972) は共同所有の代替策としてコントラクター利用を提案している.
7) 常雇は,季節雇あるいは臨時雇(またはパートタイマー)やコントラクターに代替が進んでいるという指摘は多い (Gasson 1974, Ball 1987b, Errington 1988).
8) Errington and Bennett (1994) は,近年の受委託増加の要因は,専業コントラクター (specialist agricultural contractors) の増加ではなく,農家の受託事業展開によると推察する.すなわち,機械の大型化・高額化により作業面積の拡大が必要なこと,不況で職につけない子弟の就労機会確保が必要なことによるとする.
9) Custance et al. (1987) は,農作業受委託を,「農業において,報酬や謝礼目的で他の人に対し労働やサービスを与えること」,また,Stephens (1990) ではコントラクターを「農業者に対する請負仕事を行う会社や個人」とし,請負作業を「請負専門会社による仕事で,なされた仕事への支払いを伴う」とする.
10) この区分は,関係者間でほぼ共通の認識がみられた.Wright and Bennett (1993) では,特に③自営受託・農業兼業者に注目し,農作業受託主体を②農作業受託専門業者 (specialist agricultural contractors),⑥経常的受託兼業農業者 (farmers providing a formal contracting service, 常時受託を行う),ⓒ一時的受託兼業農業者 (farmers providing an informal contracting service, 余力があれば受託を行う),ⓓその他(作業を受託する協同組合や農業関連業者,機械・労働共同組織 (machinery and labour syndicates, MR等))に区分している.

11) Wright and Bennett (1993) による職業電話帳の分析では，雇用労働力数5人以下がコントラクターの83％を占めており，コントラクターの多くは経営規模が小さいことを示している．また，同研究による1990/91年を対象とした事例調査では，農家の作業委託先は受託専門家43.8％，農業者43.0％，その他13.2％であり，受託専門家だけでなく受託・農業兼業者の存在が示される．
12) シェア・ファーミングとは2つ以上の異なる主体により営まれる農場運営方式で，農地，建物施設を所有・管理する地主（landowner）と，労働力，機械を有し作業を担うシェア・ファーマー（share farmer）により運営される形態に代表される．
13) Custance et al. (1987) による．NAACのR. ドゥヴリューークックからの聞き取りによれば，1990年代に入り，農家の経営状態が著しく悪化し，今後の展開も困難なことから，コントラクターから農業者への移行は減少しているという．
14) Custance et al. (1987) では，1980年代のコントラクター数を5,000と見積るが，正確な把握は困難とする．理由は，農業者自身や，農業者の子弟による受託の把握が難しいためである．McInerney, Turner and Hollingham (1989) では，国内地域別の抽出調査をもとに1989年春の時点でUKの農場の12.8％（単純に1993年の農場数にあてはめると約3万1,000）は受託事業へ多角化しているとする．Wright and Bennett (1993) では，1989/90年のMAFF（農漁食糧省）のファーム・ビジネス・サーベイ等から，イングランドとウェールズにおいて農作業を受託する農場数は両地方の全農場の16〜22％であり，16％としても2万9,000であるとする．CEETTAR (1992) では，コントラクターを7,000とするが，算出根拠は示されない．
15) ドゥヴリュークックらへの聞き取りによる．農場が大規模化・高額化し資金的に新規就農が困難な中で，コントラクターは就農の1ルートといわれる．ただし，農外から参入するコントラクター開業者は，農家子弟や農業経験者に比べ定着率は非常に低く，ほとんどが1〜2年で離脱するといわれる．
16) MAFF and Agricultural Development and Advisory Service (1972)．
17) Ibid.
18) 農業経営形態・規模と農作業受委託との関連について，Errington and Bennett (1994) は次の見解を示している．すなわち，耕種経営（cropping farm）においては，機械の必要性が受委託の契機となる．小規模経営では大型・高性能機械の購入費用や，従業員の訓練費用の負担が難しいことから作業を委託し，中規模経営では，受託による負担低減を前提に機械購入を行う．大規模経営では，経営内で機械にとって十分な負担面積を獲得し，受委託はなされない．

酪農経営（dairy farm）においては，機械よりも労働の要因が大きい．小規模経営では余剰労働力による受託が収入向上につながり，大規模経営では特にサイレージ調製において労働が不足することから，委託する傾向が強まる．
19) Custance et al. (1987) では，1986年の事例調査に回答したうち29％のコント

ラクターが農場全作業受委託を行っており，さらに41%は1990年までに農場全作業受委託は増大すると回答したとする．ただし，回答したコントラクターは農場全作業受委託（whole farm contracting）と，近年増加している特定作物全作業受委託（whole crop contracting）を混同している可能性があるとしている．また，月刊誌 *Farm Contractor*（1990年10月号）では，委託者が農地と資材を提供し，コントラクターが労働と機械を提供する契約農業増加の記事を掲載している．
20) 農場全作業受委託は単年度契約で小作権（tenancy）は発生しない．生産資材の調達は，農業者，コントラクターどちらの場合もあり，受託料金の設定や収益の配分方法も多様とされる．
21) Custance et al.（1987）．
22) Wright and Bennett（1993）．
23) Custance et al.（1987）によれば，1984-86年にかけて，調査対象の76%のコントラクターは売上が増大しており，また79%が将来を楽観視している．
24) Custance et al.（1987）は，受託事業を脅かす大きな要因は，受託者間の価格戦争（price wars）であるとする．
25) 環境保全を目的に制定された The Food and Enviroment Protection Act（1985），The Control of Pesticide Regulations（1986）により，コントラクターおよび1965年以降生まれの者は，農薬の使用に対し資格が必要となった．
26) 委託した農業者が直接作付を決定する場合と，農場の管理を代行する農場運営士（manager）に委託される場合がある．
27) ドゥヴリュー-クックの見解．
28) NAAC（1990）*Yearbook and Membership List 1990* による．
29) NAACの構成員は次の6部会に組織される．①液剤散布・注入（Ground Spraying and Injection），②可動式種子消毒（Mobile Seed Cleaning），③環境保全及び産業の専門雑草管理（Amenity and Industrial Specialist Weed Control），④農業飛行機（Agricultural Aviation），⑤石灰散布（Lime Spreading），⑥農業総合請負（General Agricultural Contracting）．本文中では，⑤を総合コントラクター，①②④⑤を特定作業を請け負うことから専門コントラクター，③を環境保全及び産業コントラクターとして示した．
30) スコットランドの農協はすべて特定の目的を有する専門農協であり，また農協による農産物，生産資材の市場占有率は日本や他の欧州諸国に比較し低い．例えば，資材供給における農協のシェアは20%にすぎず，農協以外が80%近くを支配する．SAOSは農家の組織体制構築を重要な職務とする．SAOSの職員は8名で，1994年現在の開発支援事業の範囲は①羊・肉牛マーケティング，②穀類マーケティング，③果実マーケティング，④養殖貝マーケティング，⑤MR設立，⑥農家支援・農家住宅の改善支援と農村観光開発である．SAOSは1993年において約42万5,000ポンドの収入があるが，この46%は政府補助，21%はコンサル

タント料（うち 70% は地域企業等商業資本による），15% が構成員会費による．SAOS 資料によると，SAOS の組織目的は「農業者による事業の強化と発展を支援し，スコットランドの農業者や他の農村の生産者の競争優位を創り出すこと」である．
31) 最高責任者（chief execuive）の E. R. ブラウンによると，スコットランドの農業経営の約 50% は経営主 1 人によるワンマン経営である．
32) SAOS による MR 設立への誘導は，農業の国際化・市場化の動向のもとで，欧州統一市場に対して強固な産地体制を確立する一手段とされることにも留意する必要がある．
33) エディンバラ・アンド・イーストスコットランド農業大学は，その後の合併により，1990 年にスコットランド農業大学，2012 年にスコットランド地方大学となる．
34) FFB は，1983 年から 2003 年まで存在した，英国の食料生産・加工振興，後には食料輸出を目的に農漁食糧省（当時）によって設置された公共事業体である．
35) 以下は主に BMR のマネジャー A. クランストンからの聞き取りによる．
36) BMR 新規加入者への配付資料による．
37) コンピュータシステムは各 MR 共通で，SAOS の委託によりファーム・データ社により開発され，ring data という名称で販売されたものである．
38) 農作業受委託の料金水準は，コストから計算される妥当額よりも低い．これは，農家の負担能力が低いことと同時に農業者の受託事業への多角化が進んだことによる．標準料金設定は，コントラクターとの協議のもとで，料金引き上げを加味してなされる．しかし，MR は外部の受委託市場と競争関係にあり，利用率向上のため料金水準の上昇を抑制せざるを得ない．
39) 需要者，供給者間の料金授受は BMR が代行する（セクレタリ業務とされる）．
40) 一般的に設立当初，MR はコントラクターの仕事を奪うものとして，両者間に敵対関係が生じたとされる．しかし，MR は，特に農繁期の受託能力拡大のためコントラクターの取り込みが必要なこと，コントラクターにおいても MR を利用して顧客拡大や資金回収の負担削減ができる等のメリットがあることから，その後 MR への加入が進んでいる．1994 年の調査では，比較的大型の安定したコントラクターでは，全事業のうち MR を介するものは数% 程度，小規模のコントラクターでは，10〜40% 程度であった．
41) 1994 年時点で MR は，安定した運営基盤を確保するための初期段階にあり，地域戦略構築・先導の機能は必ずしも明瞭ではないが，例えばファームイン経営への多角化誘導と地域の農村観光振興体制構築は，SAOS と BMR で 1994 年現在取り組みが開始されている．
42) MR の中には，理事間の不和から分裂した事例がある．
43) SAOS によると，マネジャーの前職は，農業者，コントラクターのほか多様である．

44) 特に理事はしばしば事業展開を妨げるとされる．これは，①職務責任を十分理解せず，理事として判断すべき事項を，自分の農業経営にいかに役立つかという点から行いがちなこと，②現在の実績に満足し，新たな事業展開を不必要と判断しがちなことによる．このため，SAOS は，マネジャーや理事に対する研修を重要な課題としている．

45) 単純には，地代収入を伴わない分，所得は低下するとみられ，実際に前掲表 9-16 で示したように，農業経営よりも低い所得水準や経済効率にあるとみられる．

終章
機能外部化とグループ・ファーミング展開の論理

1. 課題と方法

　ここまで，北海道の土地利用型酪農において1990年代以降に生じた飼料作外部化や，イギリス（UK）における農作業受委託を対象に，安定した機能外部化に向けて酪農経営と受託主体間で構築される体制のありかたについて検討してきた．本章では，各章の検討を横断的に捉え，序章で設定した4つの課題，すなわち受委託体制における①主体間の諸関係の枠組み，②安定性を保つための調整メカニズム，③課題と対応，及び④継続的機能発揮のための展開方向について，一定の知見を得ることを目的とする．
　ここでは，はじめに，序章で示したグループ・ファーミングを，受委託体制に共通する枠組みとして再度定義しよう．さらに，各章の検討をふまえ，以下のⓐ～ⓑの考察を行うことで，上記①～④の4課題に接近しよう．このもとで，本書の結論を得る．

ⓐ　北海道の土地利用型酪農にみられる受委託体制と，UKのマシナリィリング（MR）にみられる受委託体制では，構造や機能にどのような違いがあるのか．両者に差異があるとすれば，そもそも，なぜ，異なる構造や機能を持つ体制が存在するのか．

ⓑ　北海道の土地利用型酪農の受委託体制には，なぜ異なる類型が存在するのか．北海道で，世界的に類のないとされるTMRセンターの設立

が進んだのはなぜか．
ⓒ 今日，北海道の土地利用型酪農の受委託体制の中心をなす TMR センター体制は，今後変革する必要があるのか．あるとすれば，どのような変革が必要か．

2. グループ・ファーミングの枠組み

(1) 定義

　本書の検討は，酪農経営が，その中核とする生産工程の一部を外部化しようとする場合，酪農経営と受託機能を保有する主体間で，しばしばなんらかの体制が形成されること，あるいはなんらかの体制のもとではじめて外部化が可能となることを示している．こうした独立した主体間で構成される体制を，序章第3節では狭義のグループ・ファーミングとして捉えたが，ここではこれまでの検討をふまえ，再度，次のように定義する．

　農業経営と他の主体間で，当該農業経営が中核となる農業生産工程を協同，あるいは分割して担うことを目的に構築される営農体制

　「農業経営」にはもちろん酪農経営も含まれる．「協同」とは，農業経営にとっての部分的なサービスや労働の外部調達を，また「分割」とは，管理機能を伴った工程外部化，すなわち分業化を指すことにする[1]．本章では，こうした「協同」と「分割」を「外部化の次元の違い」として捉えるが，これについては，後で検討を行おう．ここでの定義は，北海道の土地利用型酪農の飼料作外部化の多くの事例にあてはまり，第3章で扱った受委託が不安定化した事例は，グループ・ファーミングが不完全な場合と理解される．また，グループ・ファーミングの定義は，本書でクラブ型とした UK の MR のもとでの農作業受委託にもあてはまる．

(2) 一般企業における外注関係とグループ・ファーミングとの違い

グループ・ファーミングは，一般企業における外注関係と，2つの点で異なる特徴を持つことに留意がいる．

1つは，機能外部化をはかる委託主体と外部化された作業を担う受託主体の数的関係の違いである．一般企業では，教科書的には，製造ラインを持つ委託企業が，より規模の小さい複数の受託企業に工程の一部を発注する形態がみられる．すなわち，委託主体と受託主体とは，同一工程の外部化に際して1対多の関係をとる．ここで，委託企業が複数の委託先を持つ理由は，受託の不確実性を回避するリスクコントロール，あるいは受託企業間の競争を喚起し，よりよい作業を導くという作業コントロールの点から説明される．

これに対し，ここでとりあげるグループ・ファーミングでは，複数の農業経営が，効率的な作業体制を備える単一の受託主体に委託を行う形態が一般的である．酪農であれば，飼料作外部化をはかる複数の酪農経営に対し，高性能機械や施設を整える単一の受託主体の形成がみられる．ここでは委託主体と受託主体は，多対1の関係をとる．こうしたことは，農業経営はその多くは家族経営であり，家族労働力の制約のもとで小規模分散して存在するのに対し，受託主体は高性能機械施設を用い，規模の経済性を発揮することが成立前提となるため理解される．ここでは，農業経営には，単一の受託主体に依存することによる受託継続に関するリスクや，常に良質な作業がなされるとは限らないといった不確実性の問題が生じる恐れがある．

2つ目は，外部化が，作業条件が変動し，作業の計画的実施や効率化が容易ではない，屋外圃場における農作業を対象とする点である．ここでは，一般企業の工場において組立ラインの一部を分担したり，製品組立に必要な部品の一部を供給する場合，計画的作業の実施や一定の作業効率を予期しやすいことと異なる状況がある．さらに，農作業の受委託では，受託主体も気象条件や圃場条件による影響を被りやすく，受託作業の遂行には不確実性を伴い，計画的・効率的作業の実施は必ずしも容易ではない．例えば，飼料収穫調製作業では，牧草の生育条件によって作業適期が変わり，また降雨のもと

では，圃場作業条件の悪化による作業効率の低下だけでなく，牧草サイレージの高水分化による品質低下の懸念が生じ，委託主体である酪農経営とのあつれきが生じる原因となる．さらには，委託主体が多数の酪農経営であることに起因して，要求される作業方法の違い，圃場整備状況の違い，作業受け入れ体制の違いが作業効率化の妨げとなりやすい．こうしたことは，グループ・ファーミングでは，受託の継続や受託作業の質，あるいは受託主体における効率的作業の実施と経済性確保に向けて，なんらかのコントロールメカニズムの形成が体制安定化のキーとなることを意味する．

(3) グループ・ファーミングに共通する枠組み
1) 期待される役割

グループ・ファーミングは，いかなる機能の発揮を目的に構築されるのだろうか．ここで，グループ・ファーミングに期待される役割として，次を示すことができる．

a1. グループ・ファーミングに期待される役割は，農業経営，中でも家族経営の維持展開の装置として機能することにある．

すなわち，グループ・ファーミングへの参画により，個々の農業経営では困難だった，家族経営としての維持展開が可能となることである．例えば，北海道の土地利用型酪農におけるグループ・ファーミング体制構築の目的は，1990年代における，従前の酪農専業化に際しての施設投資に伴う高い負債償還圧に対し，家族労働力や資本の制約を打ち破って規模拡大を進めること，あるいは，2000年代における，濃厚飼料をはじめとする生産諸資材の価格上昇・不安定化と酪農経営経済の不振，そのもとでの離農と過疎化による地域的な営農条件悪化に対し，大規模経営のみならず，中小規模経営が存続できる状況を創出し，地域農業の崩壊を阻止することにあった（第1章）．また，UKでも，1990年前後から増加するMRの体制は，農産物価格の下落

に対し，MR への参画のもとでコスト削減を徹底し，農業経営の存続をはかる手段とされた（第9章）．ここでは，グループ・ファーミングは，従業員雇用と市場対応力強化による企業的展開でも，経営統合と大規模化という共同化への展開でもなく，あくまで家族経営の存続のための装置として機能することが求められる．

　グループ・ファーミングに期待される役割は，定義に則して，具体的に次のように書き換えられる．

a2. グループ・ファーミングに期待される役割は，農業経営の確実な作業外部化を可能ならしめる装置として機能することにある．

　すなわち，農業経営の資本や労働力の不足に対し，作業外部化のリスクを低め，委託に依存した展開を可能とすることである．通常，個々の農業経営では委託量が限られ，単一の受託主体に当該機能を依存せざるを得ない．特に，中核的な生産工程の一部を外部化する場合，農業経営の負う技術的・経済的リスクは高いといえよう．一方，受託主体でも，小規模かつ多様なニーズを持つ農業経営からの受託を前提に機械投資や労働力確保を行うことは，経済的リスクを伴う．こうした受委託双方のリスクは，受託事業への参入や農業経営の委託に依存した展開を難しくする．ここでは，グループ・ファーミングのもとで，受委託双方のリスクを低減し，農業経営の委託に依存した展開を可能とする状況を生み出すことが求められる．

2）構造的枠組み

　グループ・ファーミングでは，体制構築の目的や期待される役割のもとで，構造的には共通する枠組みがとられる．ここでは，まず，次を示すことができる．

a3. グループ・ファーミングでは，参画する主体間で，①安定した受託機

能形成の条件創出に向けた関係，及び②このもとでの受委託の取引関係という二重関係をもつ空間が形成される．

すなわち，第2章で「組織化空間」とし，特にクラブ型に関して第8章で「情報空間」と表現したものである．これまでも，グループ・ファーミングを「装置」と表現してきたが，グループ・ファーミングとは，「外部とは異なる営農条件を提供する媒体であり，このもとで，外部とは区別された取引市場が形成される」ものといえる．すなわち，グループ・ファーミングの本質は，個々の主体の意思決定前提となる空間条件の形成にあり，これに向けた主体間行動が誘導され，そのうえで受委託の取引関係が進展するといえる．
また，さらに，次の定義を示すことができる．

a4. グループ・ファーミングは，内外の条件変動に対し，組織化空間の恒常的機能発揮に向けた自律的コントロールのメカニズムを内包する．こうした機能は，体制内に出現する中間主体により担われる．

このことは，グループ・ファーミングとは，機械的な処理機構という意味での装置ではなく，「中間主体によってコントロールされ，受委託の安定化に向けて動態的に変化する装置」として機能することを意味する．内部条件の変動とは，参画主体個々の状況変化や参画主体数の増減，外部条件の変動とは，施策や経済条件の変化等であり，これらのもとでも，確実な委託を可能とする状況の創出が求められる．ここでは，体制全体のコントロール機能を中間主体が持つとしたが，特に北海道の土地利用型酪農では，体制のコントロール機能は，必ずしも固有の職能として明確ではなく，社会的位置づけも不明瞭な段階にあるといえる．

3. 組織型とクラブ型の選択論理

　本節では，北海道の土地利用型酪農にみられる受委託体制，すなわち組織型の体制と，UKのMRに代表される受委託体制，すなわちクラブ型の体制には，構造や機能にどのような違いがあるのか確認し，また，なぜ異なる構造や機能を持つ体制が存在するのか，体制選択の論理を検討しよう．このため，はじめに，各章の検討に基づき，組織型，クラブ型，それぞれの体制にみられる構造とマネジメントの特徴を総括的に整理する．次に，体制を比較することで組織型とクラブ型の選択の論理を検討する．

(1) 組織型の特徴

　まず，組織型の体制に共通する，いわば組織型を規定する枠組みとして，b1，b2の2点を指摘できる．

　b1. 組織型では，複数の酪農経営により，単一の受託機能を創出・維持する体制が構築される．

　b2. 組織型では，酪農経営と受託者間で機能は完全分化され，双方の統合のもとではじめて生産工程が完結する体制，いわば1つの大規模経営然とした体制が出現する．ここでの外部化は，酪農経営にとり，単純なサービスや中間生産物の外部調達ではなく，分権化，すなわち，当該工程の設計・管理機能の外部化という次元でなされる．

　b1は，組織型の体制が，酪農経営の委託ニーズの形成に対し，それを実現する受託機能の形成を目的に構築されたことを意味する．また，b2は，体制構築は特定の工程の設計・管理機能の共同外部化としてなされ，酪農経営は形成された受託機能に当該工程を完全に外部化し，また受託者も，基本的に体制を構築する酪農経営に限定してサービスや中間生産物を供給する，

双方の全面的依存関係を前提とした組織内部の取引然とした関係が形成されることを意味する．

b3. 組織型では，機能の完全分化と全面的な依存関係のもとで，受託側の不安定化が酪農経営側の不安定化に直結する構造を持つ．ここでは，受託の効率性・経済性を向上させ，受託機能の安定性を高める必要が生じ，このための条件形成手段として，酪農経営間での共通戦略形成と組織的デザイン・インのメカニズムが出現する．

b3は，酪農経営の確実な委託機会確保には受託機能の安定維持が前提となり，かつ受委託相互の全面依存関係のもとで，酪農経営による受託機能安定化に向けた協調的行動が生じることを意味する．言い換えると，全面的な依存関係を前提に，序章で示したような包括的経済性がとられるもとで，酪農経営に対し受託の効率性・経済性改善へのインセンティブが与えられる．また，ここでの共通戦略は，酪農経営間共通の工程設計やその効率化に向けた条件整備に代表され，①大型高性能機械を前提とした統一された作業方法の設計，②個々の酪農経営における圃場作業条件やサイロの整備などの作業受け入れ体制の整備，あるいは③飼料収穫調製形態や給与飼料形態に適した個々の酪農経営の飼養管理方式の再編等がみられる．さらに，第4章で資源リンケージシステムと名づけたような，主体間の枠を超えた機械施設の効率的配置・利用関係形成や，相対的費用負担軽減と受委託単価の引き下げに向けた多頭化の要請もみられる．

b4. 組織型は，体制全体を1つに見立てたビジネスモデルとして把握される．

b5. 組織型では，中間主体が体制全体の整合性の保持機能を持つ．中間主体は，酪農経営間の共通戦略形成の場であると同時に，補助金を含めた受託に関わる機械施設整備の母体であり，かつ受託機能の編成管理機能

を担う．

b6. 組織型では，体制の維持に向けて，受託機能のありかたに呼応した酪農経営の再編が要請される．ここでは主従の逆転したデザイン・インの関係が出現する場合がある．ただし，こうした要請に対し，酪農経営間では適応力格差が存在し，機会主義的行動を完全には排除できないというアキレス腱が存在する．

b4 は，特に TMR センター体制に代表されるように，組織型の体制は，体制全体を 1 つとみることではじめて経済性を確保するビジネスモデルとして捉えられることを意味する．組織型では，中間主体が受託機能を担う場合も多く，コントラクターのビジネスモデルとしての形態は明瞭ではない．また，b5 は，体制の，いわばバランサーとして中間主体が機能すること，b6 では中間主体を中心に体制が設計される場合もあることを示すが，同時に，体制があくまで独立した酪農経営からなり，共通戦略への適応力格差が存在するもとでは，個々の意思決定が優先される（あるいはせ̇ざ̇る̇を̇得̇な̇い̇）局面が生じることで計画に則した行動がとられない，すなわち不確実性が排除しきれないことを意味する．

(2) クラブ型の特徴

クラブ型に関しては，主に第 9 章の UK における MR の体制を中心に検討する．なお，UK の MR では，委託主体は酪農経営に限定されないことから，「農業経営」と記すこととする．

まず，クラブ型にみられる基本的な枠組みとして次がみられる．

c1. クラブ型では，多数の農業経営と多数のコントラクターの参画のもとで，個々の農業経営と，それぞれの委託需要に最も適したコントラクター間のマッチングを媒介する情報システムが構築される．

c2. クラブ型では，酪農経営は自らのニーズに則して委託を行う．ここで

は，農業経営の委託行動の自由度は高いと同時に，委託に伴う制約は少ない．ここでの委託はサービスの外部調達としての性格を持ち，設計・管理機能の外部化による分業化を必ずしも前提としない．

$c1$ は，表現を変えれば，クラブ型の体制とは，受委託双方に関わる情報の一元的な集積・流通のもとで，農業経営のニーズに応じた確実な委託や，コントラクターの追加的受託を可能とする体制であることを意味する．ここでの情報は，体制に参画した者のみが得られるクラブ財である．$c2$ は，多数のコントラクターの参画のもとで，農業経営は多様なサービスの安定した確保が可能となり，自らの生産工程の変革を伴うことなく外部化を進め得ることを意味する．

$c3$. クラブ型では，より多くの情報が集積され，農業経営が自らのニーズに応じた委託先を確保できること，一方で，コントラクターが追加的な委託機会を得られることが，体制安定化の前提となる．このため，農業経営やコントラクターの新たな参画誘導，及び農業経営やコントラクターに対する新たな作業・方法での受委託の誘導など，体制の拡大や連動した受委託行動の誘導がなされる．

$c3$ は，体制の安定化は，集積・流通する情報量に依存すること，このため，外部主体への参画誘導や，新たな需給関係形成に向けた体制内部へのマーケティングが行われることを意味する．

$c4$. クラブ型は，体制参画の誘因を持つ小規模コントラクター，及び体制をコントロールする MR のマネジャーという，2 つのビジネスモデルの存在が前提となる．

$c5$. クラブ型は，体制のコントロール機能をマネジャーに依存する属人性の強いシステムである．このため，参画主体のリスク低減に向けて，マ

ネジャーを外部からコントロールする必要が生じる．

　c4 は，体制は，農業経営，コントラクター，マネジャーの役割を果たすMR という経営として独立した主体間で構成されること，そして特にコントラクター，MR が固有のビジネスモデルとして社会的に認識され，それらの担い手が出現する状況がつくられることが体制構築の前提となることを意味する．特に，ここでのコントラクターは，体制への参加と追加的な受託機会確保への誘因を持ち得る小規模コントラクターであることが前提となる．c5 は，クラブ型の体制の動向はマネジャーの能力に依存し，この点で参画する主体にはリスクが生じること，リスク削減に向けてマネジャーを体制外からコントロールするサブシステムが必要なことを示唆する．このことは，本書では必ずしも明確にしてきていないが，①マネジャーとしての適格者の確保，②マネジャー及び MR の理事の教育訓練，あるいは③監査機能のメカニズムが必要であろう．

(3) 組織型とクラブ型の選択と展開

　これまでの検討を中心に，組織型とクラブ型の特徴を表終-1 に整理した．

　グループ・ファーミングは組織型とクラブ型で代表できるかという吟味は別途必要だが，組織型とクラブ型の比較のもとで，組織型とクラブ型の体制の選択，それぞれの体制にみられる受委託の特質，体制に出現する展開の方向について，次の命題を示すことができよう．

　d1. 体制の選択に際しては，それを決定づける単一の規定要因が存在する．
　d2. このもとで，それぞれの体制では異なる次元での外部化が進む．
　d3. この結果，体制には，少なくとも設立後当面の間，異なる展開の方向が出現する．

　これらは，次のように説明される．

表終-1　組織型とクラブ型の特徴

	組織型	クラブ型
構成主体の特徴	参画メンバーの固定（複数の酪農経営，単一の受託機能，及び中間主体による）	参入退出の柔軟性（複数の農業経営，複数のコントラクター，マネジャーとしてのMRによる）
体制構築の目的	受託機能の形成と安定化による確実な委託先の確保	受委託のマッチングによる確実な委託先の確保
外部化の程度（次元）	設計・管理機能の外部統合化（分業化）	サービスの外部調達
外部化される工程及び作業方法等	体制内部で統一	個々の農業経営の需要に応じる
体制に出現する形態	1つの大規模経営のような営農体制	情報集積・流通空間（農業経営とコントラクター間の多様な受委託）
体制が前提とするビジネスモデル	体制全体の統合的ビジネスモデル	農業経営，コントラクター，MRそれぞれのビジネスモデル
体制構築に際しての外部からの支援措置	受託機能形成への資本支援	マネジャーの確保育成，MRのビジネスモデルの提案
主体間の行動調整メカニズム	共通戦略形成と組織的デザイン・インが基本	クラブ財の形成と利用，マネジャーのマーケティング
体制の不安定化要因	デザイン・インへの適応力の酪農経営間格差と機会主義的行動	情報の不足，マネジャーの能力の不足
展開の方向	体制内の効率化	体制の拡大や内部拡大による情報量増大と適切なマッチング

　まず，d1の「単一の規定要因」とは，具体的には「受託機能の存在状況」である．すなわち，d1は次のように言い換えられる．

d1-1. 体制において，農業経営の委託需要の総体をカバーする種類・量の受託機能が存在することが想定される場合，受委託の確実なマッチングをはかるための体制としてクラブ型が選択される．

d1-2. 酪農経営が委託ニーズを持つにも関わらず受託機能が存在しない，もしくは受託への依存のリスクが高い場合，酪農経営間での受託機能の安定化条件の確保，あるいは直接の受託機能形成を伴う体制として組織型が選択される．

終章　機能外部化とグループ・ファーミング展開の論理　　　309

　具体的には，第9章でみたように，UK でクラブ型の MR の設立が進んだ背景には，コントラクターが層として存在したことがある．また，第8章の十勝地方の C 会の事例では，単一の受託主体ではあったが，従来から受委託の関係を持ち，事業規模が小さく，委託面積の集積のもとで受託継続が見込まれ，酪農と兼業し地域に定着することから機会主義的行動の懸念が低いとみられた Y 社が存在したことが，クラブ型の体制を選択する前提となっている．すなわち，依存できる受託機能が存在する場合に，農業経営と受託主体間の適切な取引関係形成を目的にクラブ型が選択される．一方，北海道の土地利用型酪農においては，三者間体制や TMR センター体制では，コントラクターが稀少もしくは不在のもとで，受託機能の安定化の条件確保や受託機能の形成自体を目的に組織型の体制が選択される．また，第3章で扱ったコントラクター体制では，継続が不透明な受託事業に対し，酪農経営側からその展開条件が提供されるもとで，受委託の安定化をはかる動きがみられる．すなわち，酪農経営の委託ニーズ形成の一方でコントラクターに依存できない状況がある場合に，受託機能の形成と安定化を目的に組織型が選択される．

　では，d2 は何を意味するのか．外部化には，次の2つの次元がみられる．

① 　単純なサービスの外部調達（外部化される工程の設計・管理機能は外部化されない）
② 　工程の設計・管理機能の外部化を伴ったサービスや中間生産物の外部調達

ここで，d2 は次のように言い換えられる．

d2-1. クラブ型では，外部化は，サービス外部調達の段階でなされ，工程の設計・管理機能は基本的に委託を行う農業経営が保有する．
d2-2. 組織型では，外部化は，工程の設計・管理機能の外部統合化を伴っ

て進展する．

このことは，具体的には次の状況を意味する．

まず，クラブ型の UK の MR では，情報システムのもとで，農業経営の望む機械と作業方法をとるコントラクターが受託主体として選択される．ここでは，外部化は「単純なサービスの外部調達」の段階にあり，不足する資本用役や労働のリリーフとして作業委託がなされる．もちろん，構造需要を持つ農業経営では，「単純なサービスの外部調達」から，コントラクターの用いる機械や作業方法に依存した飼料作の委託など「設計・管理機能を伴う外部調達」への展開が想定されるが，こうした場合には，特定のコントラクターとの継続取引が前提となり，あえて MR に依存する必要性は弱まる[2]．一方，組織型では，単一の受託機能形成を前提に，設計・管理機能が外部統合化される．三者間体制や TMR センター体制では，外部化される工程の設計・管理機能は機械利用組合や TMR センターによって担われる．コントラクター体制でも，第3，4章にみるように，設計・管理機能の外部統合化が受委託安定化の前提となる．すなわち，組織型では，機械利用組合や TMR センターに代表される中間主体に設計・管理機能が外部化され，さらにそのもとで受託機能が編成されるといえる．

このように，外部化が異なる次元でなされることは，クラブ型と組織型それぞれの体制における主体間関係の違いにつながっている．これに関して，次を示すことができる．

- d2-3. クラブ型では，サービス需給に関する情報集積・流通の空間が構築される．ここでは，情報のクラブ財としての利用のもとで，農業経営とコントラクター間の受委託が展開する．
- d2-4. 組織型では，設計・管理機能が酪農経営から外部統合化され，酪農経営と受託主体間で分業化が進展する．ここでは，単一の受託機能のもとで体制全体があたかも1つの大規模経営然とした形態が出現する．

d2-3 は，クラブ型では，農業経営やコントラクター個々の，経営としての独立性を前提に，それらの受委託行動を関連づける情報空間が形成されることを意味する．さらにこうした体制は，UKではⓐ小規模コントラクター，及びⓑMRの2つのビジネスモデルを有したことを十分条件としたといえる[3]．特にMRのビジネスモデルについては，第9章で紹介したSAOSにより積極的に啓発されたことに注目しておく必要がある[4]．d2-4は，組織型では，酪農経営とコントラクター，あるいは中間主体のそれぞれが経営として独立した主体であるが，それらが一体となって生乳生産工程を構成し経済性を実現する，分業化の体制をとることを意味する．すなわち，TMRセンター体制に代表されるように，体制全体が1つのビジネスモデルとして認識され，逆にコントラクターや中間主体のビジネスモデルは明確ではない．

　最後に，d3より，クラブ型，組織型について，次を示すことができる．

d3-1. クラブ型では，委託需要に応じた受託機能の確保に向けて，メンバーの拡大や体制内での新たな受委託誘導による，情報量拡大の動きが出現する．

d3-2. 組織型では，単一の受託機能の維持安定化による委託機会の確保に向けて，固定されたメンバーのもとでの体制全体の効率化と経済性向上の動きが出現する．

　基本的には，クラブ型でも組織型でも，農業経営や酪農経営の委託の確実性を高める方向で展開が生じる．ただし，両類型では，外部化の次元に差があるため，異なる展開が出現するといえる．すなわち，クラブ型では，情報量を拡大することで，個々の農業経営の委託需要に応じた委託先確保の確実性を高める方向に展開する．具体的には，ⅰ新たな農業経営やコントラクターの参画誘導，及びⅱ体制内部での新たな受委託の誘導がなされる．こうした展開に向けて課題となるのは，マネジャーの能力といえる．一方，組織型では，委託の前提となる単一の受託機能の形成・安定化に向けて，酪農経営

のありかたを標準化し，受託機能とのマッチングをはかることで体制全体を効率化する動きが出現する．ここで，体制の効率化を妨げる要因は，個々の酪農経営の，共通戦略への適応力の格差にあろう．

ところで，d3 で「当面」としたのは，こうした動きは，体制構築後の新たな状況の出現のもとで変化が生じる可能性があるためである．新たな状況とは，体制を取り巻く施策・経済条件のほか，クラブ型では，新たなメンバー獲得の困難化や，メンバーの減少による体制内部での受委託の不確実性の増大，組織型では，デザイン・インの不確実性のもとでの効率化の限界と体制全体の経済的不安定化などがあろう．すなわち，クラブ型と組織型，それぞれの現時点でみられる展開が，今後も継続するとは断言できないと思われる．

4. 組織型における体制選択とTMRセンター出現の論理

本節では，同じ組織型の枠組みを持ちながらも，北海道の土地利用型酪農の飼料作外部化体制には，コントラクター体制，三者間体制，TMRセンター体制という異なる体制がなぜ存在するのか，組織型全体としてどのような展開の論理を見出すことができるかを明らかにする．検討にあたり，次の仮説を設定しよう．

体制の選択に際しては，それを規定する特定の要因が存在する．

この仮説は，さらに次のように書き換えられる．

受委託体制の選択は，受託機能形成の難易度により決定される．

(1) 受託機能形成の難易度

仮説設定の前提となる状況として，次を示すことができる．

e1. 1990年代以降,「受託機能形成がより難しい状況下で酪農経営の外部化のニーズが出現する局面」が段階的に生じ,これに呼応して異なる体制が展開した.

　ここで,受託機能形成の難易度を規定する要因として,①当該時点における酪農経営や酪農地帯全体を取り巻く施策・市場条件（社会的営農条件）,②体制のもとで想定される受託側の主体的条件,具体的には,自然・社会条件の双方を含む固有の立地条件のもとでの受託量確保や経済性確保（受託側の収益形成力）,③体制を構築する主体である酪農経営の条件,具体的には,個々の酪農経営の受託作業効率化への条件整備に向けた投資力や,受委託単価上昇の許容力（酪農経営の条件付与力）の3点を指摘できる.すなわち,受託機能形成の難易度は,ⓐ社会的営農条件のもとで,ⓑ受託側の収益形成力,及びⓒ酪農経営の条件付与力という受委託双方の主体的条件により規定される.このことは,受委託体制を,「社会的営農条件と,受委託双方の主体的条件のもとで,受託機能の安定化に向けて選択される受委託双方の主体間の関係」として捉えることを意味する.

　ここで,コントラクター体制,三者間体制,TMRセンター体制,それぞれの前提となった受託機能形成の難易度を確認すると,次の状況がみられる（表終-2）.

ⅰ）コントラクター体制は,社会的営農条件が良好で,受託側の収益形成力がより高い畑地型酪農地帯において,大規模経営を中心に酪農経営の条件付与力も強いもとで,すなわち最も好条件のもとで展開した.

ⅱ）三者間体制は,社会的営農条件は良好だが,受託側の収益形成力はより低い草地型酪農地帯において,機械利用組合を母体に中小規模経営をも含めるため,酪農経営の条件付与力はコントラクター体制ほどは強くないもとで,全体としては中程度の条件下で展開した.

ⅲ）TMRセンター体制は,社会的営農条件が不安定で,受託側の収益形

表終-2　受託機能形成の難易度の規定要因の状況

	コントラクター体制 （1990年代）	三者間体制 （2000年代前後）	TMRセンター体制 （2004年以降）
ⅰ）社会的営農条件 （施策・経済条件）	○ （取引条件は良好）	○ （取引条件は良好）	● （取引条件は悪化）
ⅱ）受託側の収益形 成力	○ （受託機会の見込まれる 畑地型酪農地帯中心）	△ （受託機会の限定される 草地型酪農地帯中心）	● （受託機会の最も乏しい中山間 の草地型酪農地帯に先発）
ⅲ）酪農経営の条件 形成力	○ （相対的に資本力の大き い大規模経営中心）	△ （大規模経営と同時に 資本力の限られる 中小規模経営を含む）	● （中小規模経営を前提に 体制構築）

注：○は相対的に良好，△は中程度，●は相対的に不良．

成力は相対的に低い，中山間的性格を持ち他産業の展開に乏しい草地型酪農地帯で先発し，外部化は大規模経営のみならず中小規模経営の労働・資本ニーズへの対応をも目的とし，このため酪農経営の条件付与力は弱く，受託機能形成が最も難しい条件のもとで展開した．

ここでは，酪農経営の条件付与力を「委託に伴う逆制御や価格条件の受容力」とし，飼養頭数規模に応じるとの見方をとっている．また，1990年代以降の外部化は，ⅰ)1990-2000年代初頭にかけての，社会的営農条件が良好なもとでの，多頭化の水準をパラメータとした畑地型酪農地帯から草地型酪農地帯での展開と，ⅱ)2004年以降の社会的営農条件悪化のもとでの，地域の酪農経営数の減少や営農条件確保の困難化の程度をパラメータとした，中小規模経営が広く存在する中山間的性格を有する地帯から全道への展開という，2つの流れを見出すことができる．

以上より，次のように整理できる．

e1-1. 受託機能形成において，コントラクター体制は最も好条件下で，三者間体制は中程度の条件下で，TMRセンター体制は最も不安定な条件下で展開した体制である[5]．

終章　機能外部化とグループ・ファーミング展開の論理　　315

(2) 主体間関係選択の論理

次に，2つ目の仮説「受委託体制の選択は，受託機能形成の難易度により決定される」，すなわち「受託機能形成の難易度に応じて，受託機能の安定化に向けて異なる体制（受委託関係）が選択される」より，次の2点を示すことができる．

e2. 受託機能形成の難易度により，異なる主体間関係が設計される．
e3. 受託機能形成の難易度に応じて，体制のコントロール機能の程度は変化する．

まず，e2は次のように言い換えられる．

e2-1. 受託機能形成の条件が不安定なほど，より高い次元と広い範囲で外部化が設計される．

ここで，「外部化の次元」とは，先に述べたように，外部化が「単純なサービスの外部調達」であるのか，工程の「設計・管理機能の外部化」を伴うのかという違いである．また，「外部化の範囲」とは，具体的には，外部化は飼料収穫調製作業に限定されるのか，飼料作全体などより広い工程が対象となるのか，という違いである．各体制の外部化の次元と範囲を確認すると，①コントラクター体制では，外部化の次元はサービスの外部調達，範囲は飼料収穫調製作業，②三者間体制では，同じく設計・管理機能と飼料収穫調製作業，③TMRセンター体制では，同じく設計・管理機能と飼料作工程全体及びTMR製造工程という状況にある（表終-3）．すなわち，受託機能形成の条件が不安定なほど，より高い次元と広い範囲で外部化がみられる．

では，それぞれの体制では，なぜこうした外部化の次元と範囲が選択されるのか．これは次のように説明できる．

表終-3 外部化の次元と範囲

	コントラクター体制 (1990年代)	三者間体制 (2000年代前後)	TMRセンター体制 (2004年以降)
外部化の次元	サービスの外部調達 (一部事例は設計・ 管理機能)	設計・管理機能 (酪農経営間共同による 設計・管理)	設計・管理機能 (設計・管理の中間 主体への委任)
外部化の範囲	飼料収穫調製作業	飼料収穫調製作業	飼料作工程全体及び TMR製造工程

注：各体制の代表的状況を示した．

① コントラクター体制では，コントラクターの存在が，低次かつ限定された範囲での外部化の前提となる．すなわち，コントラクターのもとでは，酪農経営は，委託時の逆制御を伴わず，費用負担を抑制するため，必要最低限のサービスを市場を介して調達しようとする．ただし，実際には，こうした状況では受託機能の安定化は難しく，より安定した体制の構築は，三者間体制と同様の，外部化の次元の高次化が前提となる状況が生じたといえる（第3，4章）．

② 三者間体制は，従前からの，自走式フォーレージハーベスタの共同利用体制である機械利用組合を母体として展開し，飼料収穫調製作業は酪農経営間で共同で設計・管理される点で，コントラクター体制よりも高い次元での外部化といえる．こうした高次の外部化，すなわち設計・管理機能の外部統合化は，効率的作業による適期作業の実施と良質粗飼料の確保，あるいは外部受託を含めた作業面積の拡大によるコスト低減に向けて，高性能機械導入に伴う同一作業方法の採用や作業実施条件の整備が重要となることによろう．また，三者間体制では，外部化の範囲は飼料収穫調製作業にとどまる．この要因は，ここでの外部化が多頭化に伴う共同作業の困難化に対し，飼料収穫調製作業労働の一部，あるいは全体を代替し，機械利用組合の体制を維持することが，酪農経営間の共通の目的となることによる．

③ TMRセンター体制では，外部化された工程の設計・管理機能を

終章　機能外部化とグループ・ファーミング展開の論理

TMRセンターが一元的に担い，酪農経営はそれを承認する形態がとられる．設計・管理機能を酪農経営間の直接の参画と共同意思決定によらない点で，外部化の次元は三者間体制よりも高次化するといえる（第5章）．こうした高次化は，取り扱う資産額の増加，管理する工程の拡大と日々の管理の発生，濃厚飼料の購入やTMRの販売に伴う取り扱い額の増加，あるいは多様な規模の酪農経営や複数の取引先に対するマーケティングの発生等のもとで，独自の，迅速な判断と的確な対応が求められる局面が増加することに起因しよう．また，TMRセンター体制では，外部化の範囲は飼料作工程全体及びTMR製造工程に拡大する．こうした外部化する工程の範囲の拡大は，飼養管理への特化による大規模経営の労働編成の合理化と同時に，TMR飼養という集約的な酪農生産方式への転換を導くことで，中小規模経営の安定化をはかる必要が生じたことによる．言い換えると，TMRセンター体制では，高収益な生産方式への転換を促し，中小規模経営の経営継続の不確実性を引き下げることが，体制構築の目的の一部であると同時に体制安定化の前提となったといえる．

以上のことは，e2「受託機能形成の難易度により，異なる主体間関係が設計される」が，妥当性を持つことを意味しよう．

(3) コントロールメカニズム形成の論理

次に，e3も，次のように言い換えられる．

e3-1. 受託機能形成の条件が不安定なほど，体制全体の安定化に向けて，より強いコントロールメカニズムが出現する．

ここで，留意がいるのは，飼料作外部化の体制とは，基本的には，「独立した主体間での，確実な受委託を可能とする組織化空間」を意味する（第2

表終-4 コントロールメカニズムと主体

	コントラクター体制（1990年代）		三者間体制（2000年代前後）	TMRセンター体制（2004年以降）
	i	ii		
体制のコントロールメカニズム	市場メカニズム	共通戦略形成と酪農経営の組織的デザイン・イン（受託機能の存在を前提）	①共通戦略形成と酪農経営の組織的デザイン・イン ②受託機能編成と作業管理	①共通戦略形成と酪農経営の組織的デザイン・イン ②受託機能編成と作業管理
コントロール主体	—	受委託の推進主体（体制内でのコントロール機能の組織化は不明確）	機械利用組合（酪農経営間の合意形成が前提）	TMRセンター（酪農経営から管理機能を委任）
課題	受委託は不安定化	推進主体の存在が前提	社会的営農条件変動に対し合意形成に基づく対応に限界	デザイン・インの逆転と酪農経営の適応力格差

注：各体制の代表的状況を示した．コントラクター体制は2つの状況を示した．

章）．ここでの，体制の安定化に向けたコントロールメカニズムとは，その対象を酪農経営，及びコントラクターあるいは受託機能に置き，価格をシグナルとした市場メカニズムや，権限に依拠した組織的メカニズムではなく，端的に表現すると，酪農経営間での統一的行動による条件形成，すなわち共通戦略形成と組織的デザイン・インと，そのもとでの安定した受委託取引の実現誘導による．

このような理解のもとで，各体制にみられるコントロールメカニズムとコントロール主体，及びそこでの課題を確認すると，次のように示すことができる（表終-4）．

① コントラクター体制では，当初，コントラクターと酪農経営間で市場メカニズムに依拠した受委託がみられるが，受委託は不安定に推移した（第3章）．一方，より安定した受委託体制では，受託機能の存在を前提に，共通戦略形成と酪農経営の組織的デザイン・インがみられる．ここでの体制のコントロール主体は，農協や大規模酪農経営であり，こうした推進主体の存在が体制安定化の前提となる．逆に言えば，適切な推進主体が出現しなければ体制の安定化がはかれないという弱点を有した．

終章　機能外部化とグループ・ファーミング展開の論理　　　319

② 三者間体制では，共通戦略形成と酪農経営の組織的デザイン・イン，及び受託機能編成と作業管理の両面でのコントロールメカニズムがみられる．ここでのコントロール主体は，酪農経営間で設立された機械利用組合であり，2つのコントロールを一元的に担う．ただし，共通戦略形成はもっぱら酪農経営間の直接的合意形成に依存したため，デザイン・インは必要最低限にとどめられ，2004年以降の営農条件の不安定化への対応に限界が生じた．

③ TMRセンター体制では，共通戦略と酪農経営の組織的デザイン・イン，及び受託機能編成と作業管理の両面を持つコントロールメカニズムがみられる．ここでのコントロール主体は，酪農経営間で設立されたTMRセンターである．共通戦略形成機能は，酪農経営からTMRセンターに委任され，このもとで受託方式にあわせて酪農経営が飼養管理方式を決定する「デザイン・インの逆転」が生じる．同時に，要請された多頭化への対応困難など，酪農経営の適応力の格差を理由とした，新たな体制不安定化の要因が出現する．

こうしたことは，コントラクター体制→三者間体制→TMRセンター体制へ，受託機能形成の条件がより不安定となるもとで，次の状況が生じたことを意味する．

e3-1-1．受託機能形成の条件が不安定なほど，酪農経営間での受託機能発揮に向けた条件創出のコントロールと，受託機能自体のコントロールという2つの側面が，酪農経営間で出資する中間主体で一元的に管理されるようになる．

e3-1-2．受託機能形成の条件が不安定なほど，体制のコントロール機能は酪農経営からより外部化され，中間主体に実質的に委任されるようになる．このもとで，受託機能への酪農経営の適合化という「デザイン・インの逆転」が生じる．

ここで e3-1-1 は，不安定な条件となるほど，形成された受託機能が効果を発揮するためのより確実な条件形成が，体制安定化の前提として必要となることによる．

　e3-1-2 は，個々の酪農経営の共通戦略形成への関与が弱まり，中間主体において，受託機能安定化の条件創出や受託機能形成双方を含む共通戦略形成の自由度が高まることを意味する（第5章）．また，ここでは，単一の受託機能の安定化に向けて，受託形態にあわせて酪農経営が飼養管理方式を決定する「デザイン・インの逆転」が生じる．こうした「デザイン・インの逆転」を，これまで酪農経営の機能外部化の範疇で捉えてきたが，見方を変えれば，「デザイン・インの逆転」とは，「中間主体への機能集積・統合化とそのもとでの営農体制の再構築」と捉えられる．

　では，こうした中間主体におけるコントロール機能の一元化のもとで，体制は安定化するのか．これについては，③に示すように，デザイン・インへの適応力には酪農経営間で格差があり，経営行動の不確実性を排除しきれない（第7章）．こうした不確実性が問題になる場合，体制の維持に向けて，新たな主体行動が出現する場合がある．例えばTMRセンター体制では，酪農経営個々の多頭化が進まず，センターの効率性が低迷しTMR単価が高止まりする場合，体制の安定化に向けて，ⓐ外部化を不可欠とする大規模経営の代償的多頭化，あるいはⓑTMRセンターによる，技術指導や哺育・育成受託による中小規模経営の多頭化への条件整備の動きがみられる．このことは，次を意味する．

　　e3-2. デザイン・インの逆転のもとでも，体制の安定化が問題となる場合，受託機能を必要とする大規模経営に依存した体制の効率化と同時に，中間主体における機能集積の範囲を拡大し，個々の酪農経営の意思決定の範囲を削減することで，不確実性を減らす動きが生じる．

　e3-2 は，不確実性が体制の不安定化につながる状況のもとでは，体制は

次第に，搾乳に特化する特定の大規模経営と，他の機能を一元的に管理する中間主体により担われる構造をとる，すなわち1つの大規模酪農経営然とした体制に近づくことを意味しよう．

(4) TMRセンター出現の論理

北海道の土地利用型酪農では，世界的にも類のないとされるTMRセンター体制がなぜ出現したのだろうか．あるいはUKでは，なぜ，TMRセンターの形成がみられないのだろうか．これまでの検討から，f1. 構造的要因と，f2. 制度的要因の2つを指摘できる．

まず，体制におけるf1. 構造的要因に関して，次の状況を指摘できる．

北海道の土地利用型酪農とUKにおける酪農では，
- f1-1. 体制構築の前提となる受託機能の存在状況に違いがある．北海道では，受託機能は稀少ないし不在なのに対し，UKではコントラクターが層として存在する．
- f1-2. 受委託体制の構造に違いがある．北海道では，酪農経営と単一の受託機能間で分業化がはかられるのに対し，UKでは個々の農業経営とコントラクター間でサービス需給を仲介する情報システムが構築される．
- f1-3. 安定化に向けた受委託体制の展開に違いがある．北海道では，体制の効率化に向けて，固定メンバー間で，酪農経営が外部化する工程の拡大と中間主体への機能集積が進むのに対し，UKでは，参画主体の拡大や体制内の受委託誘導による情報量拡大が生じる．

ここでは，f1-1～3の各項において，後者が前者に規定される関係にある．すなわち，北海道の土地利用型酪農では，「受託機能が稀少，もしくは存在せず⇒酪農経営と単一の受託機能間で分業化の構造をとる⇒その安定化に向けて，外部化の範囲の拡大と中間主体への機能集積が進む」というフローのもとで，TMRセンター体制が出現したといえる．UKでは，コントラクタ

ーが層として存在するもとで，こうしたフローが形成されなかったことが，TMR センターが出現しない背景にあろう．

また，f2.制度的要因に関しては，次を指摘できる．

北海道の土地利用型酪農と UK における酪農では，
　f2-1. 体制構築の前提となるビジネスモデル，つまり社会的に認知された事業形態と収益形成構造に違いがある．北海道では，TMR センター体制全体を実質的に 1 つのビジネスモデルとみなし，その設立が誘導されたのに対し，UK では，農業経営，体制に依存する小規模コントラクター，及び MR を別個のビジネスモデルとして，体制構築が誘導された．
　f2-2. 体制構築への施策的支援に違いがある．北海道では，TMR センターの設立に向けて資本支援がなされるのに対し，UK では，MR の設立に向けて，新たな概念となる MR の考え方の啓発や，マネジャーの確保育成への支援がなされた．

f2-1，2 は，TMR センター体制や MR 体制の展開が，単純に構造的要因に規定されて生じたわけではなく，施策的な位置づけとそれに従った誘導のもとで展開したことを意味する．第 1 章でみたように，北海道の土地利用型酪農における TMR センターの出現は，補助事業による資本支援を前提とする．

ところで，UK では，TMR センター体制と類似した酪農経営とコントラクターの関係がまったくないわけではない．例えば，複数の酪農経営から，飼料作に関する多くの作業を継続して受託するコントラクターもみられる[6]．ただし，こうした形態は，酪農経営の大規模化と，それに呼応した特定部門全作業受託を行うコントラクターの自生的展開のうえに成立したものとみられ，受委託はサービス外部調達が基本となり，逆制御を伴わない．すなわち，北海道の土地利用型酪農では，1 つの大規模然とした体制構築への動きが生じるもとで TMR センターが出現したのに対し，UK では，個々の農業経営

の委託ニーズに対応する形で受委託体制が展開したといえる．

5. TMRセンター体制の展開方向

　本章で設定した第3の課題は，今日，北海道の土地利用型酪農の受委託体制の中心をなすTMRセンター体制は，今後変革される必要があるのか，あるとすれば，どのような変革が必要かである．これに関して，①体制の持つ弱点，②どのような体制を理想とするか，③論理に基づいたTMRセンター体制展開のデザインの3点について，検討を進めよう．

(1) TMRセンター体制の持つ弱点

　これまでも指摘したように，TMRセンター体制では，しばしば次の状況が出現する．

① 　TMRセンター体制の構築に伴い，酪農経営とTMRセンターの分業化と1つの大規模経営然とした体制構築に向けて，酪農経営に対するデザイン・インの要請が生じる．すなわち，ⓐすべての酪農経営における，TMRを用いた群管理方式の採用（特に，従前は乳牛の個別管理方式をとってきた中小規模経営の群管理方式への転換），及び，ⓑ受託工程における規模の経済性を引き出すための飼養管理面での多頭化の要請である．

② 　こうした要請への適応力には，酪農経営間で格差がある．このため，ⓐ中小規模経営における，未熟な群管理飼養技術に起因する疾病の多発や繁殖成績の悪化，これによる経済性の低迷，ⓑ特に中小規模経営における，技術・労働・資本面での制約による多頭化の遅滞，ⓒⓑのもとで，体制全体でTMRの利用量が計画値を下回ることによる，TMRセンターの経済性の低迷や，TMR単価の上昇（第6，7章）が生じる場合がある．

③ ②への対処として，TMR センターによる，ⓐ中小規模経営に対する TMR 給与技術や群管理飼養技術の指導強化，ⓑ中小規模経営に対する多頭化条件の付与がみられる．ⓑの典型は，TMR センターが哺育・育成牛の管理を受託することで，多頭化への施設面，労働面での余力形成をはからんとするものである．

こうした状況は，次のように整理できる．

g1. TMR センター体制の構築は，「新たな投資を伴う受託体制整備のもとで，酪農経営の統一的な飼養管理方式の採用と多頭化による生産力拡大を導く」という枠組みにのっとり行われる．ただし，酪農経営の適応力には格差があり，特に多頭化の不確実性が高まる場合，体制は経済的に不安定化する．

ここでの多頭化への適応力は，家族経営を中心としたファミリィサイクルのもとで労働投入の制約が生じやすく，飼養管理方式の転換が必要で，繋ぎ牛舎のもとで多頭化の余地の限られる中，小規模経営が，従業員の増員が見込まれ，従来から TMR 飼養を行い，フリーストール牛舎を用い一定の範囲で弾力的な多頭化が可能な大規模経営よりも劣る傾向にある．すなわち，中小規模の家族経営では，多頭化をはかる際，負担が生じやすい．

こうした状況の経済的側面を図終-1 に整理した．この図は以下のような意味を持つ．

① TMR センターが固定された酪農経営で構成される場合，TMR の需要量は短期的には TMR の単価によらず一定であり，需要曲線は垂直となる．TMR センター設立に際しては，多頭化を前提に，需要量 $q1$（需要曲線 $D1$）が描かれる．
② 酪農経営の適応力の格差のもとで，多頭化に向けたデザイン・インは

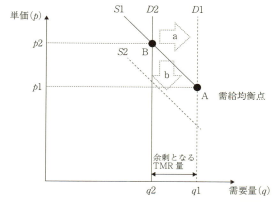

図終-1 TMRセンター体制で想定されるTMRの需供状況
注：図中の⇨は需要・供給曲線のかかる圧力の方向を示す．

不確実となり，実際の需要量 $q2$ はしばしば計画を下回り，需要曲線は $D2$ へとシフトする．ここで，距離 $D1D2$ は，不確実性の大きさ，すなわち余剰となるTMR量を表す．

③ 計画では，TMRの需要量が $q1$ のとき，収支が均衡するTMR単価 $p1$ が見込まれていたとしよう．このとき，点Aが需給均衡点となる．ここで，需要量が計画を下回り $q2$ となり，需要曲線は $D1$ から $D2$ にシフトしたとする．このとき，TMR単価はTMRセンターのコストを償う水準で決定される（単純には $p=c/q$，p：TMR単価，c：TMRセンターの年間コスト（固定），q：需給量）．よって，新たな需給均衡点Bにおける単価 $p2$ は，$p1$ を上回る．すなわち供給曲線 $S1$ は右下がりとなる．

④ TMR単価 $p2$ が，多くの酪農経営が許容できない水準にあれば，価格引き下げに向けた動きが生じる．1つは，多頭化により需要量の拡大をはかる $D2$ から $D1$ への方向であり，もう1つは，TMRを体制外部に販売し，体制内の供給量を引き下げる $S1$ から $S2$ への方向である．

こうした理解のもとで，TMR センター体制の弱点として，次を指摘できる．

g2. TMR センター体制の弱点は，TMR 単価が高止まりし，かつ TMR の安定した外販が見込まれない状況のもとでは，酪農経営への多頭化に向けた条件形成がさらなる投資を伴ってなされるという，窮迫的対応が生じることにある．

このことは，次のような意味を持つ．すなわち，TMR センター体制は独立した主体間で構成されるため，酪農経営の行動は TMR センターによる条件形成のもとで導かれる．酪農経営において多頭化が必要となる場合，TMR センターでは，しばしば哺育・育成受託が画策されるが，こうした対応は，新たな投資を伴った体制再編と生産力強化の枠組みを持ち，酪農経営にとっては，哺育・育成預託は，外部化によるさらなる費用負担増大を引き起こし，追随をいっそう難しくする恐れをももつ．

こうした状況を，ここでは「窮迫的対応」としたが，このことは，e3-2 に示した，体制の安定化に向けた「中間主体の機能集積の範囲拡大と，個々の酪農経営の意思決定の範囲の削減」の動きを意味し，それは体制全体の効率化をはかる必要性が高まるほど，経営行動の不確実性とそのもとでの非効率性を排除し，理想となる１つの大規模経営に近づく動きを強めるもとで生じるといえる．表現を変えると，個々の酪農経営の行動の不確実性が問題となる場合，体制全体の安定性の向上に向けて，家族経営といえども搾乳に特化した大規模経営に近づくことへの圧力が高まる．この結果，追随できない経営が離農し，多頭化を実現するより少数の大規模経営群と TMR センター間での分業体制の出現が展望される．具体的には，TMR センター設立に際しての経産牛１頭当たりの投資額が大きく，飼養頭数に占める中小規模経営のシェアが高く，TMR の原料となる濃厚飼料価格上昇が激しく，体制全体の効率化をはかる必要性が高いほど，こうした圧力は強まる．ここで想定さ

れる大規模経営とTMRセンターを中心とする体制は，土地利用型酪農における1つの地域システムではあるが，グループ・ファーミングが当初の目的とした，家族経営を中心とする個々の酪農経営の展開条件の創出とは異なったスタイルとなる恐れがある．

(2) 理想となる体制

これまでの検討に基づけば，TMRセンター体制の安定化に向けた展開方向として，次の2つを想定することができる．

① 固定されたメンバー間で体制の効率化をはかり，酪農経営の多頭化を導くことで全体の受委託量を安定化させる方向
② 体制外部からの受託や新たな酪農経営等の参画誘導のもとで受委託量の安定化をはかるとともに，受委託作業や方法を多段階化して酪農経営のニーズへの適応力を高める方向

両者の違いは，体制全体の安定化に主眼を置いて体制構築をはかるか，個々の酪農経営の展開条件確保に主眼を置くかに起因する．より具体的には，①は，TMRセンターに哺育・育成機能を集積し，中小規模経営の搾乳特化と多頭化を要請する方向に代表され，効率性に課題を有するTMRセンターでは選択されやすい動きといえるが，同時に，このもとでは，家族経営の展開の自由度が低くなる恐れを伴う．②は，TMRの体制外部への販売，あるいは新たな酪農経営の体制への参画誘導のもとで受託量を確保し，TMRセンターの運営安定化や受託単価の引き下げを導くと同時に，複数の受託機能の形成をはかるもとで，中小規模経営のサービスの外部調達という次元での委託を可能とし，過度なデザイン・インや多頭化を求めない状況を生み出す方向である．北海道の土地利用型酪農のように，受託機能の形成や安定化が受委託の前提となる場合，体制構築当初には①の展開が重視される状況が生じる．しかし，本章冒頭に示したように，グループ・ファーミングに期待さ

れる役割を「家族経営の維持展開の装置」とするもとでは，次の段階で，①から②への移行が意識されなければならない．

では，こうした体制の転換はどのように導くことができるのか．そのためのポイントは，次の2点であろう．

　ⓐ　委託ニーズに呼応した，複数の異なる受託機能の創出誘導
　ⓑ　体制の拡大をも視野に入れた，体制をマネジメントする機能の形成

　ⓐは，酪農経営の持つ，異なる委託ニーズを想定し，それに呼応した受託機能形成を誘導することである．ここでは，サービスの外部調達という次元での外部化をも想定し，このもとで委託に伴う逆制御を弱め，酪農経営の自由度を高める方向であり，第8章のC会にその萌芽的な状況をみることができる．ⓑは，体制の安定化に向けて，固定メンバー間での効率化だけでなく，TMRセンターの徹底したコスト削減と同時に，新たなメンバーの獲得や体制外部からの受託をも組み込むことである．マネジメント機能の形成，すなわちマネジャーの配置は，こうした対応の前提となる．

　以上のことは，①から②への移行とは，これまでの組織型の体制に，クラブ型の要素を付け加えることを意味する．言い換えると，体制全体を単一のビジネスモデルとする視点をゆるめ，ⅰ酪農経営（規模階層ごと），ⅱ体制に依存する小規模コントラクター，ⅲ体制をコントロールするマネジメント組織，それぞれのビジネスモデルを組み入れて体制をデザインしなおし，そうした展開を実現することである．こうした体制への移行経路を持たなければ，体制が不安定化する状況のもとで，体制全体での機能統合化が強まり，場合によっては中小規模経営の存続条件が整いにくくなることも想定される．

(3) TMRセンター体制の展開例

　これまでの検討に基づいて，複数段階での受委託を組み入れた，TMRセンター体制の展開例を示した（図終-2）．ここでは，現行のTMRセンター

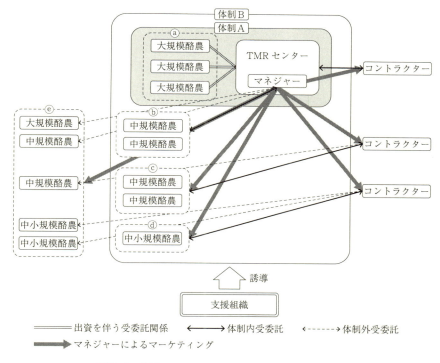

図終-2 想定される TMR センター体制の展開例

注:体制 A は,ⓐの大規模酪農と,大規模酪農間で出資する TMR センターで構成される.ⓐは,TMR センターに出資し,利益の配分を受ける.体制 B は,TMR センターの会員として会費を負担するⓑ〜ⓓの中規模・中小規模酪農で構成される.これらは,固定単価のもとで,それぞれが必要とする委託形態に応じて TMR センターやコントラクターに作業を委託する.ここでは,TMR センターのほか,マネジャーを介して作業を受託するコントラクターが存在する.
　TMR センターでは,専任のマネジャーを配置し,体制の安定化をはかる.ここでは,体制外のⓔの酪農経営参画誘導や,外部からの受託をも引き受ける.
　支援組織(推進主体)は,体制構築と安定化を意図的に誘導する.

体制に,次の要素を組み入れることを想定した.

1) 委託ニーズに応じた酪農経営のセグメント化
2) 複数の受託機能の形成
3) 体制をマネジメントする機能の形成

4) 新たな体制構築と安定化への支援

以下，各要素を具体的に検討しよう．

1) 委託ニーズに応じた酪農経営のセグメント化

酪農経営の外部化のニーズによるセグメント化であり，例えば次を想定できよう（図終-2）．

ⓐ 飼料作工程とTMR製造工程の分業化をはかる大規模法人経営等
ⓑ 飼料作工程（細切サイレージ調製）の分業化をはかる中規模経営等
ⓒ 収穫調製作業（細切サイレージ調製）を委託する中規模経営等
ⓓ 収穫調製作業（ロールサイレージ調製等）を委託する中小規模経営等
ⓔ 体制外部から委託を行う酪農経営

ここで「分業化」とは，設計・管理機能を含めた外部化であり，「委託」とは，単純なサービス外給である．ⓐⓑは，大規模経営や規模拡大を図る中規模経営の構造需要を前提とした継続的委託を，ⓒⓓは，中小規模経営における調整需要や突発的な需要を含めた委託を意味する．

図では，ⓐの，安定した構造需要を有し，費用負担能力の相対的に高い大規模経営間でTMRセンターを組織する体制をデザインし，これを体制Aとした．体制Aは，従来のTMRセンター体制を母体とするものである．ここでは，大規模経営は，TMRセンターの運営に直接関わるとともに利益の配分をも受ける．一方，技術・資本・労働面で条件適応力が制約される中小規模経営は，会員として，固定された単価のもとでⓑサイレージ購入やⓒとⓓの収穫調製作業委託を行うものとした．会員は，会費を負担するもとで，委託機会の確保を担保される．こうした会員を含む範囲を，体制Bとした．さらに，ⓔ体制外部からの委託も可能であり，酪農経営の新たな参画や，体制外部を含めた3つの体制間の移動は自在に行われることを想定した．

2) 複数の受託機能の形成

体制では，複数の受託機能を形成する必要が生じる．まず，TMR センターは，ⓐの大規模経営から飼料生産と TMR 製造を一手に引き受ける．同時に，TMR センターでは，ⓑの中規模経営から飼料作工程を受託する．さらに，図では，TMR センターがすべての作業を行うのではなく，TMR センターは減量化を徹底し，実作業は体制外のコントラクターに依存することを想定した．また，ⓒの中規模経営，ⓓの中小規模経営は，マネジャーの仲介のもとで，体制外部のコントラクターと取引を行う．

ここでの特徴は，複数の受託機能の形成を，体制に依存する小規模なコントラクターの誘導として行うことである．例えば，第 1 章で整理した酪農の二世代経営の受託事業展開，あるいは第 4 章の A センターにみるような，酪農経営間や地域内の余剰労働・機械を組織した受託体制，あるいは，第 9 章の UK にみるような，資本調達力に乏しい新規就農者の農村定着の階梯に，受託事業への従事を位置づけていくことなど，多様なかたちでコントラクターの形成を導くことである．

3) 体制をマネジメントする機能の形成

図では，TMR センターがマネジャーを雇用し，体制をコントロールするとした．マネジャーの機能は，ⅰニーズに則した酪農経営の委託誘導，ⅱ複数のコントラクターの形成誘導と安定化の支援，ⅲマーケティングによる酪農経営の新たな参画誘導や外部からの受託確保，ⅳこれらによる体制の安定化，すなわち酪農経営の確実な委託を可能とする組織化空間の保持である．

4) 新たな体制構築と安定化への支援

図には，意図的に支援体制を記載した．すなわち，ここでの体制の構築や安定化は，外部の推進主体による意図的な仕掛けと支援を前提とすることを意味する．まず，こうした体制は自生的には展開しにくい．あるいは，自生的には展開しないといえるかもしれない．体制の構築には，体制全体のモデ

ルの提案と同時に，酪農経営，コントラクター，マネジャーのビジネスモデルを具体的に示すことが求められる．また，新たな体制構築への意識づけ，マネジャーの確保・育成，コントラクターの形成・誘導を連動して行うこと，さらに体制の安定化に向けて，体制構築当初の運営経費の補填や，適切な体制運営に対する監査機能の保有等も求められよう．

6. 結語

　本章では，独立した主体間で構成されるグループ・ファーミングを家族経営の維持展開の装置とするもとで，受委託体制における①主体間の構造，②コントロールのメカニズム，③課題と対応手段，及び④継続化の方向の4つの課題について，各章を横断的に整理・検討した．
　結果は以下の通りである．

ⓐ　組織型は，委託需要に対し，コントラクターが稀少で委託への依存リスクが高い場合に，クラブ型は委託需要総体を満たすコントラクターの存在が見込まれる場合に選択され，それぞれに固有のコントロール・メカニズムが形成される．

ⓑ　北海道の土地利用型酪農にみられる組織型の体制では，受委託関係の安定化が難しいほど，より多くの工程を中間主体に統合した体制が選択される．

ⓒ　これらは，酪農経営の外部化への依存リスクを減らすための体制選択といえる．

ⓓ　中間主体が担う工程が拡大すると，規模の経済性や大量取引の経済性確保に向けて，酪農経営に対する飼養管理方式転換や多頭化の画一的要請が強まる．ここでは，特に中小規模経営で適応が難しく，経済的に不安定化する場合がある．

ⓔ　こうしたことは，グループ・ファーミングが家族経営の存続条件確保

を目的としつつも，逆に家族経営の存立を困難にさせる矛盾した状況が生じる恐れを意味する．

本書の分析は，北海道の土地利用型酪農におけるTMRセンター体制構築に至る飼料作外部化の動きは，与えられた条件のもとで酪農経営が存続をはかるうえでの選択だったことを物語る．同時に，北海道内の多くの地方で直面する酪農経営数の歯止めのきかない減少に対し，家族経営の維持条件を組み入れた新たな体制構築を意図的に探求しなければならない．

以上が，本書における最終的な結論である．

注
1) ここでは，農業経営と受託主体は，それぞれが異なる機能を果たすもとで工程が完結するという意味で，「共同」ではなく「協同」と表記した．
2) 実際には，UKでコントラクターがMRに依存するもう1つの要因として，MRが独自に代金回収のシステムを持つことがあることがあげられ，継続的取引に転じても，MRを介して受委託を行う場合がみられる．
3) ここではビジネスモデルを，社会的に認知された事業形態と収益形成形態とする．
4) 北海道の土地利用型酪農では，こうしたビジネスモデルを持たないという点でも，クラブ型の展開が困難だったといえよう．
5) 本書の検討対象としていない2012年以降，乳価の顕著な上昇のもとでTMRセンターの設立の動きがみられる．この背景には，酪農経営が乳価上昇を一時的なものとし，経済的リスクは依然として高いと判断していることがあろう．
6) コントラクターは，基本的にサービス供給を担うとされ，農場全作業受託や特定部門全作業受託においても，農場設計は農場主やマネジメント会社が担う．それは，気象条件変動等のリスクを基本的に負担しないことで，コントラクターが経済的安定性を高めるためとされる．

参考文献

欧文文献

Aldrich, H. and D. A. Whetten (1981) "Organization-sets, Action-sets, and Networks: making the most of simplicity," in: P. C. Nystrom and W. H. Starbuck (eds.) *Handbook of Organization Design*, vol. 1, Adapting Organizations to their Environments, Oxford University Press.

Aoki, M. (1988) *Information, Incentives, and Bargaining in the Japanese Economy*, Cambridge University Press.

Ball, R. M. (1987a) "Agricultural Contractors: some survey findings," *Journal of Agricultural Economics*, 38(3), pp. 481-488.

Ball, R. M. (1987b) "Intermittent Labour Forms in U. K. Agriculture: some implications for rural areas," *Journal of Rural Studies*, 3(2), pp. 133-150.

Barnard, C. I. (1938) *The Functions of the Executive*, Harvard University Press(田杉競監訳(1956)『経営者の役割——その職能と組織』ダイヤモンド社).

CEETTAR (1992) 農業・農村・森林コントラクター欧州組合(CEETAR) 1992年総会資料.

Cherrington, J. (1981) "The Growth of Contract Labour," *Financial Times*, 7th January, 1981.

Coase, R. H. (1984) "The Nature of the Firm," *Economica, New Series*, 4(16), pp. 386-405.

Craig, G. M. et al. (1986) "The case for agriculture: an independent assessment," CAS Report no. 10, Centre for Agricultural Strategy, University of Reading.

Cunningham, J. (1981) "A New Workforce Grasping at Straws," *Guardian*, 20th July, 1981.

Custance, P. R. et al. (1987) *The prospects for farm contracting in the UK*, Center for Agri-food Marketing Studies, Harper Adams Agricultural College.

Edinburgh Conference Centre (1992) *Inter MR 92~9th International Congress of Machinery Rings*, Heriot Watt University.

Errington, A. (1986) "Disguised Unemployment in British Agriculture," Paper Presented to the Rural Economy and Society Study Group/Development Studies Association Conference, Oxford.

Errington, A. (1988) "Disguised Unemployment in British Agriculture," *Journal of Rural Studies*, vol. 4(1), pp. 1-7.

Errington, A. and R. Bennett (1994) "Agricultural Contracting in the UK," *Farm Management*, 8(9), pp. 405-412.

Gardiner, I. B. and A. H. Gill (1964) *Farmers' Machinery Syndicates in England and Wales, 1955-1962*, University of Reading.

Gasson, R. (1974) *Mobility of Farm Workers*, Cambridge University Press.

Gasson, R. (1979) *Labour Sharing in Agriculture*, Wye College, University of London.

Glassman, R. B. (1973) "Persistence and Loose Coupling in living Systems,"*Behavior Science*, vol. 18, pp. 83-98.

Grigg, D. (1989) *English Agriculture: an histrical perspective*, Basil Blackwell.

Harrison, A. and R. B. Tranter (1994) *The Recession and Farming: crisis or readjustment?* CAS report no. 14, Centre for Agricultural Strategy, University of Reading.

Kotler, P. and E. L. Roberto (1989) *Social Marketing, Strategies for Changing Public Behavior*, The Free Press (井関利明監訳 (1995) 『ソーシャル・マーケティング——行動変革するための戦略』ダイヤモンド社).

Lund, P. J. et al. (1982) *Wages and Employment in Agriculture: England and Wales, 1960-80*, Ministry of Agriculture, Fisheries and Food.

McInerney, J., M. D. Turner and M. A. Hollingham (1989) "Diversification in the Use of Farm Resources," Report No. 232, Department of Agricultural Economics, University of Exeter.

Ministry of Agriculture, Fisheries and Food (MAFF) and Agricultural Development and Advisory Service (1972) *Machine Sharing in England and Wales, A Review of the Current Situation* (Farm Mechanization Studies No. 19).

NAAC (1990) *NAAC Yearbook and Membership List 1990*.

Orton, J. D. and K. E. Weick (1990) "Loosely Coupled Systems: a reconceptualization," *Academy of Management Review*, 15(2), pp. 203-223.

Pfeffer, J. and G. R. Salancik (1978) *The External Control of Organizations: a resource dependence perspective*, Harper & Row.

Potter, M. et al. (1985) "Agricultural Contractors," *Agricultural Manpower*, vol. 2, p. 11.

Stephens, A. (1990) *Dictionary of Agriculture*, Peter Collin Publishing.

SWMR and SAOS (1994) "South West Machinery Ring Ltd. Organisation of Rural Labour Progress Report-Stages A), B), and C)".

Weick, K. E. (1976) "Educational Organizations as Loosely Coupled Systems," *Administrative Science Quarterly*, 21(1), pp. 1-19.

Williamson, O. E. (1979) "Transaction-Cost Economics: the governance of contractual relations," *The Journal of Law & Economics*, 22(2), pp. 233-261.

Wright, J. and R. Bennett (1993) "Agricultural Contracting in the United Kingdom," Special Studies in Agricultural Economics Report No. 21, University of

Reading.

日本語文献
青木昌彦・伊丹敬之（1985）『企業の経済学』岩波書店．
浅沼萬里（1997）『日本の企業組織――革新的適応のメカニズム』東洋経済新報社．
浅沼萬里（1998）「日本におけるメーカーとサプライヤーとの関係――「関係特殊的技能」の概念の抽出と定式化」藤本隆宏・伊藤秀史・西口敏宏編『リーディングス サプライヤー・システム――新しい企業間関係を創る』有斐閣，pp. 1-39．
浅見淳之（1985）「地域農業組織への企業経済理論的接近」『北海道農業経済研究』第3巻第1号，pp. 2-14．
浅見淳之（1989）『農業経営・産地発展論』大明堂．
阿部健一郎（1979）「生産組織」吉田寛一編著『農業経営学講座2 農業の企業形態』地球社，pp. 172-201．
阿部亮（2000）『食品製造副産物利用とTMRセンター』酪農総合研究所．
荒木和秋（1991）「酪農における土地利用の展開」牛山敬二・七戸長生編『経済構造調整下の北海道農業』北海道大学図書刊行会，pp. 289-300．
荒木和秋（2005）『農場制型TMRセンターによる営農システムの革新』農政調査委員会．
荒木和秋（2006a）「農場制型TMRセンターの成果と意義」『農業経営研究』第44巻第1号，pp. 85-88．
荒木和秋（2006b）「限界地の農地管理を担う農場制型TMRセンター」農政調整委員会編『粗飼料の生産・利用体制の構築のための調査研究事業報告書――コントラクター生産効率向上等調査』農政調査委員会，pp. 86-101．
荒木和秋（2008）「農場制型TMRセンター参加による経営展開」農政調整委員会編『粗飼料の生産・利用体制の構築のための調査研究事業報告書――コントラクター生産効率向上等調査』農政調査委員会，pp. 25-36．
淡路和則（1994a）「農業経営の組織化――ドイツのマシーネンリング」中安定子・酒井富夫・小倉尚子・淡路和則『全集世界の食料世界の農村 先進国の家族経営の発展戦略――独・仏・日それぞれの進路』農山漁村文化協会，pp. 21-78．
淡路和則（1994b）「ドイツのマシーネンリングの展開動向――役割の多様化への分析視角に関連して」『北海道農業経済研究』第3巻第2号，pp. 75-81．
淡路和則（1994c）「地域農業組織の展開と関連する制度的条件」久保嘉治・永木正和『地域農業の活性化と展開戦略』明文書房，pp. 142-156．
淡路和則（2006a）「ドイツにおける農作業受委託組織とその展開」農政調整委員会編『粗飼料の生産・利用体制の構築のための調査研究事業報告書――コントラクター生産効率向上等調査』農政調査委員会，pp. 62-73．
淡路和則（2006b）「飼料作の組織化とコントラクターによる機械利用調整」農政調整委員会編『粗飼料の生産・利用体制の構築のための調査研究事業報告書――コン

トラクター生産効率向上等調査』農政調査委員会, pp. 102-111.
淡路和則・山内季之 (2009)「農作業請負業者における労働力の調達と利用――北海道の牧草収穫請負業者の事例」『農業経営研究』第47巻第2号, pp. 39-44.
池田 潔 (2006)「中小企業ネットワークの進化と課題」日本中小企業学会編集『日本中小企業学会論集25 新連携時代の中小企業』同友館, pp. 3-16.
石井真一 (2003)『企業間提携の戦略と組織』中央経済社.
伊丹敬之 (1999)『場のマネジメント』NTT出版.
市川 治 (2007)「酪農支援の建設会社などのコントラクター参入の意義と課題」市川治編著『資源循環型酪農・畜産の展開条件』農林統計協会, pp. 233-239.
伊藤秀史 (1995)「製品開発組織における調整・分業化・インセンティブ」青木昌彦・ロナルド・ドーア編, NTTデータ通信システム科学研究所訳『国際・学際研究システムとしての日本企業』NTT出版, pp. 245-271.
伊藤秀史・林田修 (1996)「企業の境界――分社化と権限委譲」伊藤秀史編『日本の企業システム』東京大学出版会, pp. 153-181.
伊庭治彦 (2005)『地域農業組織の新たな展開と組織管理』農林統計協会.
今井賢一・伊丹敬之・小池和男 (1982)『内部組織の経済学』東洋経済新報社.
今井賢一・金子郁容 (1988)『ネットワーク組織論』岩波書店.
鵜川洋樹 (2006)「北海道酪農の収益構造と経営展開」『総合農業研究叢書第56号 北海道酪農の経営展開――土地利用型酪農の形成・展開・発展』中央農業総合研究センター・北海道農業研究センター, pp. 57-81.
上野紘 (1994)「下請制と企業間関係」現代企業研究会編『日本の企業間関係――その理論と実態』中央経済社, pp. 176-203.
浦谷孝義 (1993)「草地型酪農における粗飼料の受委託生産の方向と成立条件」『根釧農試経営研究成績書』北海道立根釧農業試験場.
浦谷孝義 (1996a)「酪農地帯における粗飼料生産受託組織の現状と課題」『農業経営研究資料』北海道立中央農業試験場, 第9号, pp. 41-61.
浦谷孝義 (1996b)「酪農・畜産地帯におけるファーム・コントラクターの現状と課題」『北海道業研究叢書No.28 北海道におけるファーム・コントラクターの存立構造に関する研究』北海道地域農業研究所, pp. 70-83.
浦谷孝義 (1997)「ファーム・コントラクターの雇用労働力問題」岩崎徹編著『農業雇用と地域労働市場――北海道農業の雇用問題』北海道大学図書刊行会, pp. 221-241.
浦谷孝義 (1998)「酪農地域別の飼料生産及び堆肥処理受託作業の経費試算」『「コントラクター事業調査」報告書――標準料金の検討に関する要約（概要版）』北海道地域農業研究所, pp. 45-62.
浦谷孝義 (2002)「酪農における農作業受託組織の存立構造」樋口昭則・淡路和則『農業の与件変化と対応策』農林統計協会, pp. 143-163.
浦谷孝義 (2013)「酪農における粗飼料生産の受委託に関する一考察」『農業経営研究

資料』第15号，北海道立総合研究機構中央農業試験場生産研究部，pp. 82-98.
榎本里司（1994）「巨大企業のグループ戦略」現代企業研究会編『日本の企業間関係——その理論と実態』中央経済社，pp. 142-174.
王建国（1996）「企業間協同の経済原理を探る」日本経営学会編『経営学論集第66集 日本企業再構築の基本課題』千倉書房，pp. 278-285.
大沼盛男（1968）「農作業委託・請負耕作の存在構造」『北海道農林研究』第34号．
岡田直樹（1992a）「畑作地帯における農業労働力調整の展開方向——畑地型酪農経営における飼料作作業全面委託の要因」『平成3年度農業経営研究成績書』北海道立十勝農業試験場，pp. 20-36.
岡田直樹（1992b）「受託法人設立による粗飼料生産受委託システムの可能性」『企業化時代の労働力支援システム』北海道立十勝農業試験場，pp. 53-90.
岡田直樹（1993）「畑地型酪農経営における飼料作全面委託の要因」『農業経営通信』No. 175，農林省農業研究センター，pp. 14-17.
岡田直樹（1994）「コントラクターの確立と地域農業の展開」『農作業研究』第29巻別号2号，pp. 38-67.
岡田直樹（1995a）「畑作地帯における野菜産地形成と労働調整組織の機能」『北海道農村生活研究』第5号，pp. 31-33.
岡田直樹（1996b）「英国におけるコントラクターとマシナリィリング」『北海道におけるコントラクター組織』北海道農政部，pp. 65-109.
岡田直樹（1996c）「十勝地方におけるコントラクタの現状と課題」『農業経営研究資料第9号 コントラクターの現状と課題』北海道立中央農業試験場，pp. 13-40.
岡田直樹（1996d）「畑作地帯におけるファーム・コントラクターの現状と問題点」『北海道業研究叢書No. 28 北海道におけるファーム・コントラクターの存立構造に関する研究』北海道地域農業研究所，pp. 34-69.
岡田直樹（1998）「てん菜作業委託の経営的評価と作業別標準受託料金」『コントラクター事業調査報告書』北海道地域農業研究所，pp. 1-21.
岡田直樹（1999a）「酪農経営における自給飼料生産の経営的評価」『北海道草地酪農研究会報』No. 34，pp. 15-20.
岡田直樹（1999b）「農作業受委託による地域農業展開の条件——受託組織の確立による農作業受委託の地域システム化」『平成10年度農業経営研究成績書』北海道立十勝農業試験場，pp. 1-38.
岡田直樹（2000）「グループファーミングと資源リンケージシステム」『北海道農業経済研究』第9巻第1号，pp. 33-42.
岡田直樹（2006）「士幌町——創発型システム」『バイオマス利活用による循環型社会形成方向検討業務報告書』北海道地域農業研究所，pp. 172-182.
岡田直樹（2009）「地域営農の主体的革新と共同学習——道東畑作地帯A町における共同法人の設立動向を事例として」『北海道立農業試験場集報』第94号，pp. 105-108.

岡田直樹(2010)「理想・目標・経済性——家族酪農経営はどこに向かうか」『北海道畜産学会報』第52巻, pp. 1-5.

岡田直樹(2011a)「飼料作受委託における新たな主体間関係の形成——北海道の草地酪農地帯を対象に」『農業経営研究』第49巻第3号, pp. 49-54.

岡田直樹(2011b)「酪農経営における粗飼料生産の外部化と地域支援」北海道農業研究会シンポジウム資料.

岡田直樹(2012a)「TMRセンター下における酪農経営間経済性格差の形成要因」『「農業経済研究」別冊　2012年度農業経済学会論文集』日本農業経済学会, pp. 45-52.

岡田直樹(2012b)『コントラクターによる自給飼料生産・販売の可能性の検討』釧路総合振興局.

岡田直樹(2013)「TMRセンター化の特質と運営支援の考え方」『農業経営研究資料』第15号, pp. 1-10.

岡田直樹・前田博之(2004)「飼料作分業化に向けた自生的ネットワークの形成と支援」『北海道立農試集報』第86号, pp. 73-81.

岡田直樹・三宅俊輔(2010)「飼料・資材・燃料価格上昇と酪農経営行動——自給飼料依存は進展するか」『農業経営研究』第48巻第2号, pp. 65-70.

小野誠志(1989)『農業生産組織と地域農政』明文書房.

加護野忠男(1980)『経営組織の環境適応』白桃書房.

梶井功・石光研二(1972)『農業機械銀行』家の光協会.

金沢夏樹(1982)『農業経営学講義』養賢堂.

金子剛(2013)「自給飼料主体TMRセンターの収益実態と運営安定化方策」『農業経営研究資料』第15号, 北海道立総合研究機構中央農業試験場生産研究部, pp. 53-81.

唐沢昌敬(2002)『創発型組織モデルの構築』慶應義塾大学出版会.

狩俣正雄(2004)『支援組織のマネジメント』税務経理協会.

川相一成(1979)「装置化・システム化経営——構造と性格」吉田寛一編著『農業経営学講座2　農業の企業形態』地球社, pp. 270-296.

川本英夫(2000)『オートポイエーシス2001——日々新たに目覚めるために』新曜社.

岸田民樹(1985)『経営組織と環境適応』三嶺書房.

岸田民樹(1989)「組織化とルース・カップリング」『経済科学』名古屋大学大学院経済学研究科, 第37巻第2号, pp. 1-24.

木南章(2003)「外部環境のマネジメント」日本農業経営学会編『新時代の農業経営への招待——新たな農業経営の展開と経営の考え方』農林統計協会, pp. 177-189.

熊代幸雄(1966)「技術委託農業の現代的課題」『長期金融』III(1).

熊代幸雄(1970)『比較農法論』お茶の水書房.

久保田哲史・藤田直聡(2011)「TMRセンターにおける収穫委託コスト低減のための作物立地配置モデル」『農業経営研究』第49巻第3号, pp. 43-48.

久米小十郎 (1979)「草地酪農分析論」桜井豊・三田保正編『酪農経済の基本視角』農業信用保険協会, pp. 142-197.
黒河功編著 (1997)『地域農業再編下における支援システムのあり方』農林統計協会.
国領二郎 (1999)『オープン・アーキテクチュア戦略——ネットワーク時代の協同モデル』ダイヤモンド社.
酒井淳一 (1980)「農業経営の企業形態」吉田寛一・菊元富雄編『農業経営学』文永堂, pp. 44-68.
坂本洋一 (1984)「北海道における組織的受委託方式の成立条件」『北海道農業経営研究資料』第2号, pp. 1-27.
坂本洋一 (1990)「大規模飼養経営の可能性」『北海道農業』No. 12, 北海道農業研究会, pp. 54-64.
坂本洋一 (1991)「酪農生産組織の展開と特徴」牛山敬二・七戸長生編『経済構造調整下の北海道農業』北海道大学図書刊行会, pp. 170-179.
坂本洋一 (1992)「十勝における畑作経営の展開と地域生産システムの課題」『企業化時代の労働力支援システム』北海道立十勝農業試験場, pp. 1-18.
坂本洋一・岡田直樹 (1996)「農外資本によるコントラクタの展開」『農業と経済』第62巻第4号, pp. 68-74.
酒向真理 (1998)「日本のサプライヤー関係における信頼の役割」藤本隆宏・西口敏宏・伊藤秀史編『リーディングスサプライヤー・システム——新しい企業間関係を創る』有斐閣, pp. 91-118.
佐々木市夫 (2003)「酪農経営の技術革新」日本農業経営学会編『新時代の農業経営への招待』農林統計協会, pp. 101-111.
佐々木利廣 (1994)「組織間関係の理論」現代企業研究会編『日本の企業間関係——その理論と実態』中央経済社, pp. 66-88.
佐藤正三 (1998)『TMRの応用と牛群管理』酪農総合研究所.
志賀永一 (1990)「大規模酪農の就業問題」『北海道農業』No. 12, 北海道農業研究会, pp. 65-76.
志賀永一 (1991a)「農家の「組織」の変遷とその機能」牛山敬二・七戸長生編『経済構造調整下の北海道農業』北海道大学図書刊行会, pp. 179-187.
志賀永一 (1991b)「多頭化の進展と過重労働」牛山敬二・七戸長生編『経済構造調整下の北海道農業』北海道大学図書刊行会, pp. 423-431.
志賀永一 (1994a)「酪農経営の労働実態と酪農家の対応施策」『日本型酪農のデザイン——酪農経営における適正規模』酪農学園大学エクステンションセンター, pp. 113-131.
志賀永一 (1994b)『地域農業の発展と生産者組織』農林統計協会.
七戸長生 (1979)「農業労働過程の機械化」金沢夏樹・桃野作次郎『農業経営学講座3 農業経営要素論・組織論』地球社, pp. 141-164.
七戸長生 (1980)「農業経営と農業技術」吉田寛一・菊元富雄編『農業経営学』文永

堂，pp. 22-43.
生源寺眞一（2008）「コントラクターの構造・機能と成立条件」農政調査委員会編『粗飼料の生産・利用体制の構築のための調査研究事業報告書——コントラクター生産効率向上等調査』農政調査委員会，pp. 1-14.
呉井康裕・岡田直樹（2006）「大規模水田作経営の現状からみた組織対応の有効性：北海道長沼町を事例に」『農業経済研究』別冊　2006年度農業経済学会論文集』日本農業経済学会，pp. 9-16.
清家彰敏（1995）『日本型組織間関係のマネジメント』白桃書房.
高橋正郎（1973）『日本農業の組織論的研究』東京大学出版会.
高橋正郎（1979）「営農団地」吉田寛一編著『農業経営学講座2　農業の企業形態』地球社，pp. 226-248.
高橋正郎（1987）『地域農業の組織革新』農山漁村文化協会.
高橋正郎（2002）『農業の経営と地域マネジメント』農林統計協会.
田中政光（1981）「ルース・カップリングの理論」『組織科学』vol. 15，白桃書房.
田中政光（1990）『イノベーションと組織選択』東洋経済新報社.
張淑梅（2004）『企業間パートナーシップの経営』中央経済社.
張淑梅（2006）「中小企業の連携のマネジメント」日本中小企業学会編『日本中小企業学会論集25　新連携時代の中小企業』同友館，pp. 17-29.
寺本義也（1990）『ネットワーク・パワー——解釈と構造』NTT出版.
戎生達彦・鳥居昭夫（1996）「流通における継続的取引関係」伊藤秀史編『日本の企業システム』東京大学出版会，pp. 183-214.
西口敏宏（1998）「組織間関係の共進化」藤本隆宏・西口敏宏・伊藤秀史編『リーディングスサプライヤー・システム——新しい企業間関係を創る』有斐閣，pp. 119-146.
西口敏宏（2000）『戦略的アウトソーシングの進化』東京大学出版会.
西口敏宏編著（2003）『中小企業ネットワーク』有斐閣.
西村和志（2009）「GISを用いた飼料生産支援システムの運営・管理と展望」『農業経営研究』第47巻第2号，pp. 45-50.
西村直樹（1992）「農業関連企業に対する粗飼料生産委託の取り組み」『企業化時代の労働力支援システム』北海道立十勝農業試験場，pp. 19-52.
額田春華（2001）「産業集積における「柔軟な連結」の達成プロセス」一橋大学大学院商学研究科提出博士号申請論文.
額田春華（2003）「中小企業とネットワーク」（財）中小企業総合研究機構編・編集代表三井逸友『日本の中小企業研究2000-2009　第1巻　成果と課題』同友館，pp. 419-447.
野中郁次郎他（1978）『組織現象の理論と測定』千倉書房.
原　仁（2013）「地域集団型の自給飼料主体TMR供給システムの設立運営方法」『農

業経営研究資料』第15号，北海道立総合研究機構中央農業試験場，pp. 11-43.
平児慎太郎（2009）「飼料価格高騰下における酪農経営の存立条件」小林真一編著『日本酪農への提言——持続可能な発展のために』筑波書房，pp. 21-41.
樋詰伸之・修震傑，長南史男（1996）「農作業受委託契約における情報の不完全性」『農業経済研究』第68巻第1号，岩波書店，pp. 20-27.
日向貴久（2006）「農場制型TMRセンターの生産体系に与える影響と効果」農政調査委員会編『コントラクター生産効率向上等調査』農政調査委員会，pp. 75-85.
日向貴久（2008）「農場制型TMRセンターの運営と飼料生産原価に与える影響」農政調査委員会編『コントラクター生産効率向上等調査』農政調査委員会，pp. 15-24.
平林光幸（2006）「岩手県一関市における畜産農家による飼料生産組織の現状と課題」農政調査委員会編『コントラクター生産効率向上等調査』農政調査委員会，pp. 127-135.
笛木昭（1979）「請負耕作」吉田寛一編著『農業経営学講座2　農業の企業形態』地球社，pp. 43-82.
福田晋・森高正博（2009）「酪農経営におけるコントラクター利用の経済性と今後の展望」小林真一編著『日本酪農への提言——持続可能な発展のために』筑波書房，pp. 158-172.
藤本隆宏（1989）「サプライヤー・システムの構造・機能・発生」藤本隆宏・西口敏宏・伊藤秀史編『リーディングスサプライヤー・システム——新しい企業間関係を創る』有斐閣，pp. 41-70.
北海道TMRセンター連絡協議会（2012）『北海道におけるTMRセンターの取り組み指針と連絡協議会の役割』北海道TMRセンター連絡協議会．
北海道立農業試験場・畜産試験場，北海道農政部農村振興局農村計画課（2008）『北海道における自給飼料主体TMR供給システムの設立運営マニュアル』北海道農政部・北海道立農業試験場・畜産試験場．
本台進（1992）『大企業と中小企業の同時成長——企業間分業の分析』同文舘出版．
牧野丹奈子（2002）『経営の自己組織化論——「装置」と「行為空間」』日本評論社．
松木洋一（1992）『日本農林業の事業体分析』日本経済評論社．
港徹雄（2006）「企業間連携のガバナンス機構」日本中小企業学会編集『日本中小企業学会論集25　新連携時代の中小企業』同友館，pp. 30-44.
三宅俊介・岡田直樹（2008）「飼料・資材・燃料価格高騰が酪農経営に及ぼした影響」『第116回北海道農業経済学会例会個別報告資料』．
森剛一（2009）「コントラクター法人の育成で地域農地の活用を」小林真一編著『日本酪農への提言——持続可能な発展のために』筑波書房，pp. 148-157.
柳村俊介（1991）「全村農業法人化と地域農業システム」牛山敬二・七戸長生編『経済構造調整下の北海道農業』北海道大学図書刊行会，pp. 187-198.
山岸修一（2013）「TMRセンター利用に伴う移行前及び移行後の農家経済の試算」

『農業経営研究資料』第15号，北海道立総合研究機構中央農業試験場，pp. 44-52.
山倉健嗣（1993）『組織間関係——企業間ネットワークの変革に向けて』有斐閣．
山本匡（1997）「支援の創る自律分散社会」『組織科学』第30巻第3号，pp. 51-61.
山本毅（1996）「稲作地域における農業支援組織（労働支援）の実態と特徴」『農業経営研究資料』第9号，北海道立中央農業試験場，pp. 1-12.
山田洋文（2003）「労働支援組織の動向に関する一考察——網走管内東紋地域を事例に」『農業経営研究』第29号，pp. 19-29.
山田洋文（2004）「コントラクタ委託による経営的特徴と委託条件形成に関する研究——北海道網走管内湧別町を事例にして」『農業経営研究』第30号，pp. 1-19.
吉田孟史（1991）「組織間学習と組織の慣性」『組織科学』vol. 25 no. 1，pp. 47-57.
吉野宣彦（1991）「酪農の規模拡大と生産力の構造」牛山敬二・七戸長生編『経済構造調整下の北海道農業』北海道大学図書刊行会，pp. 279-289.

あとがき

　気になることが2つある．

　1つは，北海道の土地利用型酪農では，高投入・高産出による，集約的な生産方式の選択が進んできたのではないかということである．北海道の近年における100kg当たりの牛乳生産費（物財費）は，1995年の4,443円を底にその後上昇し続け，2004年に5,000円を上回り，2013年には6,556円へと，1.5倍水準まで上昇した．この間，搾乳牛通年換算1頭当たり配合飼料購入量は2,144kg（2004年）から2,395kg（2013年）に，同じく実搾乳量は7,766kg（2004年）から7,974kg（2013年）に増加した．ここでは，外給飼料に依存した牛乳生産方式を選択する動きの強まりがあるのではないか．こうしたことは，土地利用型酪農からの離脱と，乳価変動に対する経済性確保の脆弱化を意味するものではないのか．グループ・ファーミングは，こうした動きを加速させてはいないか．

　もう1つは，グループ・ファーミングのもとで，中小規模経営の存立基盤はどこまで安定化できるかということである．北海道では，1990年以降今日までに酪農経営は半減するが，特に成畜飼養頭数79頭以下の中小規模経営は1991年から2013年の間に62.5％減少した．中小規模経営の経済的基盤は弱体化したとみられるが，このことは同時に，小規模経営として参入し，ある経営は中規模経営，大規模経営へと成長し，一部の経営は縮小・離農するという，地域農業を支える家族経営のサイクルが崩れていることを意味するのではないか．中小規模経営の存続が難しくなるもとで，はたして今後，大規模経営を生み出し，あるいは大規模経営を継承する担い手を見いだすことができるのか．グループ・ファーミングは，こうした動きをも加速しないか．

当たり前にも聞こえるが，耕境に展開する土地利用型酪農では，自然・経済条件変動への柔軟性の高い家族経営を中心に，自給飼料に依存した低コストの生産体系を構築してきた．そして，今後も，そうした方向が探求されなければならない．グループ・ファーミングは，そのための"第三の途"である必要があるのである．さらにそこでは，グループ・ファーミングのありかたが，明確な施策により裏打ちされ，誘導される必要があるのである．

＊　　　　　　　　　＊

本書は，2013年度に北海道大学に提出した学位論文「土地利用型酪農経営における飼料作外部化の展開に関する研究：主体間関係の構造とマネジメントを中心に」を，加筆したものである．研究のとりまとめにあたっては，北海道大学大学院教授　柳村俊介博士にはその構想段階から終始懇切なるご指導をいただいた．また，北海道大学大学院教授　坂下明彦博士，同講師　東山寛博士には示唆に富む多くのご教示と有益なご助言をいただいた．また，北海道大学名誉教授　桃野作次郎博士（故人），同じく七戸長生博士，同じく黒河功博士，帯広畜産大学教授　志賀永一博士，龍谷大学教授　淡路和則博士には長きにわたりご助言をいただいた．特に黒河博士には，学生時代から継続して激励をいただいた．ここに深く謝意を表させていただきます．また，本研究は，元北海道立中央農業試験場経営部長　長尾正克博士および元北海道立十勝農業試験場経営科長　坂本洋一氏のご指導のもとで開始したものであり，その後，元北海道立中央農業試験場生産システム部長　山本毅氏，元北海道立十勝農業試験場主任研究員　浦谷孝義氏の多大な便宜とご協力をいただきました．ここに改めて記して感謝申し上げます．また，本書を世に送ることができたことは，すべて日本経済評論社の清達二様，新井由紀子様，吉田桃子様のおかげであります．深く感謝を申し上げます．

最後に，本書は，多くの，現場における真摯な取り組みの上になされたものであります．酪農家の皆様，農協や農業改良普及センターの皆様には，多くの示唆をいただきました．特に，北海道留萌振興局留萌農業改良普及セン

ター 前田博行氏の知見や新しいものを生みだそうとする行動から，実に多くのことを学ばせていただきました．改めて感謝を申し上げ，ささやかながらも次を記させていただくことをご容赦ください．

"To all farmers and all concerned from me with my family."

2016 年 5 月

岡田直樹

初出一覧

序　章　書き下ろし

第 1 章　書き下ろし

第 2 章　「畑作地帯における農業労働力調整の展開方向――畑地型酪農経営における飼料作作業全面委託の要因」(『平成 3 年度農業経営研究成績書』北海道立十勝農業試験場，1992 年) を再構成

第 3 章　「十勝地方におけるコントラクタの現状と課題」(『コントラクターの現状と課題』北海道立中央農業試験場，農業経営研究資料第 9 号，1996 年) を再構成

第 4 章　「グループファーミングと資源リンケージシステム」(『北海道農業経済研究』9(1)，北海道農業経済学会，2000 年) を加筆修正

第 5 章　「飼料作受委託における新たな主体間関係の形成――北海道の草地酪農地帯を対象に」(『農業経営研究』49(3)，日本農業経営学会，2011 年) を加筆修正

第 6 章　書き下ろし

第 7 章　「TMR センター下における酪農経営間経済性格差の形成要因」(『2012 年度農業経済学会論文集』日本農業経済学会，2012 年) を加筆修正

第8章　「飼料作分業化に向けた自生的ネットワークの形成と支援」(『北海道立農試集報』86, 北海道立農業試験場, 2004年, 共著) を加筆修正

第9章　「英国におけるコントラクターとマシナリィリング」(『北海道におけるコントラクター組織』北海道農政部, 1996年) を加筆修正

終　章　書き下ろし

索引

アルファベット順

Borders Machinery Ring（BMR） 276-83
JA 12
MR（Machinery Ring：マシナリィリング） 22, 252
SAOS（Scottish Agricultural Organization Society） 255, 275, 284-5, 288-9, 294-5
TMR（Total Mixed Rations；完全混合飼料） iii, 2

［あ行］

アウトソーシング 19
委託需要
　――の固定化 101-2
　――の標準化 101-2
委託リスク
　技術リスク 36, 44, 46
　構造リスク 36, 44, 46

［か行］

外部化　⇒飼料作外部化
　――の次元 298, 310, 315-7
　――の範囲 315-7
家族（専業）経営 iii, 19
関係性資源の蓄積 170-1
完全混合飼料　⇒TMR
機械共同利用体制 21, 150-2
　――，コントラクター体制との関係 150-2
　――，三者間体制との関係 150-2
機会主義的行動 241-2, 247
機械利用組合 40-2
逆制御 247, 314, 316, 322, 328
（農業生産工程の）協同 298, 333
クラブ型

――，イギリスにおける 287-9
――，グループ・ファーミングにおける 6, 305-12
――，土地利用型酪農における 221-2, 244-50, 291
クラブ財 6, 23, 244-5, 306, 310
グループ・ファーミング iv, 4-5, 23, 141-2, 298-302, 307
構造需要 35, 53, 55, 86-9, 101, 117
高泌乳化 13
固着（grasp）条件 170
個別管理飼養 36
コントラクター iii, 2-3, 22
　――，イギリスの 256-60, 271-2, 285-6
　――，三者間体制における 145
　――，受託主体としての 38-40
　――，北海道の 286-7, 333
コントラクター体制 6-7, 9, 52-6
コンフリクト 238-40

［さ行］

サイレージ品質 114, 231, 249
作業外給 89
作業条件の社会化 121
三者間体制 6-7, 52, 54-6, 145
　――下の民間企業 145
シェア・ファーミング 257, 293
資源リンケージシステム 128, 140-3, 177, 239-40, 304
受託機能形成の難易度 312-4
受託主体 20-1, 27-9, 37-8
飼養管理方式 18
　――の再編 207
承認図方式 124
情報空間 245
情報資源 244

情報マネジメント　248, 250
飼料作（作業）受委託　2, 23, 26-7, 30
飼料作外部化（外部化）　iii, 1, 3, 19-20, 23, 26, 56-7, 309-10
　──の課題　16
　──，コントラクター体制における　19
　──，TMRセンター体制における　20, 45
飼料作作業委託　61
　──のニーズ形成　61-3, 87-90, 94
推進主体　94
スタンション（タイ）ストール・ミルカー体系　36, 58
全英コントラクター協会（National Association of Agricultural Contractors; NAAC）　255
増頭　10
組織化空間　89-90, 179, 331
組織型
　──，グループ・ファーミングにおける　5, 303-5, 307-12
　──，土地利用型酪農における　221, 250, 291
組織的デザイン・イン　94, 123-4, 140, 174, 186

[た行]

大規模経営　35-6, 44-6
貸与図方式　102
多頭化　13-4
中間主体　21-2
中（小）規模経営　35-7, 44-6
調整需要　87-8, 117
TMRセンター　iii, 2-3, 23, 43, 46-50, 181-4
TMRセンター体制　6-7, 9, 52, 54-6, 181-4, 205, 321-2
　──におけるリスク波及性　10
デザイン・イン（design-in）　122-5, 174-5
　──の逆転　174-5, 178, 186, 319-20
特定部門全作業受委託　259
土建業者　3, 38-40, 54
土地利用型酪農　iii, 17

　──，北海道の　286-7

[な行]

（飼料作作業委託（外部化）の）ニーズ形成　61-3, 87-90, 94
農協　12
農場全作業受委託　258

[は行]

ビジネスモデル　311, 322, 333
ファミリィサイクル　71-2, 87-8
フォロワー経営　225
フリーストール・パーラー体系　35, 58
フリーストール化　37
（農業生産工程の）分割　298
哺育・育成牧場併設　3, 49-50, 198
包括的経済性　164, 173, 185, 192, 206, 250
包括的マネジメント　12

[ま行]

マシナリィリング　22, 252
　──，イギリスの　iv, 1, 254-5, 274-6, 284-5, 287-9, 310
　──，ドイツの　15
民間企業，三者間体制における　145
群管理飼養　35, 44
群管理方式　18, 323

[ら行]

酪農経営　18-9
　──の受託主体　42-3
　──の多頭化　3
酪農（農業）経営の経済的リスク　7, 9, 13, 250
酪農生産体制　22
酪農専業化　61
リーダー経営　225, 250
（TMRセンター体制における）リスク波及性　10
労働の稀少化　72, 83, 86-9
労働編成の硬直化　83, 86-8

著者紹介

岡田 直樹（おかだ なおき）

1959 年生まれ．北海道大学農学部卒，北海道大学博士（農学）．
現在，北海道立総合研究機構根釧農業試験場勤務．
主著：『酪農経営におけるふん尿処理の現状と課題』（共著，北海道地域農業研究所），『公共牧場機能強化拡充推進事業報告書――預託農家経営実態調査』（共著，農政調査委員会，2010 年），『酪農ジャーナル増刊号　循環型酪農へのアプローチ』（共著，酪農学園大学エクステンションセンター，2010 年），『DAIRYMAN 増刊号　酪農経営の継承・参入マニュアル』（共著，デーリィマン社，2012 年），『激変に備える農業マネジメント』（監修，北海道協同組合通信社，2014 年）．

家族酪農経営と飼料作外部化
　　グループ・ファーミング展開の論理

2016 年 7 月 15 日　第 1 刷発行

定価（本体 7200 円＋税）

著　者　岡　田　直　樹
発行者　栗　原　哲　也
発行所　株式会社　日本経済評論社
〒101-0051　東京都千代田区神田神保町 3-2
電話 03-3230-1661／FAX 03-3265-2993
URL: http://www.nikkeihyo.co.jp
振替 00130-3-157198

装丁＊渡辺美知子　　　太平印刷社／高地製本所

落丁本・乱丁本はお取替いたします　Printed in Japan
Ⓒ OKADA Naoki 2016
ISBN978-4-8188-2393-8

・本書の複製権・翻訳権・上映権・譲渡権・公衆送信権（送信可能化権を含む）は，㈳日本経済評論社が保有します．
・JCOPY 〈㈳出版者著作権管理機構　委託出版物〉
本書の無断複写は著作権法上での例外を除き禁じられています．複写される場合は，そのつど事前に，㈳出版者著作権管理機構（電話 03-3513-6969, FAX 03-3513-6979, e-mail: info@jcopy.or.jp）の許諾を得てください．

農業経済学講義
山崎亮一　本体2800円

家族酪農の経営改善
根室酪農専業地帯における実践から
吉野宣彦　本体4200円

放牧酪農の展開を求めて
乳文化なき日本の酪農論批判
柏　久　本体3500円

日本農地改革と農地委員会
「農民参加型」土地改革の構造と展開
福田勇助　本体12000円

フードシステム革新のニューウェーブ
斎藤修監修，佐藤和憲編集　本体4500円

日本経済評論社